京津冀水资源安全保障丛书

基于数字水网的京津冀水资源综合调控平台研究与应用

姜仁贵　赵　勇　解建仓　梁骥超　于　翔等　著

科学出版社
北　京

内 容 简 介

针对京津冀水资源安全保障问题，本书紧扣多源信息融合、数字水网构建、综合调控平台研发、业务内容库建立和水资源调控业务化服务等内容，提出京津冀水资源安全保障大数据价值化服务技术方法体系，构建京津冀水资源一体化数字水网并对其进行可视化集成，研发基于云服务架构和数字水网的京津冀水资源综合调控平台，创建面向主题服务的京津冀水资源业务化服务模式，搭建京津冀水资源调控业务应用系统提供业务化服务，为京津冀水资源高效开发利用与安全保障提供理论参考和技术支撑。

本书可作为高等院校和科研院所教师、科研人员和研究生的参考书，也可为从事水资源高效开发利用、水资源管理及水资源综合调控等研究的技术人员提供参考。

图书在版编目(CIP)数据

基于数字水网的京津冀水资源综合调控平台研究与应用 / 姜仁贵等著．—北京：科学出版社，2021.3

(京津冀水资源安全保障丛书)

ISBN 978-7-03-068141-6

Ⅰ.①基… Ⅱ.①姜… Ⅲ.①水资源管理-研究-华北地区 Ⅳ.①TV213.4

中国版本图书馆 CIP 数据核字（2021）第 034322 号

责任编辑：王 倩 / 责任校对：樊雅琼

责任印制：吴兆东 / 封面设计：黄华斌

科学出版社 出版

北京东黄城根北街 16 号

邮政编码：100717

http://www.sciencep.com

北京建宏印刷有限公司 印刷

科学出版社发行 各地新华书店经销

*

2021 年 3 月第 一 版 开本：787×1092 1/16

2021 年 3 月第一次印刷 印张：16 3/4

字数：390 000

定价：218.00 元

（如有印装质量问题，我社负责调换）

总　　序

京津冀地区是我国政治、经济、文化、科技中心和重大国家发展战略区，是我国北方地区经济最具活力、开放程度最高、创新能力最强、吸纳人口最多的城市群。同时，京津冀也是我国最缺水的地区，年均降水量为538mm，是全国平均水平的83%；人均水资源量为258m^3，仅为全国平均水平的1/9；南水北调中线工程通水前，水资源开发利用率超过100%，地下水累积超采1300亿m^3，河湖长时期、大面积断流。可以看出，京津冀地区是我国乃至全世界人类活动对水循环扰动强度最大、水资源承载压力最大、水资源安全保障难度最大的地区，京津冀水资源安全解决方案具有全国甚至全球示范意义。

为应对京津冀地区水循环显著变异、人水关系严重失衡等问题，提升水资源安全保障技术短板，2016年，以中国水利水电科学研究院赵勇为首席科学家的"十三五"重点研发计划项目"京津冀水资源安全保障技术研发集成与示范应用"（2016YFC0401400）（以下简称京津冀项目）正式启动。项目紧扣京津冀协同发展新形势和重大治水实践，瞄准"强人类活动影响区水循环演变机理与健康水循环模式"，以及"强烈竞争条件下水资源多目标协同调控理论"两大科学问题，集中攻关四项关键技术，即水资源显著衰减与水循环全过程解析技术、需水管理与耗水控制技术、多水源安全高效利用技术、复杂水资源系统精细化协同调控技术。预期通过项目技术成果的广泛应用及示范带动，支撑京津冀地区水资源利用效率提升20%，地下水超采治理率超过80%，再生水等非常规水源利用量提升到20亿m^3以上，推动建立健康的自然–社会水循环系统，缓解水资源短缺压力，提升京津冀地区水资源安全保障能力。

在实施过程中，项目广泛组织京津冀水资源安全保障考察与调研，先后开展20余次项目和课题考察，走遍京津冀地区200县（市、区）。积极推动学术交流，先后召开了4期"京津冀水资源安全保障论坛"、3期中国水利学会京津冀分论坛和中国水论坛京津冀分论坛，并围绕平原区水循环模拟、水资源高效利用、地下水超采治理、非常规水利用等多个议题组织学术研讨会，推动了京津冀水资源安全保障科学研究。项目还注重基础试验与工程示范相结合，围绕用水最强烈的北京市和地下水超采最严重的海河南系两大集中示范区，系统开展水循环全过程监测、水资源高效利用以及雨洪水、微咸水、地下水保护与安全利用等示范。

经过近5年的研究攻关，项目取得了多项突破性进展。在水资源衰减机理与应对方面，系统揭示了京津冀自然–社会水循环演变规律，解析了水资源衰减定量归因，预测了未来水资源变化趋势，提出了京津冀健康水循环修复目标和实现路径；在需水管理理论与方法方面，阐明了京津冀经济社会用水驱动机制和耗水机理，提出了京津冀用水适应性增长规律与层次化调控理论方法；在多水源高效利用技术方面，针对本地地表水、地下水、非常规水、外调水分别提出优化利用技术体系，形成了京津冀水网系统优化布局方案；在水资源配置方面，提出了水–粮–能–生协同配置理论方法，研发了京津冀水资源多目标协同调控模型，形成了京津冀水资源安全保障系统方案；在管理制度与平台建设方面，综合应用云计算、互联网+、大数据、综合集成等技术，研发了京津冀水资源协调管理制度与平台。项目还积极推动理论技术成果紧密服务于京津冀重大治水实践，制定国家、地方、行业和团体标准，支撑编制了《京津冀工业节水行动计划》等一系列政策文件，研究提出的京津冀协同发展水安全保障、实施国家污水资源化、南水北调工程运行管理和后续规划等成果建议多次获得国家领导人批示，被国家决策采纳，直接推动了国家重大政策实施和工程规划管理优化完善，为保障京津冀地区水资源安全做出了突出贡献。

作为首批重点研发计划获批项目，京津冀项目探索出了一套能够集成、示范、实施推广的水资源安全保障技术体系及管理模式，并形成了一支致力于京津冀水循环、水资源、水生态、水管理方面的研究队伍。该丛书是在项目研究成果的基础上，进一步集成、凝练、提升形成的，是一整套涵盖机理规律、技术方法、示范应用的学术著作。相信该丛书的出版，将推动水资源及其相关学科的发展进步，有助于探索经济社会与资源生态环境和谐统一发展路径，支撑生态文明建设实践与可持续发展战略。

王浩

2021 年 1 月

前　言

水资源是基础性自然资源和战略性经济资源，保障国家水安全，以水资源可持续利用保障经济社会的可持续发展，是关系国计民生的大事。当前，我国水资源短缺和时空分布不均的问题仍然存在，在气候变化和人类活动双重影响下，全球和区域水资源形势发生较大变化，水资源安全受到关注，变化环境下如何做好水资源安全保障是当前重要的科学问题。京津冀地区是我国政治、经济、文化与科技中心，2014 年 2 月 26 日，中共中央总书记、国家主席、中央军委主席习近平在北京主持召开座谈会，专题听取京津冀协同发展工作汇报，指出京津冀协同发展意义重大，对这个问题的认识要上升到国家战略层面。作为中国“首都经济圈”，京津冀地区是推动国家经济发展的重要引擎，同时也是我国乃至全世界人类活动对水循环扰动强度最大、水资源承载压力最大、水资源安全保障难度最大的地区之一。随着京津冀协同发展国家战略的实施、国家经济社会发展新常态的持续推进和南水北调工程的相继通水，京津冀水资源需求和供给格局正在并将持续发生变化，水资源安全保障面临着新的形势和挑战。

京津冀水资源安全保障问题受到国家高度重视，科技部国家重点研发计划“水资源高效开发利用”重点专项首批启动了“京津冀水资源安全保障技术研发集成与示范应用”项目，该项目将京津冀作为一个有机整体，统筹开展水资源问题剖析，集成研发水资源安全保障技术，协同制定水资源安全保障方案，整体解决区域水资源安全问题。本书为该项目第九个课题，通过研发基于数字水网的京津冀水资源综合调控平台，提供水资源安全保障业务化服务，为京津冀水资源安全保障提供科学支撑。

全书共 13 章。第 1 章概述本书研究背景，综述水资源综合调控研究进展，阐述本书研究内容和框架。第 2 ~3 章对京津冀水资源多源数据进行融合，建立京津冀水资源安全保障数据中心，提供水资源数据价值化服务；面向水资源综合调控实际需求，构建京津冀一体化数字水网，分别从空间数字水网、业务流程水网和逻辑拓扑水网三个层次阐述水网构建流程及其关键技术。第 4 ~5 章基于京津冀水资源数据中心和一体化数字水网，设计并研发京津冀水资源安全保障综合调控平台，设计综合调控平台架构和功能，构建平台技术模型，阐述平台关键技术、开发流程和应用部署；提出面向主题服务的业务化服务模式，建立由组件库、知识图库和主题库组成的水资源安全保障业务内容库；面向水资源调控具体业务，基于综合调控平台快速搭建水资源调控业务应用系统，提供京津冀水资源调控业务化服务。第 6 章基于综合调控平台对二元水循环进行可视化描述，搭建了海绵小区可视化模型及水量水质过程可视化模拟系统，提供海绵小区措施可视化调控服务。第 7 章基于综合调控平台搭建京津冀水功能区动态纳污能力计算及考核管理业务应用系统，提供水功能区纳污能力分析计算、动态化考核与管控服务。第8章设计了基于问题导向和流程再造的河长制业务化服务流程，基于综合调控平台构建了实时反馈、滚动修正的闭环河长制业务应用系统，提供河长制管理业务化服务。第9章基于综合调控平台提供京津冀水权交易和社会化节水服务，实现水权确权登记、交易流转、合约管理的在线处理和动态管理，以及多种形式相结合的节水知识业务化服务。第10章提出水安全事件过程化管理模式，基于综合调控平台提供干旱、内涝、水土流失和水污染等水安全事件应急管理与应对服务。第11章基于综合调控平台开发地下水压采效果水位考核评估业务系统、地下水超采效果的过程化评价业务系统和地下水压采生态补偿机制业务系统，为河北省地下水压采治理工作和生态补偿机制实现提供技术支撑。第12章基于综合调控平台为京津冀用水计划动态化管理、非传统水资源利用及配置、外调水资源动态调控、工业和农业节水技术及高效用水管理五个方面提供水资源动态调配和用水综合管理业务化服务。第13章对本书研究工作进行总结与展望。

本书的研究工作得到了国家重点研发计划项目课题（2016YFC0401409）、国家自然科学基金面上项目（51679188、71774132、51979221）、陕西省创新人才推进计划项目（2020KJXX-092）的共同资助。本书编写的具体分工如下：第1章由赵勇、姜仁贵、解建仓执笔；第2章由姜仁贵、赵勇、解建仓、张刚执笔；第3章由姜仁贵、解建仓、罗军刚、于翔执笔；第4章由解建仓、张永进、姜仁贵、张晓执笔；第5章由解建仓、姜仁贵、朱记伟、魏娜执笔；第6章由赵勇、解建仓、梁骥超、杨柳、于梦雨执笔；第7章由解建仓、于翔、张璇执笔；第8章由解建仓、梁骥超、赵津执笔；第9章由解建仓、赵勇、梁骥超、潘二恒执笔；第10章由梁骥超、解建仓、李少轩、王雪、姜仁贵执笔；第11章由于翔、姜仁贵、赵勇、解建仓、汪妮执笔；第12章由解建仓、曹鑫涛、顾佳卫、孙小梅、左岗岗执笔；第13章由姜仁贵、赵勇、解建仓执笔。全书由姜仁贵、赵勇、解建仓、梁骥超和于翔统稿。

本书在研究和写作过程中，得到了科技部、水利部有关领导，项目咨询委员会专家，以及项目组成员的大力支持和帮助，在此表示衷心的感谢！感谢王浩院士等知名专家的指导和关怀！

由于京津冀水资源安全保障问题具有复杂性，目前现代信息技术在水资源安全保障领域中的应用仍有待进一步推进，加之时间和水平有限，书中不足之处在所难免，敬请读者批评指正。

作　者

2020年9月

目　录

第1章　绪　　论

1.1　京津冀水资源调控研究背景

1.1.1　京津冀协同发展

京津冀地区是我国政治、经济、文化、科技中心和“首都经济圈”，是推动国家经济发展的重要引擎，包括北京市、天津市以及河北省的11个地级市，土地面积21.6万km^2，占全国的2.25%，常住人口超过1亿，约占全国的8.0%，GDP占全国的11.0%，尤其是北京市和天津市人口高度聚集，是全国平均水平的近十倍。党的十八大以来，以习近平同志为核心的党中央高度重视和强力推进京津冀协同发展。2014年2月26日，中共中央总书记、国家主席、中央军委主席习近平在北京主持召开座谈会，专题听取京津冀协同发展工作汇报，指出京津冀协同发展意义重大，对这个问题的认识要上升到国家战略层面。2014年3月5日，李克强总理在政府工作报告中提出了京津冀一体化方案。2015年4月30日，中共中央政治局审议通过《京津冀协同发展规划纲要》，明确了京津冀协同发展的总体方针（文魁和祝尔娟，2015）。2017年4月，中共中央、国务院印发通知决定设立河北雄安新区，雄安新区的设立是以习近平同志为核心的党中央深入推进京津冀协同发展做出的一项重大决策部署，对于疏解北京非首都功能，调整优化京津冀地区城市布局和空间结构等具有重大的现实意义和深远的历史意义。

1.1.2　京津冀地区水资源概况

京津冀地区位于海河流域，海河流域东临渤海，西倚太行山，南依黄河，北接内蒙古高原，是我国七大流域之一，是华北地区最大水系，然而，京津冀地区水资源现状堪忧，多年平均水资源量不足全国的1%，人均水资源量仅为全国平均值的1/9，资源性缺水问题严重，水资源供需矛盾突出，水资源条件和经济社会布局不相协调，已经成为京津冀协同发展的重要制约因素，主要体现在水资源供需矛盾突出、农业用水量偏多、地下水超采严重、生态用水需求考虑不足和水污染问题突出等方面，京津冀地区是我国乃至全世界人类活动对水循环扰动强度最大、水资源承载压力最大、水资源安全保障难度最大的地区之一。

在气候变化和人类活动双重影响下，近几十年来，京津冀地区可利用水资源呈现显著衰减的趋势，年均水资源总量由1956～1979年的291亿m^3减少到1980～2000年的219亿m^3，2001～2010年进一步减少到166亿m^3；入境水量由20世纪50年代的100亿m^3减少到2000～2014年的24亿m^3。再加上经济社会强劲用水需求和长期超负荷开发利用，为了支撑经济社会发展，京津冀地区付出了巨大的水生态环境代价，造成“湿地萎缩”“有河皆干”等一系列问题（Jia et al., 2012）。据统计，京津冀地区农业用水量偏多，除了北京市占比相对较低，河北省和天津市农业用水占比约70%和50%。经济社会的快速发展对水资源需求的日益增加与水资源短缺、时空分布不均的矛盾使得地表水不足以支撑生活和生产用水，地下水超采现象严重，地下水位大幅度下降。京津冀地区年均超采地下水资源量超过30亿m^3，超采面积达到5万km^2。自2000年以来，除2012年水资源总量较为丰沛之外，水资源开发利用强度均超过100%，超出了国际通用的水资源开发利用安全警戒线40%，重要河流主要河段年均断流260多天，湿地面积较20世纪50年代减少了75%，1980年以来，海河流域以南水系几乎没有水入海或者仅有少量水入海，地下水累计超采量超过1550亿m^3，形成了3.3万km^2浅层地下水超采区和4.8万km^2深层地下水超采区，已经发展成为“全球最大的地下水漏斗”。上述水资源安全问题已引起国家和相关部门的高度重视，随着京津冀协同发展战略的大力实施、国家经济社会发展新常态的持续推进和南水北调工程的相继通水，京津冀地区水资源需求和供给格局正在并将持续发生显著变化，水资源安全保障也面临着新的形势和挑战，亟须开展京津冀地区水资源安全保障研究。

1.1.3 京津冀地区水资源现状

基于国家气象科学数据中心和《中国水资源公报》2000～2018年的统计数据，分析京津冀地区降水量、水资源量、供用水量和用水效率情况。

1. 京津冀地区降水量

2000～2018年，京津冀地区年降水量和产水系数变化趋势如图1-1所示。北京市、天津市和河北省多年平均降水量分别为524.01mm、538.17mm和495.50mm，天津市降水量最多，极值比最大，为2.35，可见其降水分配不均，北京市和河北省的降水量极值比分别为1.71和1.55。北京市、天津市和河北省多年平均水资源量分别为86.74亿m^3、63.74亿m^3和930.02亿m^3，其中北京市的产水系数最高，天津市次之，河北省最低。北京市、天津市、河北省产水系数随着时间变化处于波动增加的趋势，其中天津市增幅最大，河北省增幅最小。

2. 京津冀地区水资源量

2000～2018年，京津冀地区水资源总量、地表水资源量、地下水资源量以及人均水资源量变化趋势如图1-2所示。水资源总量、地表水资源量和地下水资源量总体上呈增加趋势，最大值均出现在2012年，北京市、天津市和河北省年均降水量分别为708.0mm、

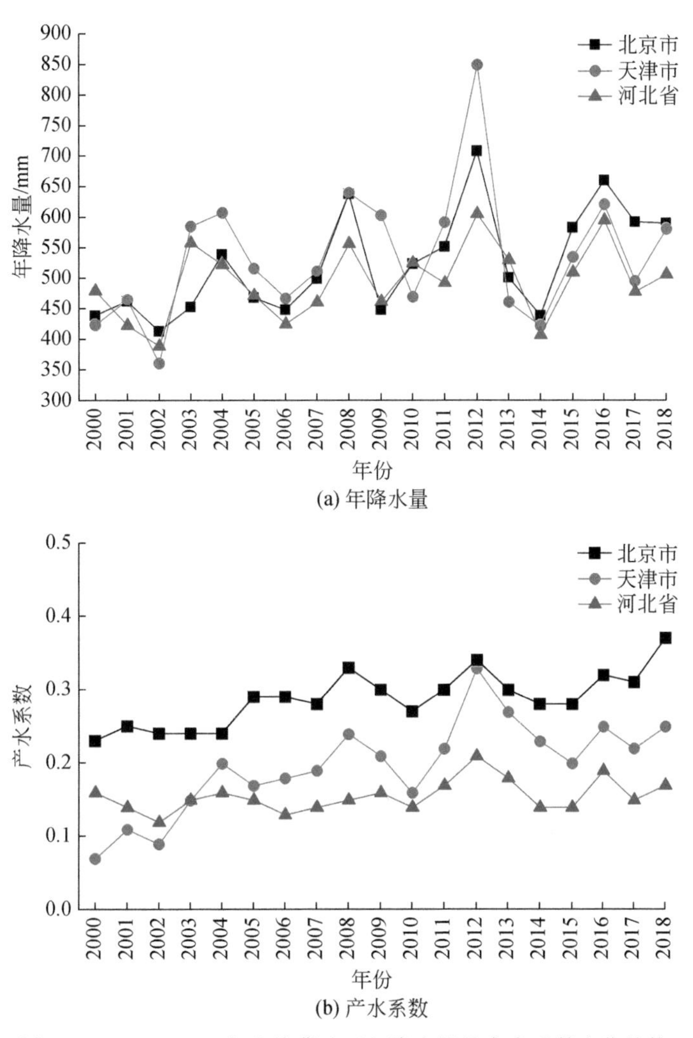

图 1-1　2000 ~ 2018 年京津冀地区年降水量及产水系数变化趋势

850.3mm 和 606.4mm，分别超出历年平均降水量 35.11%、58.00% 和 22.38%。多年平均水资源总量分别为 25.24 亿 m^3、13.10 亿 m^3 和 145.86 亿 m^3，多年平均地表水资源量分别为 9.25 亿 m^3、9.10 亿 m^3 和 61.77 亿 m^3，多年平均地下水资源量分别为 18.93 亿 m^3、4.85 亿 m^3 和 118.09 亿 m^3，水资源总量极值比分别为 2.34、10.46 和 2.73。水资源总量、人均水资源量和降水量变化趋势趋于一致，最大值均出现在 2012 年，河北省人均水资源量最大，除 2012 年外，北京市人均水资源量均高于天津市，主要是 2012 年天津市降水量为 850.3mm，高于多年平均值 312.13mm，使得天津市当年水资源量较为充沛。北京市、天津市和河北省的多年人均水资源量分别为 140.84m^3、103.16m^3 和 205.29m^3，均低于国际公认的人均水资源量 500m^3 的极度缺水标准。

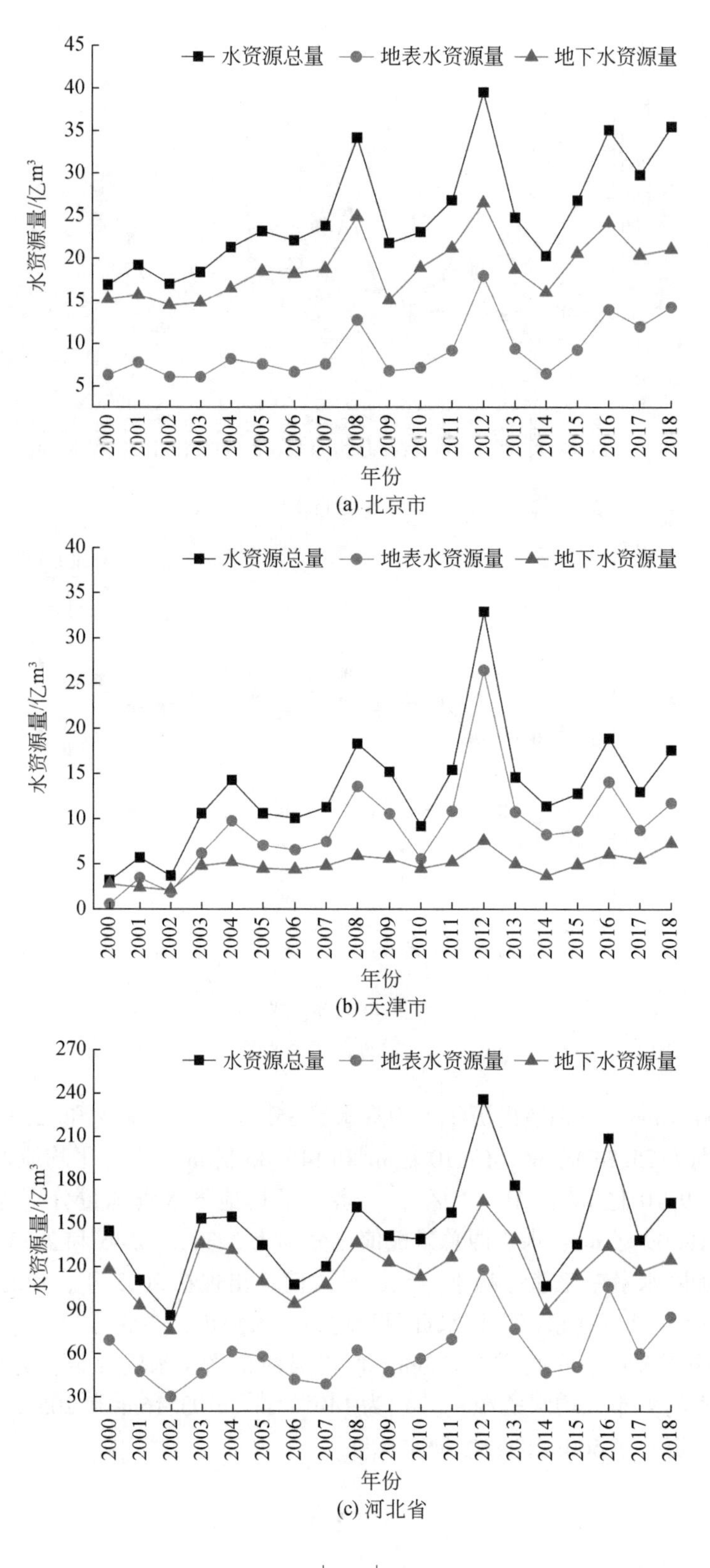

45
40
35
30
25
20
15
10
5
水资源量/亿m³
水资源总量
地表水资源量
地下水资源量
2000
2001
2002
2003
2004
2005
2006
2007
2008
2009
2010
2011
2012
2013
2014
2015
2016
2017
2018
年份
(a) 北京市
40
35
30
25
20
15
10
5
0
水资源量/亿m³
水资源总量
地表水资源量
地下水资源量
年份
(b) 天津市
270
240
210
180
150
120
90
60
30
水资源量/亿m³
水资源总量
地表水资源量
地下水资源量
年份
(c) 河北省

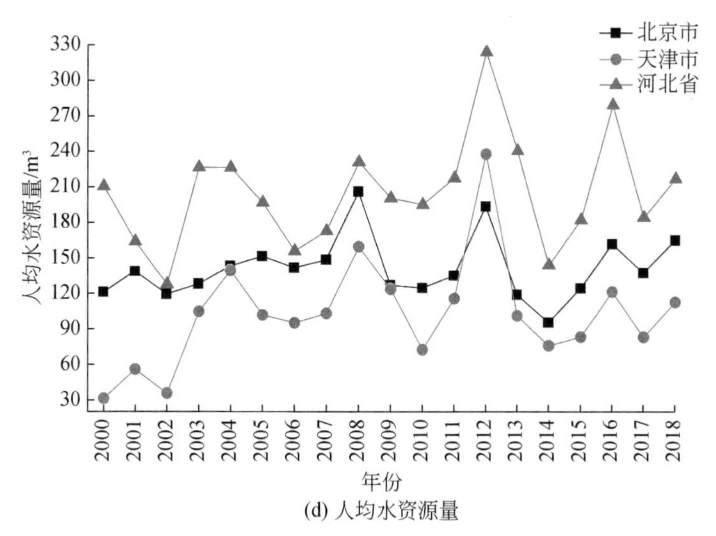

(d) 人均水资源量

图 1-2　2000～2018 年京津冀地区水资源量年变化趋势

3. 京津冀地区供用水量

2000～2018 年，京津冀地区供水结构年际分布情况如图 1-3 所示。北京市和河北省地下水水源供水量多年平均占比分别为 60.91% 和 76.58%，天津市的主要供水水源为地表水，多年平均占比为 68.05%。京津冀地区地表水水源供水量占比处于增加趋势，地下水水源供水量占比呈减少趋势，其他水源供水量占比呈增加趋势。地表水水源供水量占比增加主要受益于南水北调工程，地下水水源供水量占比减少主要是因为地下水超采问题过于严重，政府采取压采治理措施后地下水水源供水量开始呈现减少趋势。其他水源供水量占比增加，主要是因为近几年再生水和雨水利用等非传统水资源利用量得到提高。以 2018 年为例，京津冀地区的地下水水源供水量占比为 50.67%，其中河北省地下水水源供水量占比为 58.19%。北京市地表水、地下水和其他水源供水的分布情况较为均衡，

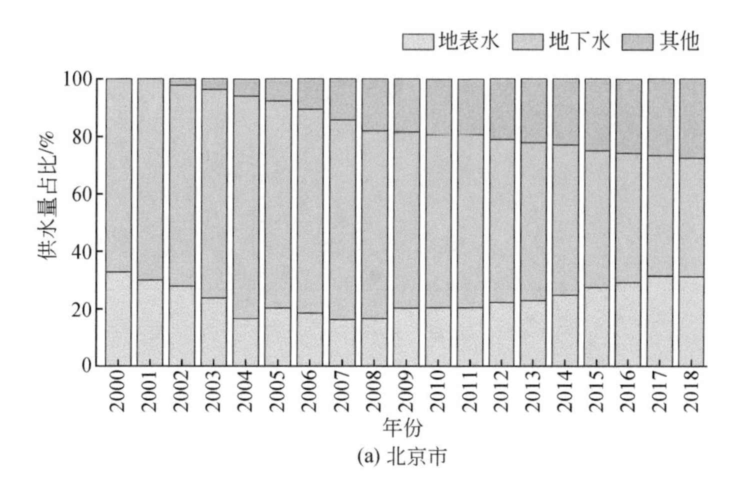

(a) 北京市

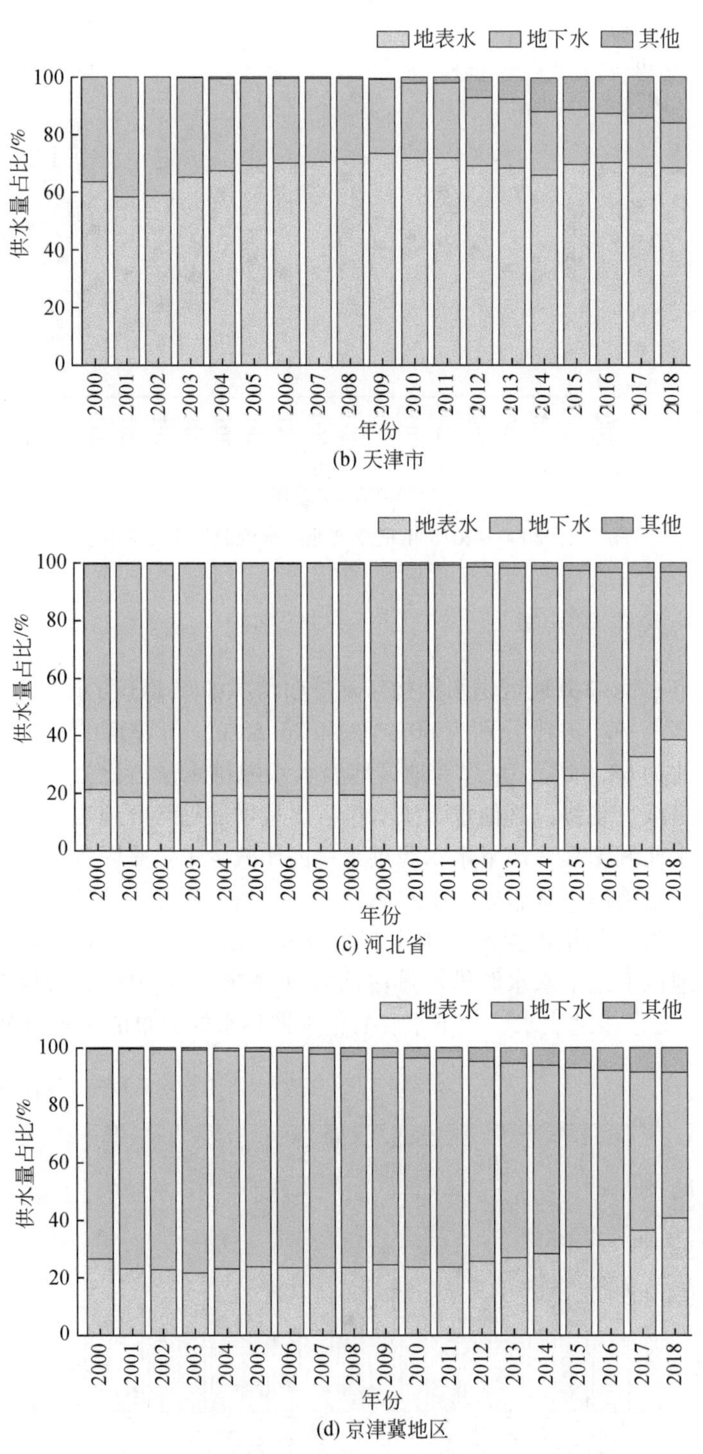

(b) 天津市

(c) 河北省

(d) 京津冀地区

图 1-3　2000～2018 年京津冀地区供水结构年际分布情况

占比分别为 31.30%、41.22% 和 27.48%。天津市和河北省的供水结构分布仍然不太均衡，尤其是天津市，地表水、地下水和其他水源供水量的占比分别为 68.48%、15.50% 和 16.02%，地表水水源供水量的占比分别为地下水水源和其他水源的 4.42 倍和 4.27 倍，河北省地表水、地下水和其他水源供水量的占比分别为 38.61%、58.19% 和 3.20%。

2000～2018 年，京津冀地区水资源利用结构年际分布如图 1-4 所示，包括生活用水、农业用水、生产用水和生态用水四类。由图 1-4 可知，北京市生活用水占比最大，生态用水呈快速增长趋势，主要用于市政生态保护，水资源利用结构变化明显，但是生活用水仍然占主导地位。天津市生活用水和生产用水占比基本一致，农业用水呈减少趋势，生态用水呈增加趋势。河北省为农业用水主导型地区，其中 90% 以上用于农业灌溉，年农业用水量占比均超过了 65%，近年来随着农业节水技术和制度的改进，农业用水出现减少趋势，生活用水和生产用水相对稳定，生态用水呈增加趋势。总体来说，京津冀地区生活用水基本处于稳定状况，农业和生产用水减少，2003 年之后生态用水增加幅度较大。

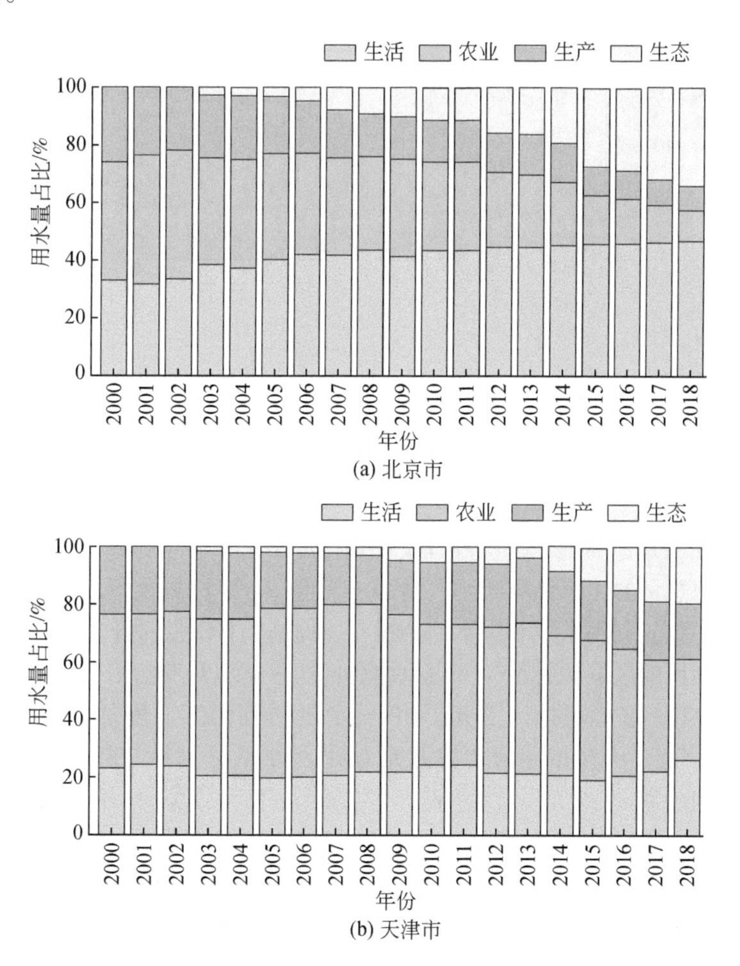

(a) 北京市

(b) 天津市

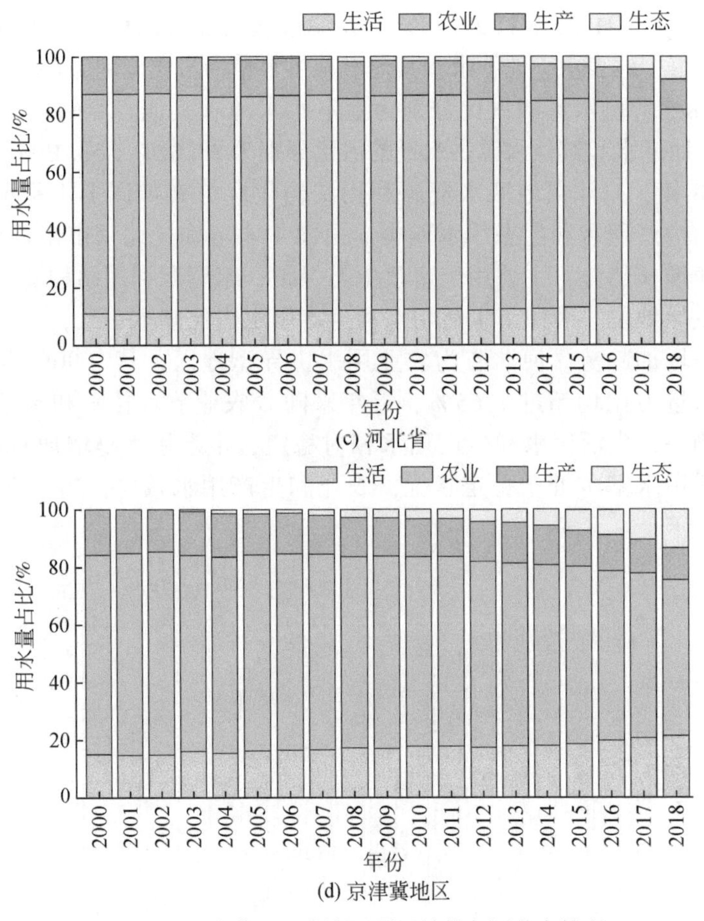

(c) 河北省

(d) 京津冀地区

图 1-4　京津冀地区水资源利用结构年际分布情况

4. 京津冀地区用水效率分析

2000～2018 年，京津冀地区水资源开发利用率如图 1-5 所示，其中水资源开发利用率通过用水量与水资源总量的比值计算得到。由图 1-5 可知，京津冀地区水资源开发利用率呈减少趋势，用水量中重复利用水量和中水回用量有所提高，且深层地下水超采现象严重，实际用水量超过了可利用的水资源总量，使得京津冀地区水资源开发利用率均超过 100%。

2000～2018 年，京津冀地区万元 GDP 用水量和万元工业增加值用水量变化趋势如图 1-6 所示。北京市、天津市和河北省万元 GDP 用水量分别从 2000 年的 160m^3、140m^3、420m^3 下降至 2018 年的 13m^3、15.1m^3、50.7m^3，年均分别下降 13.02%、11.64% 和 11.08%。北京市、天津市和河北省万元工业增加值用水量分别从 2000 年的 143m^3、72m^3、122m^3 下降至 2018 年的 7.5m^3、7.8m^3、13.9m^3，年均分别下降 15.11%、11.62% 和 11.37%。2000 年以来，天津市万元工业增加值用水量相对较低，北京市和河北省较为相近，2018 年三个地区万元工业增加值用水量趋于一致。

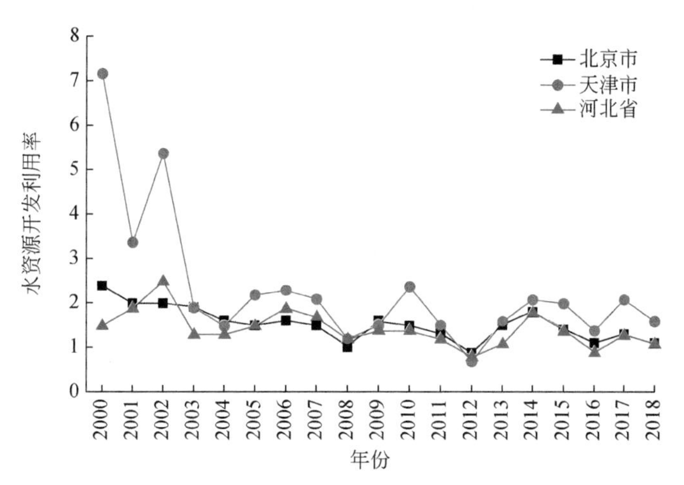

图 1-5　2000 ~ 2018 年京津冀地区水资源开发利用率变化趋势

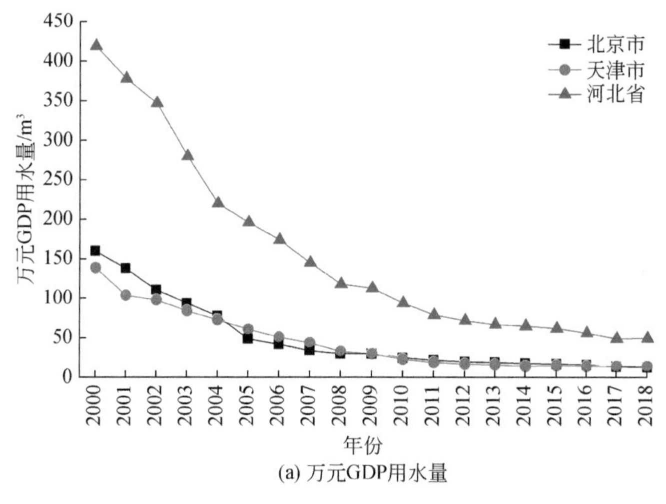

(a) 万元GDP用水量

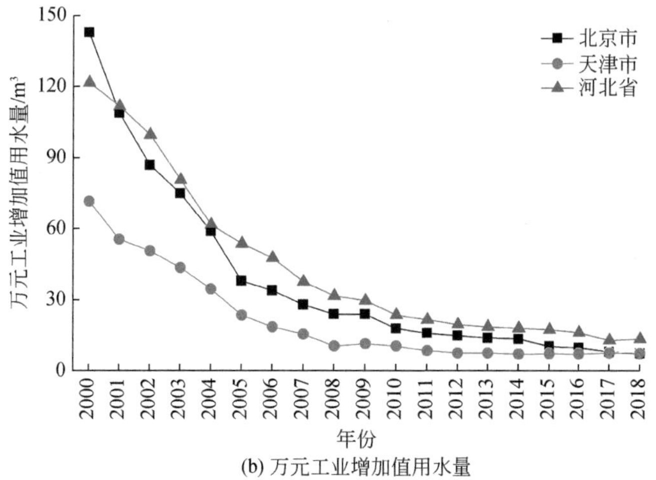

(b) 万元工业增加值用水量

图 1-6　京津冀地区万元 GDP 用水量和万元工业增加值用水量变化趋势

5. 京津冀地区水资源供需分析

京津冀地区水资源开发利用程度高，是我国水资源极为短缺的地区之一，供需矛盾突出。据统计，该地区多年平均水资源总量为 258 亿 m^3，占全国水资源总量的 0.9%，其中，地表水 149 亿 m^3，地下水 154 亿 m^3，地表水和地下水重复量 45 亿 m^3，人均水资源量 240m^3，仅为全国平均值的 1/9。随着经济社会的快速发展，人口增长和城镇化水平提高，京津冀地区生活用水刚性需求增加，工业和生态环境蓄水量仍然增长。根据 2020～2030 年用水效率达到同类地区国际先进水平可以预测该地区 2020 年河道外需水总量为 357 亿 m^3，2030 年为 341 亿 m^3。

京津冀地区供水水源主要包括地表水、地下水、外调水和非传统水资源，截至目前，地表水工程开发能力已大于地表水可利用量，地下水资源主要为浅层地下水的可开采量；外调水主要包括河北省和天津市的引黄调水以及南水北调工程调水，根据《南水北调工程总体规划》和《海河流域综合规划（2012—2030 年）》，南水北调东线和中线工程 2020 年可向京津冀地区调水 61.5 亿 m^3，2030 年可供水量为 85.8 亿 m^3；非传统水资源主要包括再生水、微咸水、海水、雨水和矿坑水等，其中，再生水和雨水目前已达到一定规模，并在园林绿化、景观环境等多个领域得到使用，微咸水利用有一定的潜力，海水利用随着技术的发展，潜力较大。通过水资源供需平衡分析，初步统计结果显示京津冀地区 2020 年总可供水量为 306 亿 m^3，缺水量约 21 亿 m^3，缺水率达到 6.9%，2030 年可供水量为 333 亿 m^3，缺水量约 8 亿 m^3，随着外调水和非传统水资源量的加大，缺水率降低至 2.4%（王晶等，2014）。

1.2 京津冀水资源调控研究进展

1.2.1 水资源调控理论与方法

水循环影响大气和陆地水资源分配，水循环演变机理与趋势研究是当前国际水文水资源学研究热点，也是水资源调控和水资源安全保障的科学基础。不断增强的人类活动改变了天然水循环模式，2008 年，加利福尼亚大学学者 Barnett 等（2008）在 *Science* 发表文章，指出美国西部 1950～1999 年 60% 的径流、温度、积雪变化主要受人类活动影响（Barnett et al., 2008）。中国水利水电科学研究院王浩院士研究认为气候变化和人类活动是导致海河流域过去 50 年水资源量衰减的两大因素，其贡献率分别为 38% 和 62%（王浩等，2015）。考虑强人类活动影响的二元水循环模式已经在国际上得到公认，社会水循环过程、机理和规律研究日益受到关注（Wang et al., 2013），但是目前仍然缺乏关键性的数学控制方程来很好地刻画人类活动对水循环过程的影响，特别是在二元驱动力的描述上，针对二元水循环数学表达及其影响机理的研究逐渐成为全球研究的热点。王建华和王浩（2014）基于长期自然-社会二元水循环应用基础和水资源规划管理研究，面向国家实行最严格水资源管理制度和建设节水防污型社会现实需求，系统开展社会水循环原理与调控应用基础研究，初步形成了社会水循环及其调控基础理论框架，构建了流域、行政区域和城市单元相互嵌套的社会水循环模拟模型，形成了社会水循环系统整体调控模式，并在海河流域、天津市和典型城市单元进行了实证研究。

需水管理是缺水地区水资源安全保障的基础，美国和加拿大20世纪80年代开始研究需水管理策略，以色列通过加强需水管理，制定低耗水、高效益产业结构，大力提高用水效率。实践表明：经济社会发展并不一定导致用水量的增加，北欧、日本、美国通过水价杠杆、提高用水效率、海水淡化利用等措施已实现需水零增长。世界银行提出“ET管理”理念，提倡从流域水循环过程出发，减少ET消耗，维护水循环过程的“收支平衡”，实现“真实节水”，使得需水管理目标更为明确。“结构节水”和“效率节水”已经成为国际需水管理的两大重要研究方向，也是世界上水资源短缺国家强力推行的重要举措（Gowda et al.，2008）。

多水源供给是水资源安全保障的必然选择，水资源短缺地区通过积极发展传统和非传统水资源开发利用技术提高水源供给能力。新加坡通过再生水回用为五十多家高技术产业企业和半导体工业企业提供纯净水，甚至将部分再生水补充地表水充当饮用水水源（Lee and Tan，2016）。海水淡化技术已经在全球155个国家得到应用，解决了1亿人的供水问题（Liu et al.，2013）。美国高平原含水层与京津冀地区类似，农业发展引发严重的地下水超采，采取地下水限采、禁采、喷灌技术等措施降低地下水消耗速率，并通过GRACE卫星监测地下水储量的变化（Famiglietti，2014）。目前，世界上已建、在建的长距离、跨流域调水工程达160多项，其为水源供给提供新的思路，如美国加利福尼亚州北水南调工程、加拿大魁北克调水工程以及我国的南水北调工程（Zhang，2009），在跨流域调水的立法、水权、水价和水资源统一管理方面做了大量的探索（Gupta and van Der Z P，2008）。

在多水源多目标协同调配方面，水资源综合管理（Integrated Water Resource Management，IWRM）模式是当前国际上的共识，2012年6月，在巴西里约热内卢召开的联合国可持续发展大会发布的调查报告提到，全球已有64%的国家实施了水资源综合管理计划，其中约50%的国家在推进水资源综合管理中取得了显著进展，包括澳大利亚墨累-达令河流域、莱茵河流域和泰晤士河流域等（Stalnacke and Gooch，2010）。政府和市场两手发力及其关键技术研究与制度设计成为国际水资源管理研究热点，澳大利亚、美国、日本等国家探索建立了水市场，通过水权交易提高水资源配置效率，政府主要负责制定水资源规划、确定水权以及对交易过程进行监督管理（Brown，2006；Garrido，2007）。京津冀地区目前还没有形成有效的水权交易体系，创新市场与政府两手发力的制度设计与技术方法是亟待解决的现实问题。

1.2.2　京津冀水资源调控技术

当前国内外围绕水资源系统模拟和调控等方面开展了研究并取得大量成果，针对不同区域特点开发了一系列模型。国内典型的有流域二元水循环模型、分布式水文模型

EasyDH 模型、概念性半分布式水资源综合模拟与调配模型（water allocation and simulation model，WASM）、水资源复杂适应配置系统（water resources complex adaptive allocation system model，WRCAASM）、流域需水预测多目标多层次分析系统（multi object and multilevel water demand prediction system，MOMWDPS）等。

贾仰文等（2010）针对高强度人类活动影响下海河流域水循环的自然-人工二元特性开发了流域二元水循环模型，该模型由分布式流域水循环模型、水资源合理配置模型和多目标决策分析模型三个子模型耦合而成，分别采用 11 752 个、125 个、8 个计算单元划分海河流域并进行分析计算与模型验证，结果表明：该模型具有较强的模拟功能和合理的模拟精度，可为海河流域水资源规划和管理提供依据。雷晓辉等（2010）集成基于 DEM 的快速建模、不同时空尺度的快速模拟和参数自动识别等技术开发了支撑流域二元水循环与调控的分布式水文模型——EasyDH 模型，该模型基于模块化和组件化思想，采用多种算法构建产汇流、蒸发和地下水等模块，实现与水资源调配模型的耦合，支持水文模拟、计算和流域水资源调配，提高了分布式水文模型参数识别的自动化程度、模型参数率定和建模效率，降低了模型参数识别的经验性。桑学锋等（2018，2019）针对自然-社会水资源系统复杂互馈机制科学问题和水资源管理应用需求，将水文学数值模拟和水资源适应性调配技术相结合，构建了 WASM 并将其推广应用。该模型由产流模拟模块、河道汇流模块、再生水模块和水资源调配模块四个部分组成，其中前三个模块用于区域水资源数量计算和组成分析，第四个模块用于水资源开发利用过程中均衡分析，并将其反馈到对应的水循环模拟过程中。WASM 以自然-社会二元水循环理论为基础，通过模型实现自然-社会水循环系统输入输出及两者之间动态互馈关系，描述区域的降水、地表水、地下水等水资源系统要素以及供水、用水、耗水、排水等水资源调控过程与通量。模型在水资源动态反馈中提出一种“实测、分离、聚合、建模、调控”的水循环时序动态模拟方法，在典型水循环“四水”转化模拟模型的基础上，考虑经济社会用水、排水和再生水回用过程模拟，实现社会侧支水循环实时映射到时段自然水系统过程，实时模拟来水变化对用水变化、用水变化对下一阶段径流及供水变化的响应，进而实现水资源综合调控。针对京津冀地区用水竞争强、人类活动剧烈等造成的传统水资源配置模型难以适用的问题，通过对 WASM 进行改进，构建京津冀水资源动态配置与模拟模型，实现对京津冀地区现状和未来水资源协同配置、自然-社会水资源平衡分析及其互馈关系研究，结合京津冀地区实际情况提出了具有通用性和概化性的总分嵌套汇流技术，实现不同尺度下河网快速生成、汇流拓扑计算，进一步开展京津冀地区水资源供需平衡分析与适应性调控。赵建世等（2002）采用复杂适应系统理论构建了水资源配置系统分析模型，并对南水北调东线和中线受水区域进行模拟演算，分析不同引水量对流域的影响。王大正等（2002）针对水资源优化配置中需水预测问题，建立了流域需水预测多目标多层次分析系统，并以海河流域为例构建海河流域多目标需水预测系统，为海河流域水资源规划提供依据。

1.2.3 京津冀水资源安全保障

用水强烈竞争地区的水安全保障历来是世界各国关注的焦点和研究的热点，并随着气候变化和用水需求增长演变成全球问题。2010年9月29日，Vorosmarty等（2010）在*Nature*发表的封面文章指出，“全球水资源危机极为严峻，近80%的人口面临着淡水资源短缺的威胁”。国际水文计划将第Ⅷ阶段战略计划（2014～2021年）确定为“水安全：应对地方、区域和全球挑战”。2016年5月3日，世界银行指出：“气候变暖导致淡水水源日益短缺，到了21世纪中叶，全球多国经济的规模可能大幅缩小。”为了迎接这一挑战，中国自20世纪50年代开始，通过勘测、规划和对五十多种方案的研究分析，提出建设南水北调工程（He et al.，2014），通过东线、中线和西线三条调水线路将长江、淮河、黄河与海河相互连接，形成“四横三纵、南北调配、东西互济”的水资源总体格局。澳大利亚政府提出了历时10年、投资超过129亿澳元的“未来治水”水资源规划。美国加利福尼亚州1960年开始兴建北水南调工程，但面对2000年以来持续的干旱，仍不得不实施最严厉的限水措施，GRACE重力卫星监测显示印度次大陆北部地下水每年耗损540亿m^3，导致上百万口机井报废，部分地区因缺水已无人居住。相比上述世界公认的缺水地区，京津冀水资源条件更为严峻，水资源安全保障更为艰巨，区域人均水资源量仅有218m^3，是全国人均水资源量的10%，不足全球人均水资源量的3%，远低于国际公认的人均水资源量500m^3的极度缺水标准，京津冀地区长期依靠超采地下水维持经济社会发展，已经发展成为全球最大的地下水漏斗区之一。在京津冀协同发展上升为国家战略和南水北调东、中线相继通水的背景下，开展京津冀水资源安全保障研究对于促进区域可持续发展有重要意义。

京津冀水资源短缺、水环境污染和地下水超采等已经成为京津冀区域协同发展国家战略实施过程中需要解决的重要问题。中国科学院生态环境研究中心曲久辉院士等对京津冀水资源调控现状进行了系统梳理，剖析了京津冀水生态系统存在的问题和挑战，在此基础上提出了京津冀水资源安全保障策略和建议（曹晓峰等，2019）。海河流域地处我国政治、文化和经济中心，中部平原是我国重要的粮食主产区，西部北部平原山区是国家能源基地，海河流域水资源总量不足，水资源短缺现象仍然严重；受气候变化和人类活动加强的双重影响，流域水资源量仍然呈现持续减少趋势；在海河流域供水方面，地表水以蓄、引、提和跨流域调水工程供水为主，地下水水源供水量主要来源于浅层地下水；在耗用水方面，农业用水和耗水比例最大。海河流域水资源开发利用强度与开发利用率均处于较高水平，近十年地表水资源开发利用率超过60%，超过国际公认的40%上限。平原区浅层地下水开发利用率持续提升，地下水的超采现象造成地下水位下降、地面沉降等一系列问题。用水效率整体上均高于国内其他区域，水资源开发利用率已经接近或达到发达国家水平。目前，区域水资源供需难以达到平衡，仍需大力实施节水战略，充分挖掘行业节水潜力，继续调整和优化产业结构，通过“内部挖潜、外部调水”拓展用水潜力，高效利用外调水等，保障京津冀水资源安全。针对上述问题，亟须通过科学技术手段，推进京津冀水资源安全保障，充分利用南水北调工程外调水资源并将其作为京津冀外部调水水源，缓解供水压力，为饮用水安全提供基础保障。增强京津冀内部产水和涵水性能、提高水资源开发利用率和净水能力，构建水生态廊道，控制地下水超采现象。通过发展新的节水、用水和管水技术，完善水资源管理等措施，构建水资源健康循环与高效利用模式，加强传统水资源和非传统水资源高效利用。通过调整农业种植结构、优化工业产业结构、合理进行城市布局和开展节水等方式发展与区域水资源承载力相适应的生产和生活方式。通过上述途径重点解决京津冀水资源短缺、优化水资源结构等问题，为京津冀协同发展提供水资源安全保障。

水利部海河水利委员会以中央新时期水利工作方针“节水优先、空间均衡、系统治理、两手发力”为指导，按照水利部统一部署，提升京津冀水安全保障能力，推进京津冀协同发展。优化水资源配置，配合做好南水北调中线工程水量调度，保障城乡供水安全。组织编制了《京津冀多水源多渠道水资源保障总体方案》，积极推进重点水源工程建设。坚持节水优先，全面落实最严格水资源管理制度，实行水资源消耗总量和强度双控行动，开展水资源承载能力监测预警机制建设，推进国家水资源监控能力建设、国家地下水监测工程等项目建设，提高节水管埋水平。

针对京津冀协同发展新形势、新挑战和新要求，为了适应经济社会发展新常态和水资源供求状况新变化，郭旭宁等（2017）通过构建多水源多渠道的水资源保障体系保障了京津冀协同发展供水安全，确定了京津冀水资源安全保障总体思路，制定了京津冀水资源保障总体方案和不同区域用水保障方案，提出京津冀协同发展水资源安全保障策略。在严格控制用水总量和限制用水增量、加强节水治污、提高区域水资源利用水平的基础上，加大退减生态环境用水力度，实现生活、生产和生态“三生”用水的协同，不同区域间的协同，以及不同水源的协同。统筹京津冀协同发展过程中不同区域城乡空间布局和产业布局优化对水资源需求的变化，调整用水格局和供水水源结构，完善海河流域和区域水资源协同管理机制，建立水资源统一调配平台，实现京津冀水资源统一规划、调配、调度与管理；加大多水源利用程度，提高水资源承载能力。总体上，通过建立与京津冀协同发展新格局相适应的京津冀供水网络体系，按照合理使用地表水、优先使用外调水、加大使用非传统水、控制使用地下水的原则，实现地表水、地下水、外调水和非传统水资源等多水源的统一调度和优化配置。提出加强京津冀水资源节约与保护、推进水资源联合调配和水生态修复、加快建设水权制度和水价体系、建立水资源承载能力监测预警机制等水资源安全保障策略。

针对京津冀水资源禀赋，宋秋波等（2019）建立了京津冀水资源承载力管控体系，通过对水资源承载力实施有效管控，提升水资源对经济社会的承载能力，合理化经济社会对水资源的负荷，提高承载稳定度，降低水资源安全保障风险。通过水资源承载力管控目标、管控要素、管控方向等环节，制定管控措施，提高区域水资源承载力，包括：坚持节水优先，促进水资源高效利用；加强京津冀河渠连通，多源联动配置，形成东西互补、南北互济、多源联调、丰枯调剂的水资源配置体系；加强地下水超采综合治理，推进地下水和生态双向补偿；推动水价改革，通过市场作用开展水权交易；建设水资源承载能力评价和预警平台；加强水源储备，应对特殊年份风险；加强水资源统一调配管理，注重区域协同发展等。通过加强水资源承载力管控，全面提升京津冀水资源调控水平和供水保障能力。

面向京津冀水循环显著变异、人水关系严重失衡和水资源安全保障技术短板，结合京津冀当前水资源状况，国家重点研发计划“水资源高效开发利用”重点专项首批启动了“京津冀水资源安全保障技术研发集成与示范应用”项目，该项目通过将京津冀作为一个有机整体，统筹开展水资源问题剖析，集成研发水资源安全保障技术，协同制定水资源安全保障方案，系统解决区域水资源安全保障问题。结合京津冀协同发展新形势，根据项目研究目标，围绕拟解决的强人类活动区水循环演变机理与健康水循环模式、强烈竞争条件下水资源多目标协同配置两大科学问题，通过二元水循环全过程解析技术、需水管理与耗水控制技术、多水源安全高效利用技术和多水源多目标协同配置技术四项关键技术，重点开展九项研究任务（赵勇和翟家齐，2017）。

1.2.4 数字水网技术集成应用

1. 数字水网相关概念

水网是由自然的江河湖库与人工的供用排水管网设施所组成的连通水系，与互联网、能源网、交通网共同构成影响现代社会人类生活的四大基础设施网络。水网既是水资源赋存和流动的物理载体，又是各类治水活动的基本对象。目前存在的各种水问题大多可以归结为水循环演变与调控的失衡，水网作为水循环的载体，是水循环过程和水资源调控的对象。水网工程是指建设水利工程有效连通江河湖库水系，搭建决策支持平台管理各类水利设施，发展水循环调控理论，实施水循环调控的过程。随着现代治水理念的提升和现代信息技术的发展，水网工程正在朝着智能化方向发展，逐步融合了由水资源调控基础设施组成的水物理网、符合智能化技术特征趋势的水信息网以及以深化体制机制改革为核心的水管理网，从而发展成为以“坚强友好”为特征的水利设施建设、以“智能感知”为目标的现代信息技术和以“科学决策”为核心的水管理活动。

数字水网是对河流水网信息的多维描述，主要研究内容是综合空间地理信息、气象水文历史及实时监测信息，采用模拟仿真等可视化技术手段，描述河流水网的历史、现在与未来的演变过程，并为水利管理和水资源调控等提供决策支持。数字水网以水利为核心，由基础应用、延伸应用、高级应用和战略应用的多层水利监控管理平台集成实现水利的数字化，是水利现代化的重要组成部分，同时也是“数字地球”在水利行业的一种更高层次的应用。将计算机技术、可视化仿真技术和数据库技术等应用于传统水利行业，实现对河网相关信息的数字化提取、分析和存储，结合实时动态监测、多源信息融合与深度挖掘，构建数字水网可视化平台，基于平台提供主题化服务功能，最终实现业务的综合集成应用。智能水网是指现代人类社会为实现兴水利、除水害以及人水和谐的总目标，利用现代信息技术和智能决策控制技术，将江河湖泊水系、水基础设施体系、管理调度体系深度融合的一体化软硬件网络系统。智能水网通过系统梳理和整合水利业务流程，提高水利建设能力和公共服务水平，以更加精细和动态的方式实现水资源管理和决策的智慧化。

2. 数字水网典型实例

国外针对数字水网研究起步相对较早，并逐渐从最初的流域水网工程向智能水网和智慧水网发展，典型的有美国田纳西河流域综合治理工程、荷兰“Digital Delta”数字水网工程、以色列国家水网工程和澳大利亚昆士兰州数字水网工程等。

（1）美国田纳西河流域综合治理工程（Li and Zhao，2012）。美国田纳西州于1930年成立流域管理局，对流域水资源进行综合管理，采用地理信息技术、遥感技术、数据采集和计算机网络通信等信息技术在航运、防洪、发电、水质、娱乐和土地利用六个方面实现对田纳西河流域的统一开发和管理，并在美国田纳西河流域涉及的7个州，约10.6万km^2流域面积上得到应用。

（2）荷兰“Digital Delta”数字水网工程。该工程建成了由堤坝、河流、水闸等构成的水利网络，实现了对洪水控制、水资源管理，以及基于平台的海量水资源数据集成、分析、处理和共享，已应用到荷兰多个区域并发挥效益。

（3）以色列国家水网工程。以色列通过建设输水系统和水资源调配骨干工程，建设集采集、传输、存储及调度于一体的水资源调度系统，实现全国范围内水资源调配和管理，并对全国范围内供水方案进行优化。

（4）澳大利亚昆士兰州数字水网工程。澳大利亚昆士兰州通过建设数字水网将澳大利亚缺水地区与供水区域连接，并构建智能化水资源管理平台，通过水资源综合管理降低水资源短缺风险，实现水资源高效利用，为供水安全和解决干旱等问题提供支撑。

国内数字水网工程主要以河流水系连通为基础网络，通过综合应用多种现代信息技术形成数字水网，依托水网为水利管理部门提供安全、可靠和经济的水利业务服务，辅助决策支持。典型的有“中国水资源与可持续”中提出的“四横三纵”全国水资源配置网络、山西省大水网、山东省现代水网、北京市智慧水网和海南省水网体系等。

（1）山西省大水网。2011年，山西省提出了《山西大水网规划》，构建了“两纵十横、六河连通”大水网。实体大水网建设将解决水资源空间分布不均问题，从配置上保障水安全。在实体大水网的基础上，依托信息技术的数字水网成为热点。利用各类传感和自动化设备，收集相关数据，在数据基础上，将实体水网数字化和可视化集成形成“水联网”。基于数字水网不断增加水网内容，逐步实现水利各业务系统间的融合，提高水资源管理水平。将物联网理论与技术和水资源供需系统进行集成应用，构建集物理水网、虚拟水网和市场水网于一体的现代化水资源系统，通过实时感知、水信互联、过程跟踪和智能处置，提高水资源效能，提升水资源高效利用水平（王忠静等，2013）。

（2）山东省现代水网。山东省高度重视山东现代水网建设，为加快推进山东水利现代化进程，编制了山东省现代水网规划思路报告，通过建设湖库河渠连通、供排蓄泄兼筹的山东现代水网，实现联合调度，统一配置、丰枯调剂、余缺互补，以及统筹解决三大水问题，基本实现水利现代化。水网建设依托南水北调、胶东调水骨干工程，连通“两湖六库、七纵九横、三区一带”，形成跨流域调水大动脉、防洪调度大通道和水系生态大格局。在此基础上，延伸打造区域和市县现代水网，提升水利基础设施支撑能力。

（3）北京市智慧水网。北京市以信息化、自动化和智能化现代技术为支撑，搭建现代水量调度系统集成平台，形成水流通达、配置合理、调度有序、运行高效、管理规范、功能兼筹的北京市智慧水网体系，为北京市水安全保障和水利现代化发展提供系统支持，提升北京市水安全保障程度和现代化水平。

（4）海南省水网体系。按照国际化标准，海南省对三大基础网络进行统一规划、分步实施和综合管理，促进水流、信息流和业务流的一体化融合。发布《海南水网建设规划》，将全省作为一个整体进行统一规划，实现水资源、水灾害、水环境、水生态“四水共治”，着力打造集工程网、管理网、信息网“三网”于一体的安全、生态、高效和智能海岛型综合立体水网，开展水资源统一调配和综合管理，构建高效安全和经济实用的水网体系，保障供水安全和生态安全，实现海南省水资源统一调配和资源利用效益的最大化。

1.3　研究目标、内容与技术路线

1.3.1　研究目标

针对水资源安全保障和调控问题，国外主要以应用为驱动，追求实效，在实际应用中不断完善。国内近年来发展迅速，但仍需加强顶层设计工作，把为业务服务的软件放在首位，加强需求分析，注重应用实践，处理好定性与定量、结构化与非结构化、静态与动态变化之间的关系并实施过程化的管理。当前新的信息技术层出不穷，但水利行业仍然存在建设与应用脱节的问题，人们对支撑具体水利业务应用的平台还存在争议。通过构建一个可供不同用户使用的统一平台，基于平台为业务服务、让服务有较好适应性。在平台上进行集成与整合，面向主题服务，提供快速敏捷的业务化服务。以云计算为基础，强化大数据、互联网+、移动互联等技术及应用，把传统业务与现代信息技术有机融合升华为业务化。本书紧扣多源信息融合、数字水网构建、综合调控平台设计与开发、业务内容库建立和水资源调控业务化服务等内容展开。本书对应国家重点研发计划项目“京津冀水资源安全保障技术研发集成与示范应用”第九个任务，即建设一个基于数字水网的京津冀水资源综合调控平台，该平台综合应用云计算、互联网+、大数据、综合集成等技术，采用组件、知识图及可视化工具搭建业务主题知识图谱，按照“问题—主题—业务—组件”开发流程开发业务应用知识图，创建面向京津冀水资源安全保障主题的业务化服务模式，形成改变传统的业务化服务，支撑京津冀水资源安全保障，具有重要的科学意义和应用价值。

围绕京津冀水资源安全保障问题，基于能落实、可操作、实用化的基本理念，本书研究提出京津冀水资源安全保障大数据价值化服务技术方法体系，建立京津冀一体化数字水网，研发基于数字水网的京津冀水资源综合调控平台，构建京津冀水资源安全保障业务化服务，为京津冀水资源安全保障提供科学支撑。重点提出面向京津冀水资源安全保障主题的业务化服务模式，构建基于云服务架构和数字水网的京津冀水资源综合调控平台，并基于综合调控平台为京津冀水资源安全保障提供业务化服务。

（1）面向京津冀水资源安全保障主题的业务化服务模式。在京津冀水资源数据中心、实体水网、计算资源等的基础上，采用云计算技术进行资源整合，采用大数据技术开展数据价值化服务。采用可视化技术构建一体化数字水网，以拓扑水网为特色，实现与业务的直接关联。把传统业务与现代信息技术结合，快速构建满足用户应用需求的业务化服务模式。按照“问题—主题—业务—组件”开发流程，按照业务化的知识图来组织应用，提供服务。

（2）基于云服务架构和数字水网的京津冀水资源综合调控平台构建。在大数据支撑下，对实体对象、管理单元进行数字化、拓扑化，逻辑可视、可控，采用综合集成思想研发基于数字水网的京津冀水资源综合调控平台。通过综合调控平台支撑业务化服务，基于云服务架构虚拟化各类资源，整合各种技术，发挥资源效益及价值。基于综合调控平台集成并升华项目研究成果，衔接基础理论、模型方法、信息技术与水资源安全保障业务，用主题服务实现京津冀水资源安全保障业务化服务。

1.3.2 研究内容

围绕京津冀数字水网与水资源综合调控平台核心问题，本书主要内容包括如下方面。

1. 京津冀水资源多源信息融合及价值化服务

收集京津冀水资源基础数据、专题数据、基础地理数据、动态监测数据和社会化数据等多源数据资源并进行分析整理，研究复杂、异源、异质、异构数据的整合策略，建立数据集成技术方法体系。探究气象、国土、环保等部门相关数据的接入机制及共享策略，研究水资源安全保障多源数据融合方法，以多源数据融合应用为驱动，基于 Hadoop 大数据平台，构建京津冀水资源安全保障数据中心。以服务京津冀水资源安全保障为目标，研究建立水资源安全保障大数据分析方法，提出基于组件的京津冀水资源数据价值化服务模式，为京津冀水资源安全保障提供大数据价值化服务。

2. 京津冀一体化数字水网及可视化技术集成

面向河流水系、调水网络、地表水、地下水等实体水网，联系用水户和需水、供水、用水、排水等水网管理实体单元，通过对其进行抽象和概化，提取水网特征，建立可视化图元库，基于水网结构的连通关系获得京津冀数字水网。基于数字地球实现对实体水网的数字化与可视化，基于综合集成平台，采用知识图对相关关系、逻辑关联进行流程化描述，将管理单元的对象实体逻辑和用水对象进行拓扑化，采用图元的方式构建逻辑拓扑水网。将空间数据水网、业务流程水网和逻辑拓扑水网进行集成应用，构建京津冀一体化数字水网，支撑综合调控平台业务化服务。

3. 京津冀水资源安全保障综合调控平台关键技术

针对京津冀水资源安全保障和调控业务特点，基于面向服务架构（service-oriented architecture，SOA）开展综合调控平台软件体系结构设计，基于云计算开展平台的资源整合，基于Hadoop大数据平台构建大数据中心，基于综合集成方法论搭建与业务紧密相关的服务支撑，基于知识图实现个性化的服务及面向主题的服务组合，基于工作流技术实现知识图流计算控制与管理，基于一体化数字水网开展京津冀水资源安全保障和水资源调控业务可视化技术的集成与协同。遵循水利行业标准，依托大数据中心、数字水网和云服务，采用SOA架构、Web Service技术、组件化软件开发技术、知识图技术和综合集成研讨厅等技术，基于综合集成平台搭建京津冀水资源综合调控平台。

4. 京津冀水资源安全保障业务内容库与业务化服务

基于平台、组件、主题、知识图及可视化工具，形成标准的面向主题服务的业务化应用模式。把京津冀水资源调控业务与现代信息技术结合，构建平台可以操控的水资源安全保障业务内容库。面向水资源安全保障多技术集成，将服务于京津冀水资源安全保障的数学模型、技术方法和业务应用，按照Web服务组件开发标准，封装成输入输出标准的组件，实现模型方法组件化，构建模型方法组件库。抽取水资源安全保障业务应用主题，构建业务应用主题库。采用知识可视化技术描述应用主题、业务流程、关联组件和信息，实现应用主题知识图化，构建主题应用知识图库。组件库、知识图库、主题库相互关联，共同组成了支撑复杂业务应用的内容库。面向不同用户，围绕京津冀水资源安全保障重要业务，通过组合、综合业务内容库里面的内容和知识图的关联嵌套，实现业务化服务。

本书为面向京津冀水资源安全保障管理与决策需求，基于综合调控平台实现的七种水资源安全保障业务化服务，主要包括：

（1）京津冀二元水循环集成及海绵小区调控服务；

（2）京津冀水功能区纳污能力计算与考核服务；

（3）京津冀河长制管理与考核评估业务化服务；

（4）京津冀水权交易与社会化节水业务化服务；

（5）京津冀水资源安全事件应急管理主题服务；

（6）京津冀地下水压采效果评价及生态补偿服务；

（7）京津冀水资源动态调配及用水综合管理服务。

1.3.3 研究技术路线

1. 研究思路

采用组件技术、知识图技术、可视化技术以及多技术集成方法实现京津冀水资源综合调控平台的一体化设计、研发与应用。组件技术用来标准化数据分析、信息处理、计算力调用、模型拆分及组合、接口及对接，是复杂理论方法粒度化、复杂问题简单化的途径。知识图技术用来形式化业务流程，不管是传统业务，还是知识和经验都能有一个统一描述，是定性到定量的过程，也是非结构化到结构化的过渡。可视化技术用来方便交互、直观再现情景、实体虚拟化、逻辑流程图形化、方案明晰化、抽象到具体，辅助决策支持。

技术集成用来集成数据、平台、业务内容、服务等，有效集成是综合调控平台发挥作用的核心，基于平台才能有效提供业务化服务。

基于京津冀水资源综合调控平台，采用统一的技术及工具，将水资源安全保障业务的主题、知识图、组件集成应用建立水资源安全保障业务内容库。采用多种可视化工具，通过多种形式的客户端，为用户提供个性化服务。基于综合调控平台，业务可以灵活搭建、方便积累、容易扩展，灵活支持从静态到动态的适应性。基于综合调控平台提供京津冀水资源调控业务化服务，重点实现七大水资源调控业务化服务案例，面向领导有决策服务、面向管理人员有业务服务、面向公众有信息服务，让面向业务主题的业务化服务见效。

2. 研究方法

针对上述主要研究内容，面向京津冀水资源综合调控关键问题，采用的研究方法包括：

（1）基于 Hadoop 大数据平台，构建京津冀水资源安全保障数据中心，开展水资源多源数据纵–横向二维深度挖掘分析，集成云计算、综合集成平台等技术，形成水资源安全保障大数据分析服务与业务应用，实现大数据的价值化。

（2）通过数字水网及可视化技术集成，实现对实体水网的数字化与可视化，采用知识图对相关关系、逻辑关联进行流程化描述，将管理单元的对象实体逻辑和用水对象进行拓扑化，以图元的方式用拓扑图作为数字水网的可视化形式，构建数字水网可视化集成环境。

（3）基于 SOA 设计综合调控平台软件体系结构，采用云计算技术进行资源整合，基于 Hadoop 大数据平台构建大数据中心，基于综合集成方法搭建与业务紧密相关的服务支撑平台，基于知识图实现个性化的服务及面向主题的服务组合，基于工作流技术实现流计算控制与管理。

（4）面向京津冀水资源安全保障多技术集成，抽取并分析各课题的理论与技术成果，构建京津冀水资源安全保障模型方法组件库、业务应用主题库和主题应用知识图库，形成京津冀水资源安全保障业务内容库。

（5）基于平台、组件、主题、知识图及可视化工具，形成标准的面向主题服务的业务化应用模式。通过组合、综合和知识图的关联嵌套，实现水资源安全保障业务化服务，围绕业务主题来组织信息和资源，满足用户管理和决策需求。

3. 技术路线

本书技术路线如图 1-7 所示。针对京津冀水资源安全保障业务及相关主题，发掘和提升数据及信息对业务的支撑价值，采用信息技术构建数字水网，用可视化环境综合集成并搭建综合调控平台，依靠平台，建设水资源安全保障业务的内容库，形成依据主题开展业务化服务的模式，提供京津冀水资源调控业务化服务。

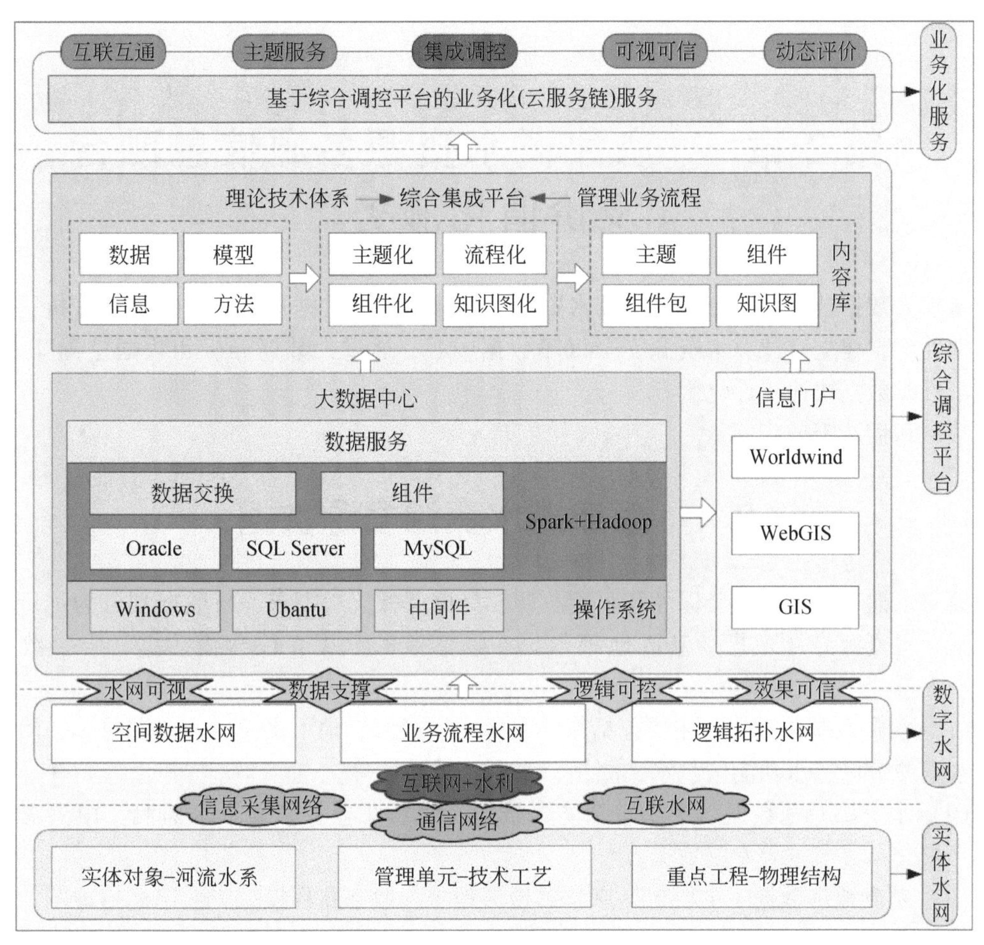
互联互通
主题服务
集成调控
可视可信
动态评价
基于综合调控平台的业务化(云服务链)服务
业务化服务
理论技术体系
综合集成平台
管理业务流程
数据
模型
信息
方法
主题化
流程化
组件化
知识图化
主题
组件
组件包
知识图
内容库
大数据中心
数据服务
数据交换
组件
Spark+Hadoop
Oracle
SQL Server
MySQL
Windows
Ubantu
中间件
操作系统
信息门户
Worldwind
WebGIS
GIS
综合调控平台
水网可视
数据支撑
逻辑可控
效果可信
空间数据水网
业务流程水网
逻辑拓扑水网
数字水网
互联网+水利
信息采集网络
通信网络
互联水网
实体对象-河流水系
管理单元-技术工艺
重点工程-物理结构
实体水网

图 1-7 技术路线图

第2章 京津冀水资源多源信息融合及价值化服务

基于大数据技术对搜集的京津冀水资源安全保障多源数据资源进行整理、分析、集成与融合处理，建立京津冀水资源安全保障数据中心，通过大数据分析和数据挖掘等方法，建立水资源数据快速组件化服务模式，通过组件为水资源安全保障和水资源调控业务应用提供数据和信息服务。

2.1 京津冀水资源多源数据

面向京津冀水资源安全保障和水资源调控具体业务应用需求，将数据划分为水资源基础数据、水资源专题数据、基础地理数据、动态监测数据、社会化数据、成果数据共六类。

（1）水资源基础数据。主要包括京津冀降水、径流、地下水位、水资源量等；河流水系、水资源分区、水功能区、水文测站、水利工情数据等。

（2）水资源专题数据。主要包括防汛抗旱、水资源监控、地下水监测、山洪灾害监测、水权交易、节水等专题数据。

（3）基础地理数据。主要包括京津冀地形地貌、数字高程模型、数字栅格地图、遥感影像等数据。

（4）动态监测数据。主要指京津冀水资源安全保障和调控具体业务应用过程中的实时监测数据。

（5）社会化数据。主要指从社会化媒体中获取的相关数据，如节水社会化数据、河长制考核社会化数据、地下水超采治理社会化数据等。

（6）成果数据。主要指京津冀水资源安全保障和水资源调控具体业务应用过程中的中间数据和成果类数据。

2.2 京津冀水资源多源信息融合

针对水资源数据的复杂性，采用数据抽取、数据转换和数据复制等方法对水资源数据进行处理，再采用数据集成、联邦数据聚合对水资源数据进行集成与融合，确保数据的一致性和完整性，提高水资源数据的准确性和可利用率（李建勋，2012）。

（1）数据抽取。数据抽取是从关系数据库、可扩展标记语言（extensible markup language，XML）数据等数据源中提取所需要信息的过程。水资源调控业务应用中，数据源大多是关系数据库，主要采用全量抽取和增量抽取两种模式。全量抽取针对固化数据，如雨水情特征值和测站编码数据，通过对这些数据直接复制一次性抽取原始数据。增量抽取针对实时数据，只抽取相对目标库更新的数据。增量抽取依靠触发器、时间戳、快照表技术实现，其中采用触发器方式能够及时响应原数据变化，但在业务表里建立触发器将带来一定负载，影响本地业务应用。针对不能建立触发器的业务数据源，采用时间戳方式，利用快照对比，当数据发生更新时同时更新时间戳，通过比较时间戳抽取最新数据。

（2）数据转换。水资源数据存在异构性特点，数据格式不同、存在人工输入性错误、数据完整性被破坏的情况时有发生，有必要对抽取出的数据进行转换和加工。转换时参照统一的元数据标准，以中间件为载体进行数据转换，通过对数据字段的拆分合并、代码转换和数据汇总等操作，使之满足应用要求。水资源数据在应用之前需要进行净化处理。数据净化以水资源数据标准和规范为基础，针对不同类型的数据分别建立模板库，通过模板库对原始数据进行过滤，提高数据的可信性。

（3）数据复制。综合调控平台建立在云服务器上，存在分布式应用服务，通过数据复制技术建立若干个数据副本，提高数据可用性，使得即便某些节点不能正常工作，用户仍然可以获取访问的数据，当默认服务器失效或不可访问时，用户可以通过数据副本上其他服务器获取数据，避免服务器节点失效。采用数据复制避免远程网络访问，从附近的节点获取数据，提高访问效率并减少访问响应时间，或者从多个节点并行获取数据，提高批量数据访问的工作效率。数据复制有主动复制和被动复制两种方式，其中，主动复制对各副本以同样顺序接收和处理存储请求，被动复制中存储请求将被提交给主服务器，主服务器执行存储操作并将更新状态传送给备份服务器。

（4）数据共享。为了便于综合调控平台应用和建立多源数据资源共享，使用户或应用模块能够按照统一的视图访问分散的数据资源，将多个分散的数据源合并成一个整体资源，并为其建立索引和数据关系，采用 XML 建立描述文档，将数据源中提取、转换、合并处理后的数据加载到目标应用中，并将其转换为共享资源库中的资源格式，形成共享资源。采用元数据库保存与数据交换和共享有关的元数据信息，通过图形化的界面创建和维护元数据，跟踪数据的变化，实现元数据的浏览、查询和共享。

（5）数据集成。多源数据经过数据抽取、数据转换和数据净化之后存储到标准化数据库中，采用数据集成中间件对位于不同管理部门或者同一管理部门异构数据库中的数据进行集成处理，通过数据插件实现异构数据资源转换，解决数据之间的冲突、格式不同、含义不同以及数据内容的不一致性问题，通过中间层为异构数据源提供快速检索服务，如图 2-1 所示。根据目标数据库要求按时自动提取数据源中数据内容，向目标数据库复制，在复制过程中确保与源数据库内容一致，通过时间戳和快照方式检查数据源的变化情况，及时响应数据源中发生的数据更新、删除等操作，确保目标数据库与数据源中数据保持一致，最后对数据进行复制操作，对未完成的数据操作进行回滚，确保数据内容的完整性。通过数据集成处理，将核心数据汇集到目标数据库中，实现多源数据资源共享。

（6）联邦数据聚合。采用联邦数据库技术，将利用率较低的数据通过数据映射的方式对其进行抽象，在数据资源中心建立数据源映射，存储数据访问的链接，需要访问数据时

系统D 数据资源D(Z) 任务T 关于A

任务列表

	任务名	写入源	写入查询	读取源	是否开始	读取方案	字段映射	冲突方案	运行类型
1	气象局日	本地sl_new	Select *	气象局	是	Select *	写[序号];	记录重复	自动运行
2	气象局气	本地sl_new	Select *	气象局	是	Select *	写[序号];	记录重复	自动运行
3	气象局风	本地sl_new	Select *	气象局	是	Select *	写[序号];	记录重复	自动运行
4	蓝特时段	本地sl_new	Select *	蓝特	是	Select *	写[序号];	记录重复	自动运行
5	蓝特日雨	本地sl_new	Select *	蓝特	是	Select *	写[序号];	记录重复	自动运行
6	蓝特河道	本地sl_new	Select *	蓝特	是	Select *	写[序号];	记录重复	自动运行
7	蓝特水库	本地sl_new	Select *	蓝特	是	Select *	写[序号];	记录重复	自动运行
8	水库	115sl_new	Select *	本地	是	Select *	写[序号];	记录重复	自动运行
9	河道	115sl_new	Select *	本地	是	Select *	写[序号];	记录重复	自动运行
10	降雨	115sl_new	Select *	本地	是	Select *	写[序号];	记录重复	自动运行

图 2-1 多源数据集成

实现快速获取。建立统一的规范和标准，屏蔽不同数据源之间访问和模式的差异，提供标准的访问接口和完整的逻辑结构。首先建立虚拟数据库、中间层次数据访问 API 和映射规则，对数据库、数据表、数据字段等进行抽象描述，并给出数据资源的元数据描述，为水资源调控业务应用提供完整的数据逻辑和标准的交互式访问接口。根据用户请求建立数据访问连接，将其传递给业务应用程序，获取来自数据源的数据。基于 IBM 公司提出的联邦数据库系统（federated database system，FDS）体系结构实现联邦数据聚合，其中，FDS 由面向数据库或者数据源的客户端软件、联邦数据库服务器、联邦数据库以及数据源组成，数据源包括关系型数据源和非关系型数据源，客户端软件通过 SQL 查询语言与联邦数据库服务器进行交互，并可以同时向多个数据源发出请求，FDS 体系结构如图 2-2 所示。

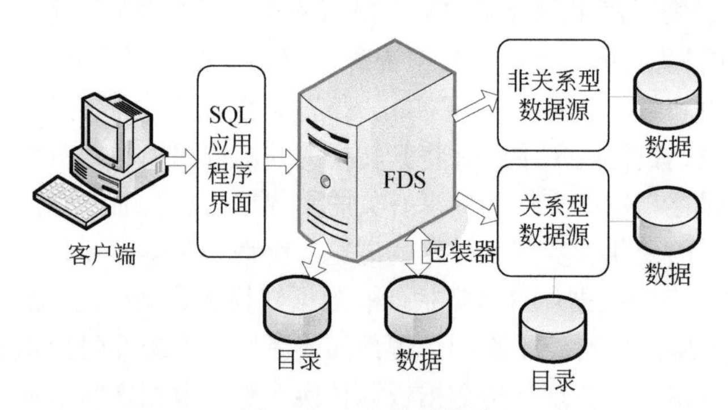

图 2-2 FDS 体系结构

（7）数据融合处理。水资源数据的融合处理是把不同来源、格式和特点的数据在逻辑上或物理上进行有机集中，确保数据的一致性和完整性，提高数据的可利用率。根据水资源数据类型采用合适的处理方法，其中，结构化数据通常采用数据抽取、转换和集成处理方法，先从多种数据源中抽取业务应用所需的数据，参照统一的元数据标准对其进行转换，剔除数据集成过程中产生的冗余数据，消除因数据语义异构产生的数据不一致的问题。非结构化数据采用大数据技术进行处理，然后将处理后的数据转化为结构化数据。

2.3 京津冀水资源安全保障数据中心

采用数据集成中间件、联邦数据库等技术建立数据集中和数据映射的方法为多源水资源数据量大、动态更新和异构程度高等问题提供一个解决方案，为后续水资源数据管理服务、提高数据利用率、实现异构数据的便捷管理提供了有力支撑。为了更好支撑复杂的京津冀水资源调控业务应用，构建数据、信息、知识、智慧（data information knowledge and winsdom，DIKW）集成模型，建立标准化水资源数据管理中心，基于 Hadoop 大数据平台提供水资源大数据服务（姜仁贵，2013）。

2.3.1 DIKW 集成模型

水资源综合调控需要将与水资源相关的所有数据、信息、知识进行集成处理，改变传统以定性讨论为核心的管理决策过程，首先围绕某个主题制定应用框架，通过提供信息、计算结果、模拟验算和经验性知识的形式，按照循环反馈的模式对框架不断进行调整，最终形成一个或多个解决实际水资源调控问题的流程，进而结束一次应用过程。由于水资源调控中数据的异构、功能的多样化及信息的复杂性等特点，采用可视化描述语言对水资源调控业务应用进行编排，对水资源调控业务进行快速组织，在基础的数据层上通过统一的访问接口和信息层进行对接，进而对数据层语义和操作等进行描述，形成信息，通过量智和性智在知识层和决策过程中形成知识，发挥群体智慧，辅以决策评价形成决策指挥，最终以一种具体的图形、多媒体、文字和案例相结合的形式进行表征。在此过程中，通过专家经验将信息和知识集成到水资源调控业务应用中，经过迭代处理将定性知识转变为定量知识，逐步将定性描述的知识转变为定量模型，从而更好为水资源调控服务。水资源调控的 DIKW 集成模型包括数据层、信息层、知识层和智慧层四个层次，如图 2-3 所示。

（1）数据层。水资源调控具有很强的数据依赖性，数据是支持应用服务和管理的基础。DIKW 集成模型的数据层主要包括初始数据和成果数据两类。其中，初始数据通常存储于不同的数据库中，在水资源调控应用服务中，可以对异构和分布的数据资源进行集中处理，并将其以组件的形式进行封装，通过统一的接口进行访问。成果数据主要指水资源调控过程中产生的中间数据，如需水管理、供水管理以及节水管理产生的数据。在构建 DIKW 集成模型时，很多数据资源难以按照行业标准进行处理，针对此类数据，通过提供标准化数据访问方式，将数据资源转变为信息，以支持管理应用。

（2）信息层。该层介于数据层和知识层的中间，是建立个性化应用的基础。在数据层的基础之上，赋予数据明确的含义，对于水资源调控相关的数据进行处理、标识和解译，为水资源调控服务。

（3）知识层。为了满足水资源调控应用服务需要，首先对信息进行筛选，针对具体的主题服务组织应用，提供个性化的服务。例如，针对城市水安全事件应急预案主题，既可以采用传统数据表的方式展示由于水安全事件需要疏散的人员数和安全疏散需要的时间，

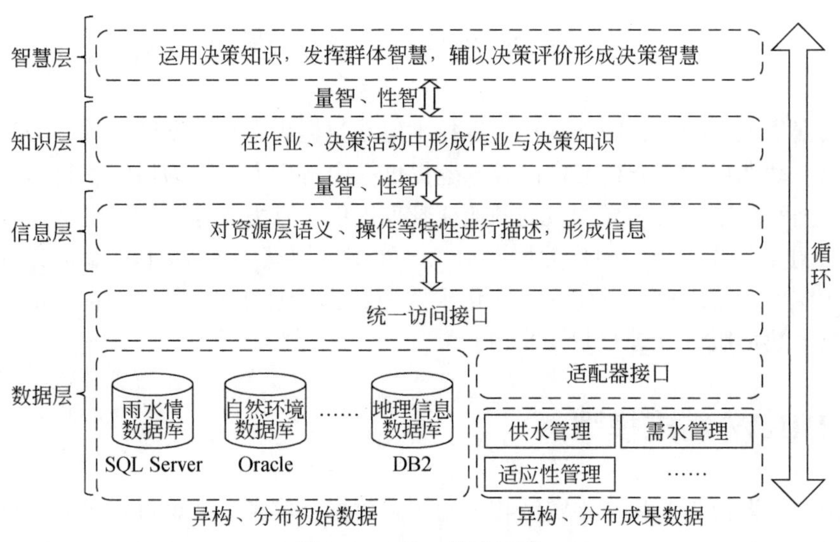

图 2-3　DIKW 集成模型

也可以用动画的方式动态模拟疏散逃离过程，实现历史信息与实时信息相结合，静态信息和动态信息相结合。

（4）智慧层。知识的积累为新知识的产生奠定了基础，在水资源综合调控平台的知识库中加入人的思维，通过对已有知识之间的关联或者将旧的知识运用到新的应用服务中，形成新的知识。针对具体的水资源调控服务，管理者通过对已有知识的集成，选择最优的实施方案，达到解决问题的目的。

DIKW 集成模型实现了水资源数据集成到信息融合，通过从信息到知识的转换，知识积累产生新的知识，进而形成智慧。随着对变化环境认识的不断加深，水资源调控应用服务和管理决策实施方案不断积累，DIKW 集成模型循环，不断地丰富数据层、信息层、知识层和智慧层，为京津冀水资源综合调控业务化服务提供支撑。

2.3.2　水资源安全保障数据管理中心

在 DIKW 集成模型基础上，建立京津冀水资源安全保障数据管理中心，通过灵活的数据存储机制和管理机制，实现对数据的快速访问和动态存储，特别是数据在动态实时更新过程中的时效性、同步性，为提供灵活的水资源调控服务奠定基础，进一步避免传统系统中所形成的数据成果难以重用和利用度低等问题。水资源安全保障数据管理中心处在承上启下的中心位置，向上受到信息管理决策用户调控应用也就是业务需求的牵引，向下需要网络与信息传输和信息采集的支撑，是一个以水资源调控服务为目标的多种数据资源综合管理中心。由于水资源数据的非结构化、分布式、多样性等特点，需要采用异构数据管理、分布式存储、并行存储、中间件等技术实现数据的深度集成与存储，为水资源综合调控平台提供便捷的访问接口，形成数据管理中心。

数据管理中心包括两类资源：①数据资源，如防汛抗旱业务需要实时雨水情信息、工情信息、社会经济信息等诸多信息，它们往往存在于不同的数据库系统中。②成果资源，如水资源调控应用中的评价模型、预报调度模型和经验数据等。在数据管理中心建设中，有些数据符合水利标准，如实时水雨情数据符合《实时雨水情数据库表结构与标识符标准》，有些难以标准化的数据资源需要通过数据组件实现。

京津冀水资源安全保障数据管理中心由资源层、服务代理层、应用层构成，如图 2-4 所示。①资源层主要是对文件系统数据库、关系数据库、面向对象数据库、档案库和元数据库进行抽象和管理，注册数据节点，完成数据库、数据表、数据字段的对照和信息描述，并建立对应数据资源的访问方法，每类数据的访问均通过数据组件来实现，构成资源层的访问服务 API，并通过基本数据访问服务、基本数据注册发布服务、元数据分类服务、元数据访问服务、元数据定位服务等提供标准化的数据管理接口。②服务代理层将资源层的数据管理接口进行封装，形成面向用户的数据服务组件，屏蔽资源层原始数据的异构性、分布性特征，对数据进行结构化描述并实现规范的增删改查等数据管理操作。③应用层则根据水资源调控服务，按照水资源数据综合应用、空间地理信息应用、数字水网综合应用和水资源综合调控应用等进行分类，提供统一、开放并具有共享能力的数据管理平台。数据管理中心在实现时采用 MVC 模式，关键技术主要包括：元数据服务和数据代理技术。通过元数据服务提供分布式异构数据的透明服务，完成地理空间数据的聚类，以及对水资源特征数据的描述，方便后期综合调控平台和业务化应用系统的建立。通过数据代理的建立，实现对基础数据和元数据的处理，为数据访问、管理、注册、发布和共享等操作提供支撑。数据管理操作按照 Web Service 协议，以数据组件的形式提供服务（解建仓和李建勋，2010）。

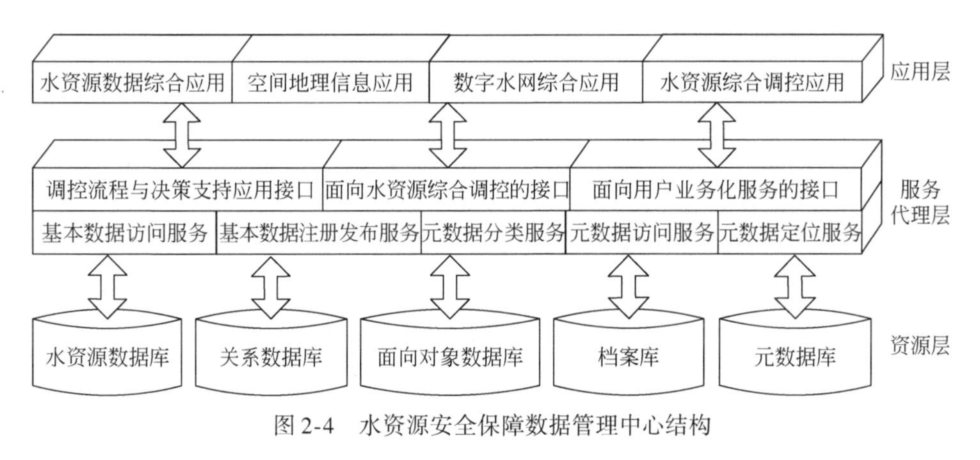

图 2-4　水资源安全保障数据管理中心结构

2.3.3　水资源安全保障大数据中心

美国政府于 2012 年启动“大数据研究和发展计划”，以提高从海量数据中获得有用信息的能力。*Nature* 于 2008 年出版 *Big Data* 专刊探讨大数据对各行业领域的影响。

Science 于2011 年出版 *Dealing With Data* 专刊对当前数据处理中存在的问题、面临的挑战以及潜在的应用进行阐述（Kum et al.，2011）。Microsoft、IBM、eBay、Facebook 等公司都参与了大数据处理、数据分析效率、数据价值等的研究应用。2012 年，在瑞士举办的世界经济论坛将 *Big Data*、*Big Impact* 作为了重要主题（Pržulj and Maloddognin，2016）。2012 年5 月，北京举办了主题为“网络数据科学与工程——一门新兴的交叉学科?”的香山科学会议，会议深入探讨了大数据理论与方法及其潜在的应用研究。2012 年11 月30 日，在北京召开的“Hadoop 与大数据技术大会”会议对 NoSQL 和 NewSQL、Hadoop 生态系统、基础应用平台、领域应用、面临挑战和发展前景等进行深入研讨。2013 年5 月，在北京举办的“数据科学与大数据的科学原理及发展前景”香山科学会议，重点探讨了数据科学和大数据环境下管理科学的科学原理、大数据挖掘以及大数据在金融等领域的应用。2013 年，“大数据”在国家自然科学基金委员会发布的项目指南中出现的频次最高，同年获资助的大数据相关的项目多达 102 项。2013 年 11 月，在上海召开的“院士圆桌会议”重点对“大数据驱动的创新”开展研讨，专家认为大数据的理念和方法使得传统的科研思维面临彻底革新，且对大数据的研究不应集中在数据获取上，更应体现在数据分析与应用上。目前，大数据在水利行业得到推广应用，衍生出水利大数据等概念（陈军飞等，2017）。水利部于 2017 年印发《关于推进水利大数据发展的指导意见》，要求推进水利业务与信息技术深度融合，深化大数据在水利工作中的创新应用，促进水治理体系和治理能力现代化。

大数据技术的核心在于如何挖掘和利用海量数据资源中蕴含的有用信息，近年来大数据技术在诸多领域和行业中得到推广应用（Chen and Zhang，2014；Chen et al.，2014），然而，在水资源领域应用相对较少。本书将大数据理念和技术应用到京津冀水资源多源信息融合中，建立京津冀水资源安全保障大数据中心，采用大数据技术提升水资源数据的价值化服务。京津冀水资源安全保障相关数据资源丰富，分布广、种类多，水资源安全保障大数据中心架构包括并行数据库、MapReduce 以及两者的有机结合。其中，并行数据库集成了数据处理技术和算法，具有高可用性和高性能特征，对外通过关系数据库提供数据的访问服务，并行数据库因其结构简单和易于操作等特点能够很好地与很多商业软件兼容。MapReduce 是面向大数据处理的编程模型结构，数据处理接口完善，能够有效隐藏对大规模数据的并行处理、容错机制和负载均衡等操作。MapReduce 在数据处理过程中将其抽象成映射（map）-化简（reduce）操作算子，前者对数据执行过滤操作，后者对数据进行聚集操作，两者能够处理复杂的数据。明晰的编程结构使得用户只需要根据实际应用需求，采用<key,value>的格式将数据输入上述操作算子中，MapReduce 框架内置功能能够对应用进行自动划分和并行处理操作，MapReduce 的开源性使得<key,value>格式的模型结构可以用来存储任何格式的数据，具有较强的表现力。Apache Hadoop 是 MapReduce 的一种开源结构，作为 Google 公司进行数据处理的基础平台，是当前处理大数据的主流选择。目前，Hadoop 主要对 Google 文件系统（Google File System，GFS）的思想和 MapReduce 进行实现，使得海量数据的处理以及应用程序的编写更为简捷（Hashem et al.，2015）。采用综合集中与分布存储相结合的方式，构建京津冀水资源安全保障大数据中心框架，实现对多源水资源数据的规范化管理，提供大数据服务，如图 2-5 所示。

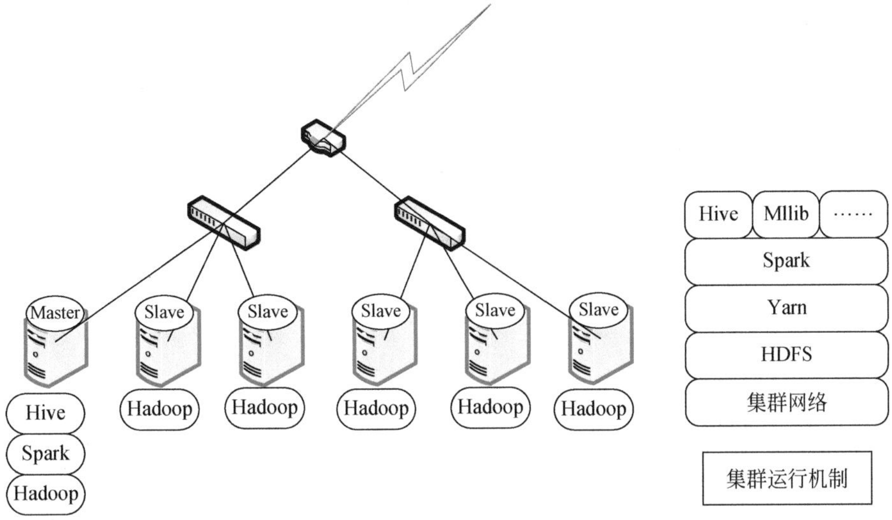
Master
Slave
Slave
Slave
Slave
Slave
Hive
Spark
Hadoop
Hadoop
Hadoop
Hadoop
Hadoop
Hadoop
Hive
Mllib
……
Spark
Yarn
HDFS
集群网络
集群运行机制

图 2-5　水资源安全保障大数据中心框架

基于 Hadoop+Spark 提供水资源大数据服务，Hadoop、Spark 和 Hive 是单个相互依托、层层抽象的系统集合。其中，Hadoop 的分布式文件系统（hadoop distributed file system，HDFS）对文件系统进行抽象，并对外提供统一的接口。Yarn 是一个资源分配调度管理工具，根据系统的硬件资源使用情况和分布情况，合理分配资源。Spark 作为一个计算框架，从 Yarn 得到分配的资源，对计算资源和内存资源进行抽象化，向上提供统一化和高级的数据处理接口。Hive 作为一种结构化数据存储分析的工具，方便熟悉结构化查询语言 SQL 的用户对数据进行操作，其将用户的 SQL 通过编译，翻译成 Spark 的作业过程，通过 Spark 提交 Yarn 集群进行处理，并返回结果。Spark-Hive 执行情况如图 2-6 所示。

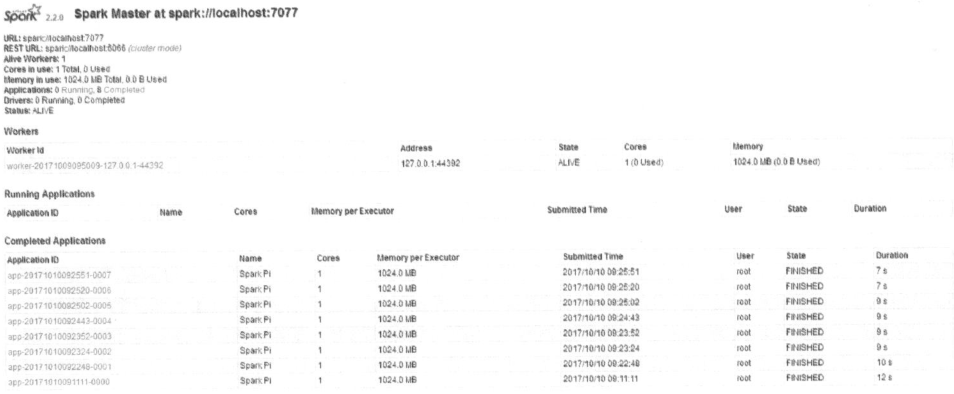
Spark 2.2.0 Spark Master at spark://localhost:7077
URL: spark://localhost:7077
REST URL: spark://localhost:6066 (cluster mode)
Alive Workers: 1
Cores in use: 1 Total, 0 Used
Memory in use: 1024.0 MB Total, 0.0 B Used
Applications: 0 Running, 8 Completed
Drivers: 0 Running, 0 Completed
Status: ALIVE
Workers
Worker Id | Address | State | Cores | Memory
worker-20171009095009-127.0.0.1-44392 | 127.0.0.1:44392 | ALIVE | 1 (0 Used) | 1024.0 MB (0.0 B Used)
Running Applications
Application ID | Name | Cores | Memory per Executor | Submitted Time | User | State | Duration
Completed Applications
Application ID | Name | Cores | Memory per Executor | Submitted Time | User | State | Duration
app-20171010092551-0007 | Spark Pi | 1 | 1024.0 MB | 2017/10/10 09:25:51 | root | FINISHED | 7 s
app-20171010092520-0006 | Spark Pi | 1 | 1024.0 MB | 2017/10/10 09:25:20 | root | FINISHED | 7 s
app-20171010092502-0005 | Spark Pi | 1 | 1024.0 MB | 2017/10/10 09:25:02 | root | FINISHED | 9 s
app-20171010092443-0004 | Spark Pi | 1 | 1024.0 MB | 2017/10/10 09:24:43 | root | FINISHED | 9 s
app-20171010092352-0003 | Spark Pi | 1 | 1024.0 MB | 2017/10/10 09:23:52 | root | FINISHED | 9 s
app-20171010092324-0002 | Spark Pi | 1 | 1024.0 MB | 2017/10/10 09:23:24 | root | FINISHED | 9 s
app-20171010092248-0001 | Spark Pi | 1 | 1024.0 MB | 2017/10/10 09:22:48 | root | FINISHED | 10 s
app-20171010091111-0000 | Spark Pi | 1 | 1024.0 MB | 2017/10/10 09:11:11 | root | FINISHED | 12 s

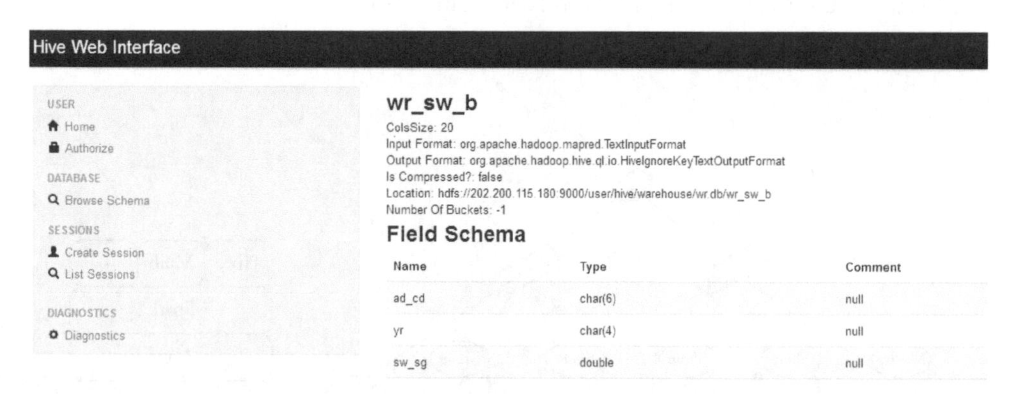

图 2-6 Spark-Hive 执行情况

京津冀水资源多源数据存储采用水资源基础数据库和大数据中心相结合的方式，其中，水资源基础数据统一部署在“华为云”的 Oracle、SQLServer 和 MySQL 中，大数据中心部署在实验室虚拟仿真中心高性能集群 Hadoop+Spark 上。前者采用数据库管理，后者采用大数据管理，其中，大数据管理主要包括：对监控检测及机器运行过程中产生的大量实时数据进行分析，对积累的历史数据进行高效存储，并有效实施交互式或作业式的数据处理，通过集群虚拟化内存，实现大规模数据下的迭代运算和并行执行。水资源基础数据库客户端管理界面和水资源大数据中心管理界面如图 2-7 和图 2-8 所示。

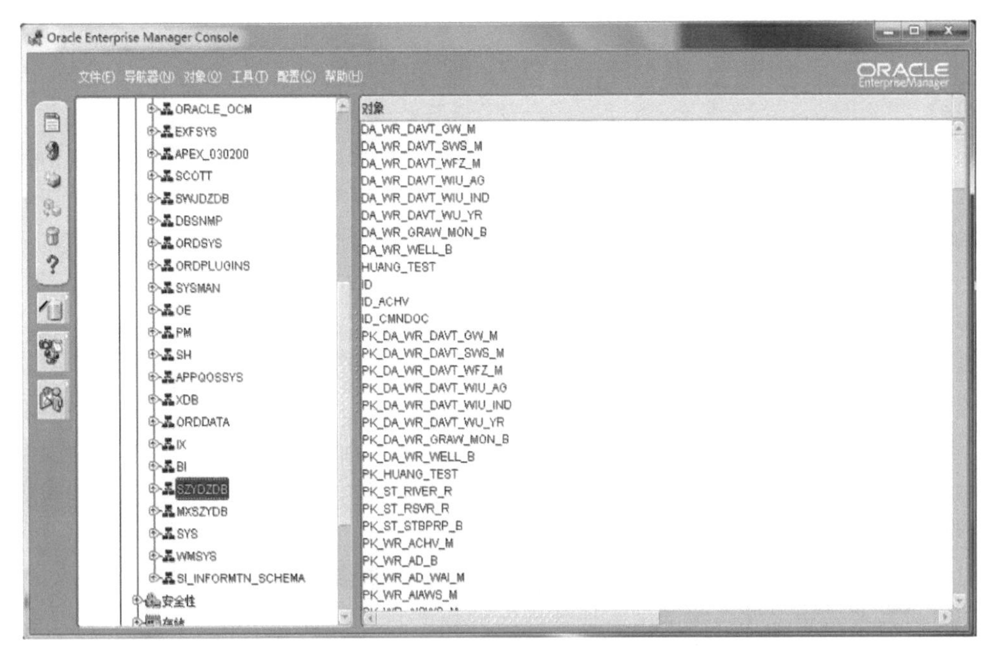

图 2-7　水资源基础数据库客户端管理界面

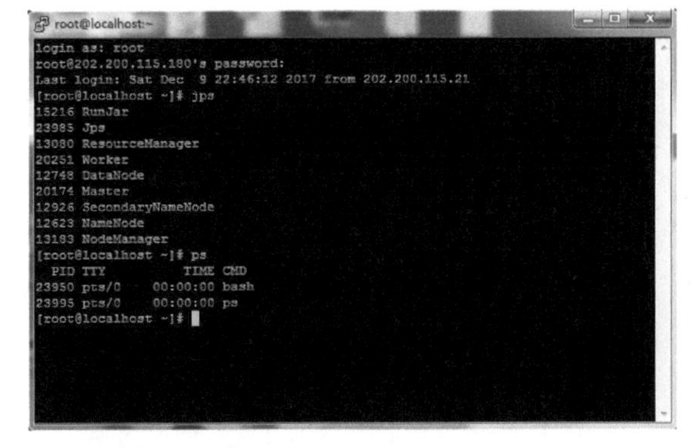

图 2-8　水资源大数据中心管理界面

2.4　京津冀水资源数据价值化服务

京津冀水资源多源特征以及水资源调控应用的复杂性，使得水资源数据在实际应用中通常涉及多个功能。为了便于水资源多源数据的统计分析、计算模型和模拟仿真等功能的实现，采用组件化技术开发数据组件为水资源调控应用提供快速组件化服务。在此基础上，提出京津冀水资源多源数据快速组件化服务模式，通过数据源、组件库和用户之间的有机搭建，实现对水资源数据资源的高效调用，按需服务有机集成组合，基于综合调控平台，通过对组件进行可视化、工作流式的逻辑编排形成信息资源，快速搭建水资源调控业务化系统，实现水资源调控应用的个性化定制。

2.4.1 水资源多源数据快速组件化服务模式

采用组件化方式为综合调控平台提供信息资源，建立水资源数据组件的实现标准，形成标准的输入–处理–输出（input-process-output，IPO）模型，并使用该模型对业务组件进行标准化，IPO 模型使用 XML 进行描述，描述信息包括组件的输入参数、输出参数，以及服务功能，XML Schema 被用来描述组件之间进行信息交互的各种数据的格式。数据组件的实现通过 Web Service 来完成，使用 jUDDI 进行唯一标识后加以发布，并按照水资源调控业务功能特征，以信息服务、计算服务和决策服务等划分类型。采用组件技术把抽象的水资源数据描述成通用的信息，提供水资源数据信息服务，根据数据源、组件库和用户的不同，将京津冀水资源多源数据快速组件化服务分为三种服务模式：“本地数据源+组件库”服务模式、“异地数据源及数据访问接口+本地组件库”服务模式、“分布异构数据源+服务中心组件库+各地用户”服务模式（汪亮，2012）。

（1）“本地数据源+组件库”服务模式。本地数据源指数据存放于本地数据库，数据在应用时只需要采用组件直接调用本地数据库的数据并将其描述成信息，描述成信息后的组件则存放于本地组件库，在这种模式下，数据的管理和维护由本地管理员负责。这种模式是最简单的一种模式，通常适用于数据信息需求较小，且本地有足够数据的小型机构，如图 2-9 所示。

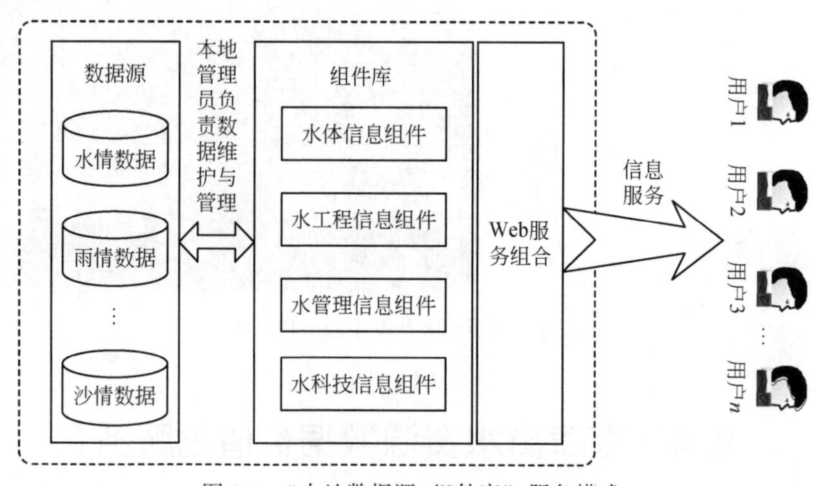

图 2-9 “本地数据源+组件库”服务模式

（2）“异地数据源及数据访问接口+本地组件库”服务模式。异地数据源指的是数据存放于异地数据库，数据不能直接应用。因此，本地组件不能直接调用异地数据库的数据。当数据量较小且安全性较低时，可以采用数据集中方式，将数据集中存放于本地数据库，并定期更新数据，本地组件就可以直接调用本地数据库的数据，这种方式由异地管理员负责异地数据管理和维护，本地管理员负责本地数据和信息组件的维护与管理，程序烦琐且适用范围小。当数据量较大，且安全性较高时，可以对外提供一定安全等级的访问接口，本地组件可以通过此接口直接调用异地数据，这种方式由异地管理员负责异地数据库和访问接口的管理和维护，本地管理员负责组件库的管理和维护。这种信息服务模式由于可以直接调用异地数据，可以同时实现对内和对外信息服务，信息服务的范围比较广泛，如图 2-10 所示。

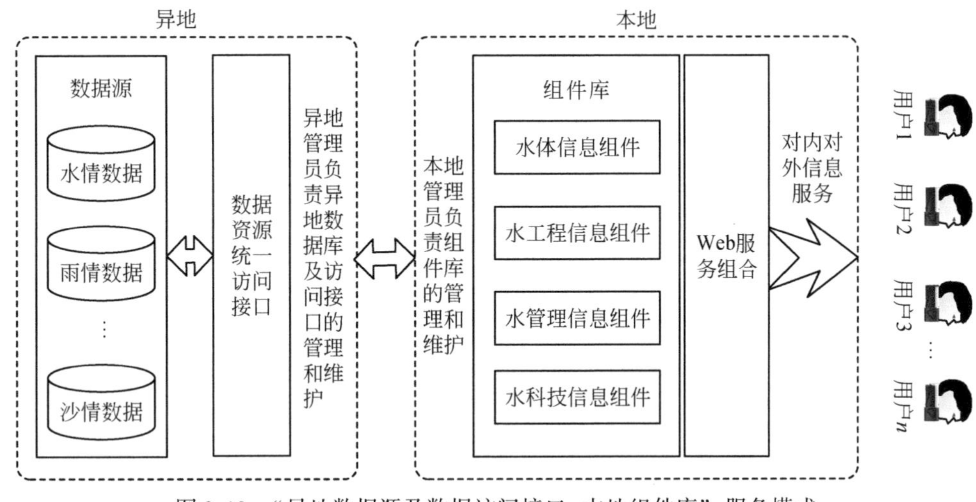

图 2-10 “异地数据源及数据访问接口+本地组件库”服务模式

（3）“分布异构数据源+服务中心组件库+各地用户”服务模式。分布异构数据源是指数据存放的位置及数据库、库表结构都不同，因此本地组件不能直接调用分布异构数据。采用联邦数据聚合方式将异地、异质和异构数据进行集成，然后提供统一的访问结构。无论数据存放在什么位置，数据库是什么类型，数据库表是什么结构都不用关心，联邦数据聚合已经将其统一，直接通过组件访问数据结构即可获得数据，进而将数据描述为信息。这种模式的数据来源广泛、量大，使得组件库也异常庞大，可以集中部署组件库服务中心，专门对组件库进行管理和维护。这种模式下，用户不仅仅局限于本地，而是涵盖各地用户、各类用户，以及各种用户群体都可以通过服务中心组件库获取所需的信息资源，从而实现大范围的信息共享和融合，如图 2-11 所示。

2.4.2 水资源大数据组件化封装

采用上述三种多源数据快速组件化服务模式可以实现复杂的水资源调控应用对多源数据的快速获取，在实施过程中需要对水资源大数据进行组件化封装，采用组件化方法为综合调控平台提供功能支持，建立水资源大数据组件实现标准，将其和处理大数据的 HDFS 和 MapReduce 技术结合在一起形成组件化封装模型，采用 XML 描述语言对组件进行标准化，描述信息中包含输入参数、输出参数、组件的功能性描述和非功能性描述，并对处理大数据的数据挖掘方法进行组件化，使其形成的小粒度组件和处理大数据的大粒度组件结合在一起，同时在组件定义过程中定义组件之间交互的数据类型及格式，以便于业务流程

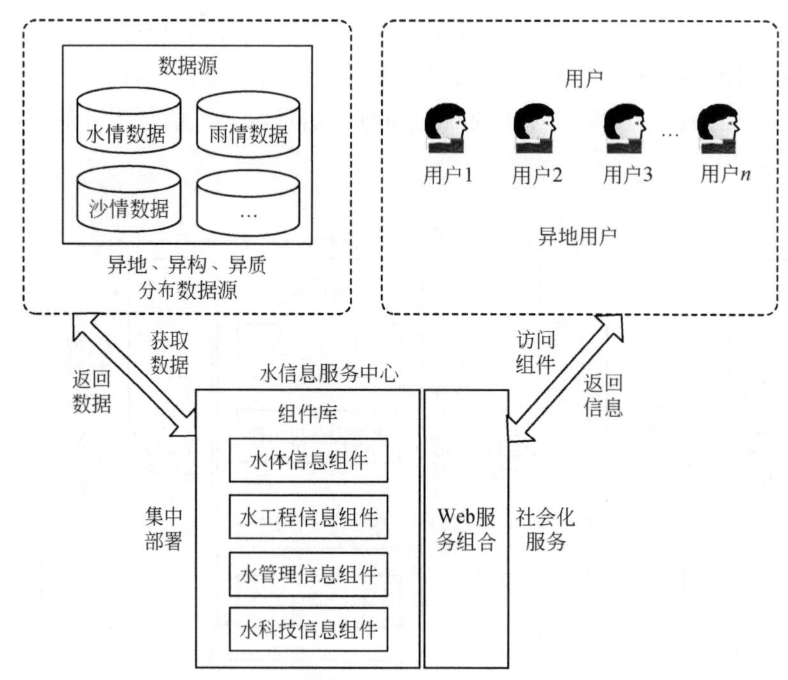

图 2-11　“分布异构数据源+服务中心组件库+各地用户”服务模式

过程中信息和数据的交换。其中，数据挖掘组件包含水资源数据挖掘算法组件、连接组件和用户自定义的组件等。水资源大数据组件化封装结构如图 2-12 所示。

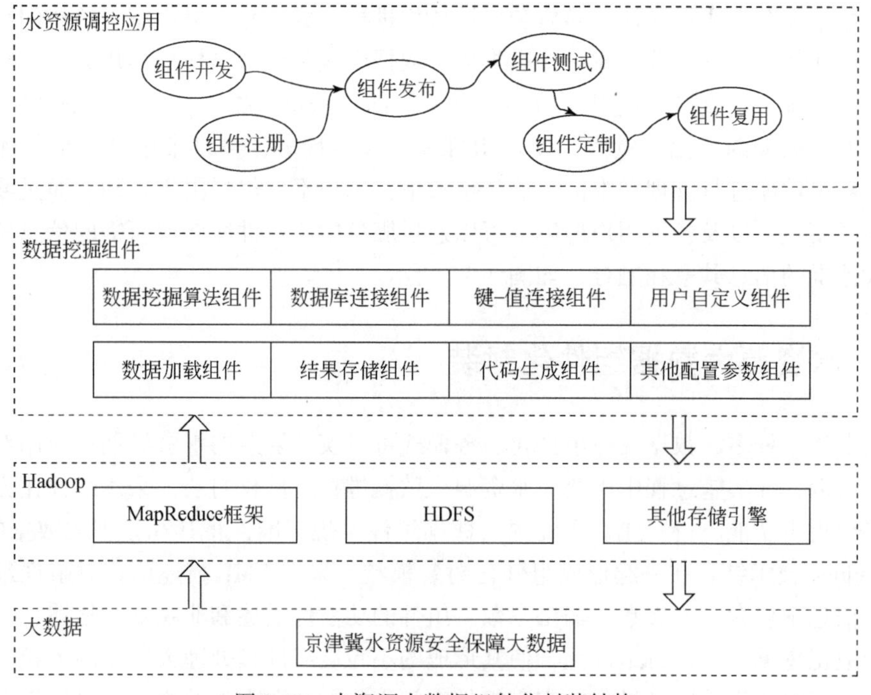

图 2-12　水资源大数据组件化封装结构

水资源大数据组件化封装结构包括大数据层、对水资源大数据进行分布式存储和并行运算的 Hadoop 层、数据挖掘组件层、水资源调控应用层四部分。Hadoop 层采用 Hadoop 技术对水资源大数据进行分布式存储，使其符合并行计算的要求，从而实现数据的分布式管理。数据挖掘组件层提供数据挖掘阶段业务流程需要的各个模块组件，以细粒度的组件提供服务，包括数据的加载、数据中间结果的存取、数据挖掘算法的组件化、数据库连接组件、对 MapReduce 框架处理的结果数据进行连接的组件以及其他一些参数配置组件。水资源调控应用层采用工作流技术将业务过程进行逻辑化表达。数据挖掘过程启动后，水资源调控应用层需要先对数据进行预加载处理，然后对水资源调控应用中涉及的算法进行并行化处理，将处理完成的并行化任务交给 Hadoop 层来运算，最终将计算结果通过结果存储组件存储在指定的文件或结构化数据库中（李维乾，2013）。

2.4.3 基于 SOA 的水资源大数据管理

水资源调控应用的复杂性使得水资源数据往往都是零散和异构的，为了便于应用，基于 SOA 思想把复杂的数据封装成为灵活的数据服务组件供用户使用，通过建立面向 SOA 的数据和信息组织结构，将大量的水资源数据和信息以 Web 服务形式进行发布，实现多源数据和信息资源的共享，采用服务组合技术将各 Web 服务组合成复杂服务，为用户提供个性化信息，京津冀水资源大数据组件管理界面如图 2-13 所示。

水资源大数据组件管理服务以具有良好服务特性的 SOA 体系架构为主，采用当前成熟的应用框架 FreeMarker、Struts、Spring 和 Hibernate 进行设计和开发。利用 FreeMarker 所提供的基于模板文本生成与输出能力来定制页面模板、管理信息资源的 HTML Web 页面，为后台的服务管理中快速地实现系统模块的修改提供支撑。利用 Struts 的内置 MVC 模型形

图 2-13　京津冀水资源大数据组件管理

成企业级 Web 应用服务，快速构建大数据组件发布系统，组织水资源大数据组件。使用 Spring 来厘清水资源复杂业务逻辑，进行分层架构的设计，自主选择功能组件和界面组件，为后续水资源调控平台的开发提供集成容器。采用 Hibernate 形成水资源数据对象，并对数据对象关系建立映射框架，轻量级封装数据资源，形成便捷的数据访问 API，以对象编程思维方式完成对水资源大数据组件的管理。水资源大数据组件管理服务对 Freemarker、Struts、Spring 和 Hibernate 框架进行综合集成，集成后框架分为展现层、表现层、业务层和持久层四个层次结构，每个框架分别负责实现一个层次，展现层使用 Freemarker，表现层使用 Struts，业务层使用 Spring，持久层使用 Hibrenate，各层彼此独立且保持一致，以一种松散耦合的方式彼此作用而不用涉及底层的技术细节，便于管理和操作，为用户提供界面友好的组件管理服务。

2.5 本章小结

数据资源是开展水资源综合调控的基础，按照京津冀水资源安全保障具体业务应用需求，将水资源多源数据进行分类，综合采用数据抽取、数据转换、数据复制、数据共享、数据集成、联邦数据聚合和数据融合处理等技术实现水资源多源信息融合，通过多源数据集中和数据映射等方法为海量、多源、异构水资源数据提供系统解决方案，提出水资源 DIKW 集成模型，建立水资源安全保障数据管理中心和大数据中心，采用组件化软件开发技术开发数据组件，通过本地数据源、异构数据源、分布异构数据源、组件库和用户之间的不同组合提出多源数据快速组件化服务模式，提供水资源数据价值化服务。

第3章　京津冀一体化数字水网及可视化技术集成

基于京津冀水资源多源数据，面向河流水系、调水网络、地表水和地下水等实体水网，将其进行数字化处理形成空间数字水网，将用水户和用水过程等水网管理实体单元进行抽象和概化，提取水网特征，建立可视化图元库，采用知识图将水资源调控业务的相关关系、逻辑关联进行流程化描述，将管理单元的对象实体逻辑和用水对象进行拓扑化，形成水资源调控业务流程水网和逻辑拓扑水网，可视化环境下将空间数字水网、业务流程水网和逻辑拓扑水网进行集成应用，构建相互关联和嵌套的一体化数字水网，为水资源综合调控提供支撑。

3.1　数字水网关键技术

介绍数字水网构建的关键技术，为京津冀一体化数字水网与可视化技术集成提供技术支撑，包括5S集成技术、可视化仿真技术、数字地球技术和数据管理技术等。

3.1.1　5S集成技术

5S是地理信息系统（geographic information system，GIS）、遥感技术（remote sensing，RS）、全球定位系统（global positioning system，GPS）和北斗卫星导航系统（Beidou navigation satellite system，BDS）、决策支持系统（decision support system，DSS）的简称。5S集成技术是地理信息技术、测绘技术、遥感技术、地图制图技术、图形图像技术、摄影测量技术、计算机技术、数据通信和决策支持等技术的集成与综合应用。在5S集成技术中，GIS类似于人类的大脑，主要管理和分析所获取的信息；RS类似于人类的双眼，通过一些卫星、航天或航空设备来采集海量的遥感影像并提取信息；GPS和BDS类似于人类的双脚，实现对空间信息的实时定位并赋予地理坐标，进而提供导航服务；DSS用于信息的综合分析与辅助决策支持。GIS、RS、GPS、BDS和DSS五个核心技术的集成构成了实时观测地球表面动态变化、综合分析与应用的系统，为科研、行政、社会生产行业提供了新的观测方法和分析手段工具。5S集成技术已经在水资源安全保障相关领域得到应用并且有着广阔的发展前景，包括地理信息系统建模、多源遥感数据融合、水资源动态监测、水安全事件监控、数字水网与5S集成技术应用等。

1. GIS 技术

GIS 是在计算机硬、软件环境支持下，进行空间地理数据的采集、存储、管理、分析、显示和应用的计算机系统，能够把地图的视觉可视化效果同空间地理信息分析功能和数据库的操作进行集成。GIS 目前已被广泛应用于资源调查、环境评价、发展规划、交通领域及公共设施管理等领域，如在防洪减灾中为防汛指挥提供辅助决策，包括蓄滞洪区、抢险救灾物资储运、移民安置等可视化表现应用；在水环境和水土保持应用中实现对数据管理、区域水质空间统计分析、土壤侵蚀的计算与划分等；在水利工程建设管理中实现三维可视化显示及飞行视察、开挖量及剖面分析、淹没分析及工程施工布置等。作为水资源数据存储、管理及分析的工具，GIS 技术在数字水网中涉及海量水资源数据，包括实时数据、历史数据、空间地理数据和水资源专题数据等，GIS 技术还可以用于多源、异构水资源数据的组织和管理，GIS 的二次开发及 GIS 和其他技术的集成应用等。

2. RS 技术

RS 通过航空航天飞机以及卫星等空间传感器，从天空中远距离对地面进行观测，依据地面目标反射或辐射的电磁波，经过图像校正、增强、识别、解译等处理，遥感影像实时获取大范围的地面地物特征以及外围环境信息等。RS 具有探测范围较大、资料获取速度较快、获取信息量较大等优点。遥感影像能真实和直观反映地面特征，随着分辨率的提升更加精确地反映地物特征信息。目前，RS 技术已经应用于测绘、水利、农业、地质、气象和环保等领域，其中在水利行业的应用主要有防洪抗旱的监测评估、水土流失监测评价、水环境的监测及水利工程建设管理等，如在防洪中 RS 可以对淹没范围进行空间分析和灾害损失评估，在水文分析中可以采用 RS 获取水文模型中需要的降水、蒸散发、径流及土壤含水量等气象水文数据，在流域水土保持治理中 RS 可以对土壤侵蚀进行定量分析和对比，在水环境监测中可以采用 RS 监测水质变化及水体污染源分布等，在水利工程管理建设中 RS 可以实现对水利工程建设项目施工进度的跟踪监测等。

3. GPS 技术

GPS 通过接收卫星通信信号，提供全天候实时高精度空间位置，具有观测时间短、速度快等特点。目前，GPS 已经广泛应用于测绘、地质、环境、交通、海洋等领域，主要用于导航、测量、测速以及测时等。GPS 在水利行业主要应用在防汛减灾、水文水资源监控、河道治理开发、水土保持监测及水利工程建设监测等方面。例如，在防汛减灾方面，集成 GPS 技术和无线通信技术可以实现险情的实时报警，通过实时定位进行抢险物资安全运输的调度；在水文测报及河道测量方面，GPS 可以对水文测站、监测断面及取水口的位置进行测量；在水土保持方面，GPS 主要对工程、道路、地物特征进行定位等。

4. BDS 技术

BDS 是中国自行研制的全球卫星导航系统，是继美国的 GPS 和俄罗斯的“格洛纳斯”

导航卫星系统（global navigation satellite system，GLONASS）之后第三个成熟的全球卫星导航系统，是联合国全球卫星导航系统国际委员会认定的供应商。目前，BDS 已经建成北斗三号系统，可为全球用户提供全天候、全天时、高精度的实时定位、导航和授时服务。相比其余卫星导航系统，BDS 空间段采用三种轨道卫星组成的混合星座，与其他卫星导航系统相比高轨卫星更多，抗遮挡能力强，尤其在低纬度地区，其性能优势更为明显，BDS 拥有自主知识产权，保证我国用户不受外界环境的影响。BDS 提供多个频点导航信号，能够通过多频信号组合使用等方式提高定位精度并增强授时服务，对实时数据并发处理能力强且覆盖区域广。BDS 集成了导航和通信能力，同时具备定位导航授时、星基地基增强、短报文通信等功能。目前，BDS 已经在交通运输、水文监测、防灾减灾和公共安全等多个领域得到应用。例如，采用 BDS 短报文通信功能实现对气象水文数据的卫星实时传输，避免了传统气象水文监测设施采集数据难以传输的问题。BDS 差分定位技术已被应用到水利工程变形监测、地面沉降、滑坡和泥石流监测、城市内涝实时监测、防汛机械调度和水资源监控等方面（严栋飞等，2018；刘玲瑞等，2014）。

5. DSS 技术

DSS 以管理学、控制论及运筹学等学科为基础，采用计算机、可视化仿真和人工智能等技术，通过解决现实中半结构化和非结构化问题，为管理者提供具有辅助决策功能的人机系统。DSS 在水资源调控应用方面为水资源决策者提供管理决策服务，针对具体的水资源调控应用采用事先建立的数学模型和方法进行定性描述和定量分析，使得决策者能够从不同的视角进行水资源调控与管理决策。面向水资源管理的决策支持系统始于 20 世纪 70 年代，并随着计算机技术的不断发展在水资源领域发挥着日益重要的作用和影响力。1985 年，美国土木工程师学会在科罗拉多州召开专门会议，这是水资源管理决策支持系统发展的一个里程碑。1998 年，汪应洛院士等提出基于大系统递阶优化控制原理的水资源宏观管理决策支持系统模型，该模型将水资源系统和经济、社会系统视为一个有机的整体，通过对水资源管理决策服务的抽象与概化，得到不同等级的递阶层次，进而建立不同递阶层次的过渡级系统模型，最终提供水资源宏观管理的决策支持服务（岳亮等，1998）。决策支持系统在水资源管理决策中的应用主要体现在辅助水资源和水电站群规划、提供防洪决策支持以及基于知识的专家系统等。水资源决策支持系统设计与开发技术主要包括：基础独立信息和数据库管理系统、水资源系统模拟和优化技术、地理信息系统和水资源系统耦合模型、多目标决策支持、知识和专家系统以及便捷的人机交互界面等（郭生练等，1996）。

3.1.2 可视化仿真技术

采用三维可视化、虚拟现实（virtual reality，VR）、VR+GIS 和知识可视化等可视化仿真技术对数字水网进行可视化、流程化与拓扑化，实现数字水网的可视化集成应用（于翔，2017）。可视化仿真技术是通过计算机图形学和图像处理技术，将数据转换成图形或图像在计算机中展示出来，并进行交互处理的方法和技术，涉及计算机图形学、图像处理、计算机辅助设计和计算机视觉等多个学科领域，目前已成为数据表示、数据处理和决策分析的综合技术。

1. 三维可视化技术

三维可视化技术基于可视化工具开发出来的三维应用软件，在防洪减灾、水利工程规划设计、水资源管理等多个领域中得到应用，具有表现形式多样、真实感较强、可视化程度高和数据更新便捷等优点。三维实体建模技术作为三维可视化的核心技术，通过三维实体模型反映现实生活中物体之间的相互联系，尤其是随着倾斜摄影技术发展，三维建模效率得到较大程度提高。倾斜摄影技术通过无人机上搭载的摄像机全方位地拍摄所要建模区域的影像，从前、后、左、右、下五个方向同时进行拍摄，然后通过自动建模软件进行影像数据的处理以及精细化建模，生成全景仿真三维模型数据，最后将三维模型加载到数字水网可视化平台进行应用，让用户从多个角度进行观察，采用该技术可以更加真实地反映地物的实际特征，获取地面物体更加完整准确的信息。

2. VR 技术

VR 技术通过计算机仿真构建一个虚拟现实的世界，利用计算机系统生成一种模拟现实环境，为用户提供沉浸式体验环境。VR 技术具有多感知性、存在感、交互性和自主性等特征。VR 核心技术主要包括：①交互技术。VR 技术让用户具有同自然界一样的感知能力，通过与模拟环境中的对象进行交互作用，让用户有身临其境的感觉。②高速计算能力。VR 环境需要具备将获取的数据进行高速处理的能力，需要高性能网络传输和存储环境。③环境建模技术。VR 的环境构建是 VR 技术的核心，根据实际应用需求，其需要大量三维数据。④应用系统。目前 VR 技术已经应用于教育、交通、能源、科研和水利等领域，VR 技术与 GIS 技术结合可为防汛抗旱指挥、水资源调控等提供可视化仿真服务。

3. VR+GIS 技术

VR+GIS 技术将强大的 GIS 空间处理能力、计算机和多媒体技术相互结合，为用户在 VR 环境中提供具有逼真地学特征的人机交互环境。用户沉浸于 GIS 所构建的 VR 环境中，与 VR 环境进行交互操作时，可获得与现实世界相似的感受。用户在京津冀地形地貌、空间地理信息和水资源专题数据搭建的 VR 环境中进行交互操作。借助三维可视化与 VR 技术，可以根据现实状态对实景进行还原仿真，从而构造可视化、动态的仿真环境，为决策者提供水资源的监测、自然灾害的监测评估、资源环境的动态变化监测、生态环境的变化监测等可视化仿真服务。

VR+GIS 关键技术主要包括：①海量数据处理技术。数字水网可视化平台需要高分辨率遥感影像数据、航空影像、大比例尺 DEM 数据、DLG 数据和矢量数据的支撑，这些数据具有大数据特征，对这些海量数据处理需要综合采用分布式存储与管理、数据挖掘、多源数据融合和大数据处理等技术。②遥感影像处理技术。由于遥感影像来源和时空存在差异，需要对其进行处理，首先对影像进行校正，对不同参考坐标系下的卫星遥感影像进行配准，再通过影像增强、格式转换处理，进行影像融合和解译，最后提取遥感信息，并根据遥感影像上的地物特征识别地物的类型、形状、大小和空间位置等。③三维可视化浏览及管理。基于 DEM、DOM、DLG 和 DRG 等数据构建三维可视化环境，可以对空间大场景根据设定好的飞行路径进行三维漫游，也可以选择三维模型进行浏览和属性查询。④三维空间分析技术。三维空间分析是基于 GIS 的空间分析方法，以 DEM 数据为地形进行计算和分析，实现空间通视分析、面积测量、淹没分析和地形剖面分析等。

数字地球平台是 VR+GIS 技术集成的很好实例，目前国际上较为成熟的数字地球平台包括 Google Earth、Virtual Earth、Skyline 和 World Wind 等。World Wind 是由美国国家航空航天局的科研人员开发的开放源代码的数字地球平台，通过三维数字地球模型，将 Landsat7、USGS、MODIS、SRTM、GLOB 等多颗卫星的数据以及其他服务商提供的图像进行可视化展示。World Wind Java 是开源的软件，通过框架结构进行二次开发，具有较好的扩展性和适用性，其可与其他业务系统集成，从而应用于不同领域（Boschetti et al., 2008；Bell et al., 2007）。数字水网可视化平台基于数字地球搭建，三维实体模型与地形地貌模型相结合，叠加于三维可视化场景中，将地形地貌、河流水系等空间地理信息与水库、堤防、水电站和调水工程等水利工程直观呈现给用户，实现空间数字水网集成应用。

4. 知识可视化技术

知识是物理世界认知和智慧生成的中间介质，采用知识图可以将数字水网和水资源调控应用服务流程以图的方式进行可视化描述，基于平台提供可动态调整与修正的应用服务。知识图作为一种形式化或图形化语言，根据不同的标准可以分为不同的类别，如概念图、语义图、组织结构图和知识推理图等。知识图的创建主要包括知识集成、知识图的搭建和知识图的组织，首先对原始的数据和信息进行抽取，得到具有抽象概念的知识，按照水资源管理应用服务对知识进行选择和组织，按照知识之间的关联建立构成自然基本单元的子图，在此基础上按照水资源调控业务流程和决策模式的组织方式提取关系对概念子图进行关联和组织，最后对所有子图进行集成，便完成一个知识图的“绘制”，并通过对其进行保存，形成知识包，用于知识的积累及其余类似的应用。知识图的组织过程实质上是新知识发现和生成的过程，从原始的数据和信息中挖掘有用的知识是一个交互且不断反复的过程，新知识发现和生成流程主要包括任务的划分、数据的预处理、数据的挖掘、信息的表达和知识的解释。将知识以图的方式进行可视化的描述和组织，即知识可视化过程。知识可视化通常采用概念图、语义网、思维导图等工具进行描述，通过这些工具可以对结构化程度较高的显性知识进行有效的组织，采用一种由焦点、连接线、关系、链接以及外部资源自定义的知识图对知识进行组织、描述和可视化，知识图在实现对显性知识进行规范化和系统化的表达和描述之外，为知识图内部、知识图和知识图之间所包括的隐性知识提供了较好的发现机制。知识可视化是在科学可视化、数据可视化和信息可视化基础上，使用视觉表现手段，带动知识的传递，采用知识图作为描述和组织数字水网和水资源调控应用的可视化工具，实现水资源调控应用中显性知识和隐性知识的描述。

3.1.3 数字地球技术

1. 数字地球基础架构

数字地球在高性能计算力支持下，由一系列层次递进的模型框架构成。其底层为遥感影像数据及数字高程数据构造出的地形地貌模型，然后通过 WebGIS 与遥感影像的无缝对接，形成一个集成平台，实现 GIS 与遥感影像的对接，增强 GIS 系统的服务效能。融合多种空间信息规范以及水利标准，通过瓦片金字塔和数据中间件对空间信息资源和水资源调控业务应用数据资源进行有效整合，提高数据的访问能力。面向水资源调控业务应用提供互操作与可视化环境接口，支持基础数据查询、应急响应和辅助决策等功能（李建勋等，2011a）。建立投影变换并行算法，按影像金字塔模型对遥感影像进行切片，构建遥感影像瓦片描述及 WMS 服务环境，搭建面向数字地球的 WebGIS 服务环境，建立空间影像瓦片索引及邻域检索机制和层次模型，实现视域内像素点和经纬度之间的转换算法，并重点提供多种应用接口。数字地球基础架构如图 3-1 所示。

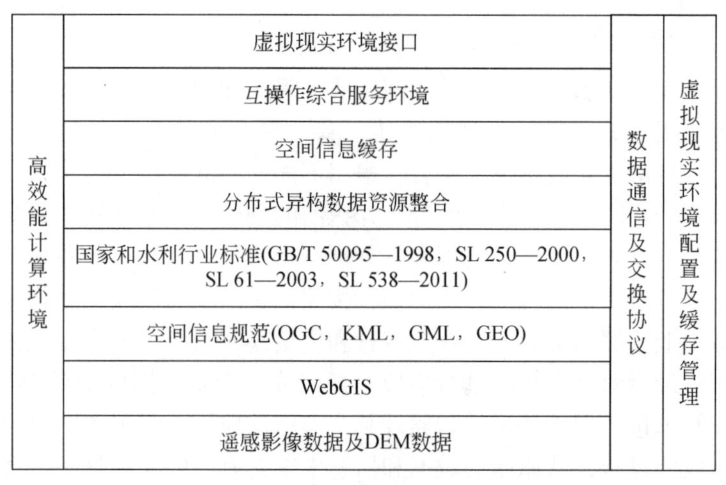

图 3-1　数字地球基础架构

数字地球开发采用组件化软件开发方法，底层采用三维 GIS 基础组件 NASA World Wind，该组件主要由模型、视图及事件监听等组成，其中，球体模型、纹理和不同的应用图层构成组件的底层模型，在此基础上通过视图，经由视图控制器与应用程序实现交互，应用程序和视图通过框架集成在客户浏览器中进行展现，事件监听器对界面所有的事件进行监听并调用相应程序进行处理，数据库配置及日志等通过 Properties 或 XML 等格式的文件进行存储。组件开发所需要的数据可以通过 Internet 从远程服务器上获取，也可以直接采用本地化数据和缓存数据进行展现，控件的开发通过视图控制器与组件进行交互，每个控件对应一个应用服务，最后采用框架进行封装后在应用窗口进行展示（姜仁贵等，2011）。

2. 金字塔模型

瓦片金字塔是指在同一空间参照下，根据需要以不同分辨率对遥感影像进行存储与显示，形成分辨率由粗到细、数据量由小到大的金字塔形结构。影像金字塔层次结构包含多个数据层，底层存储原始分辨率最高的数据，随着金字塔从下到上层数的增加，数据的分辨率依次降低。若对影像金字塔抽象则可看作是一个与滤波和采样相关联的迭代变换过程，该迭代过程能够将原始的影像数据分解为不同分辨率的瓦片影像，从而适合栅格数据、影像数据及 DEM 数据等数据的多分辨率组织。在数字地球环境下，瓦片影像则是各种空间信息、影像信息以及渲染到地球球体模型表面的最小单元，由固定大小栅格影像组成，并通过一个六元组［IDX，D，R，W，H，BBOX］表示。通过瓦片影像能够构造一种多分辨率层次模型，采用 XML 方式进行描述，在统一的空间参照下，按照分辨率的不同建立一组遥感影像或高程数据，将整幅的影像或 DEM 数据分割成若干个块进行存放，并按照经纬度记录建立子块位置的空间索引，以响应不同分辨率数据的访问和存储需求，从而通过空间代价换取时间代价，提高数字地球的访问效率。影像金字塔所提供的分层数据管理技术，可以实现海量地理数据的组织管理，并容易实现与数据内容、显示区域无关的多分辨率流畅显示，如图 3-2 所示。

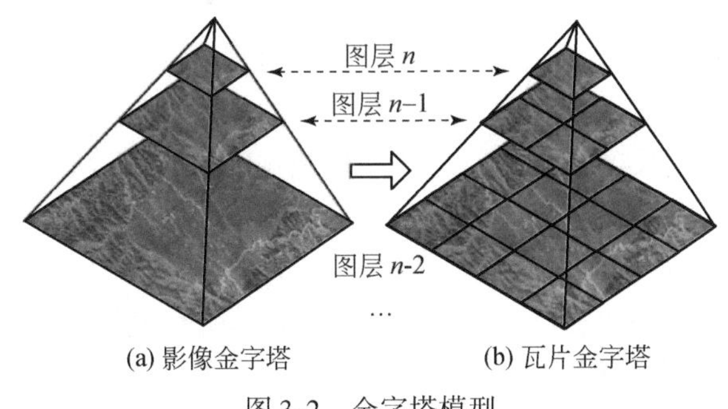

图 3-2　金字塔模型

3. 空间视域模型

数字地球通过高效能瓦片金字塔服务，构建基于数字地球的视域模型，在此基础上，开展多源数据集成服务。将基于瓦片金字塔在构造数字地球时的视域框架，建立一个瓦片金字塔展示模型，并通过该模型确定瓦片大小，为瓦片金字塔中瓦片大小和层深的设定提供一个优化方法。基于数字地球的空间一体化视域模型如图 3-3 所示。

3.1.4　数据管理技术

数字水网的构建与集成应用需要海量数据的支持，因此需要事先将各种类型的数据进行存储与管理。数据的存储与管理是利用存储设备对所采集的数据进行存储，建立相应的数据库对数据进行管理和调用，数据库的任务主要是基于不同结构、格式和来源的数据，先

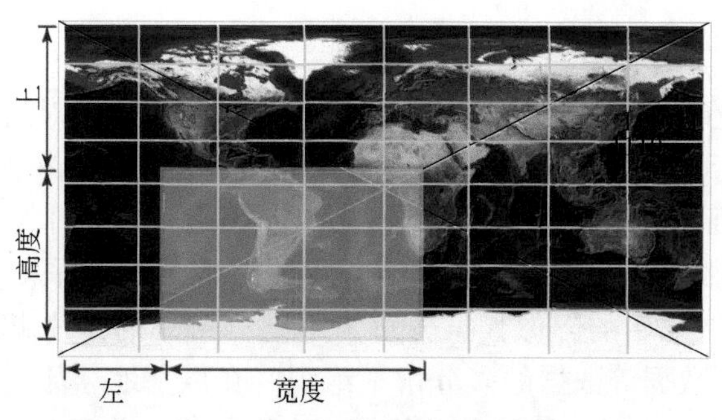

图 3-3　基于数字地球的空间一体化视域模型

对其进行标准化处理，然后根据任务要求对其进行集成、转换和映射，再创建数据仓库实现对海量数据的集成以及查询等。空间数据库通过空间地理数据的高效组织与管理，提取海量空间数据特征信息，辅助决策支持。在上述多源数据融合和数据中心基础上，采用空间地理数据库、遥感影像数据库和水资源业务数据库等实现对海量数据资源的高效组织与管理。

1. 空间地理数据库

空间地理数据库主要存储用于生成数字水网的地图、矢量和栅格数据。按照国际和国家相关标准与规则，对河流水系、行政区划和交通道路等空间要素进行分类整理，采集各类要素的空间地理位置、属性信息和空间相互关系数据，基于制图软件对所采集的数据进行处理，制作出不同比例尺的地形图。空间地理数据库通常搭建在 GeoServer 和 MapService 等地图服务器上。GeoServer 基于面向对象语言 Java 和 Geotools 库进行开发，具有遵循 OGC 开放标准和功能全面等特点。GeoServer 对发布 WMS 和 WFS-T 服务提供便捷的支持，同时支持各种数据格式的输入，并通过 XML 文件描述所有地图服务，方便地图数据的发布，并允许用户对其特征数据进行编辑和修改操作。GeoServer 支持 Shapefile、PostGIS、Geotiff 等多种数据源，兼容 WMS 和 WFS 特性并能将网络地图以 KML、JPG 和 PDF 等多种格式输出，同时支持基于 Ajax 的 Openlayers 地图客户端。通过将收集的各种 GIS 数据存储于 GeoServer 服务器中，构建数字水网可视化平台的地理空间数据库。GeoServer 服务器通过 URL 访问登录，新建工作空间，添加数据源包括矢量数据源、栅格数据源。将基于 DEM 提取的矢量化数字水网数据 Shapefile 文件添加到数据集中，通过地图样式编辑器进行颜色、字体的渲染设置，再对其设置地理坐标系后发布，在浏览器里可以看到服务的地址，最后通过 Openlayers 生成和浏览数字水网。

2. 遥感影像数据库

通过遥感卫星对地观测的影像数据源，经加工处理、整合集成而形成遥感影像数据库。影像金字塔是基于多分辨率的层次模型，按一定级别在同一空间坐标系下建立影像或高程数据，将影像或高程数据通过切割成片进行存储，按照经纬度来读取和调用瓦片的位置信息，从而满足不同分辨率的数据存储与调用需求，提高数字水网可视化平台的访问效率。影像金字塔对海量数据的组织管理采用了分层管理技术，实现不同区域和不同分辨率下影像数据的流畅性展示。

数字水网可视化平台需要海量影像数据和 DEM 数据的支持，数据量达到 TB 级，因此影像数据库的构建首先采用瓦片金字塔技术对数据进行切片处理，以图元集合形式存储在服务器端，读取时首先调用事先缓存于本地文件目录中的图元文件，提高影像读取速度。影像数据存储的路径为：根目录+数据名称+金字塔等级+图层号+列+列_行数据格式。文件的根目录下为影像金字塔切片后包含的层结构文件，图元集合所在的层名为文件夹名，层文件夹下存储以图元所在的列为名称的一系列文件夹，列文件夹下则包括全部在该列的图元文件，其中每个文件都以列序号_行序号来命名。

经瓦片化处理后的遥感影像数据存储规则如图 3-4 所示。当数字水网可视化平台读取某区域的影像数据时，根据影像数据存储的规则对影像切片后的瓦片数据进行读取，通过获取瓦片数据的行号和列号从数据缓存中读取影像数据。当数据缓存中没有所需的数据时，则从影像服务器上下载。瓦片数据的行号和列号根据每个瓦片数据左下角的经纬度值确定，设底层数为 D，则行号 =（纬度值+90°）$/D\times2^n$，列号 =（经度值+180°）$/D\times2^n$。由于影像数据和地形数据按照金字塔进行切片组织管理，在调用时只需将数据所在区域投影到经纬网格中，实现影像数据的无缝拼接。

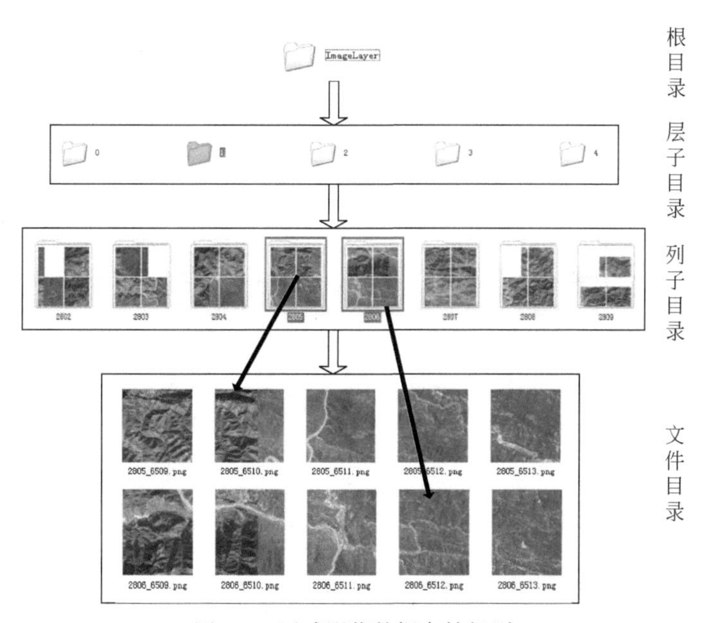

图 3-4　遥感影像数据存储规则

3. 水资源业务数据库

水资源业务数据库基于标准化数据库来构建，标准化是数据库建设的质量保证，参照国家标准和水利行业标准建设水资源业务数据标准化数据库，避免相关数据冗余、不一致、不同步等问题。重点开展数据编码标准、管理规范、实施规范、维护规范等标准化建设，并通过共享服务，将水资源业务数据信息通过共享方式为其他业务应用系统提供支撑。数据库运行需要确保其可靠性、系统性、连续性、完整性、兼容性。按照国家标准和水利行业标准对各类水资源业务数据进行分类、整编、入库和存储。

4. 其他数据库资源

其他数据库资源主要包括用于构建数字水网的三维模型、专题图和多媒体数据等。其中，三维模型数据库用于存储数字水网相关三维模型，文件格式主要包括 DAE 和 KMZ 等。专题图数据库主要存储地质图、地貌图、植被图、土壤图等数据，按结构形式分类包括区划图、分布图、类型图、趋势图等。数字水网可视化平台主要有行政区划图、水系图、植被分布图、地貌类型图、地质类型图、土地利用类型图、气候变化趋势图以及工程规划图等。数字水网可视化平台所需的文本文档、实景图片、音频文件和视频文件等数据资源，采用 FTP 服务器或层级文件夹进行统一存储和管理。

3.2 京津冀空间数字水网

空间数字水网可视化由三维地形模型数据、三维地物模型数据、数字水网数据以及其他多媒体数据等多源信息共同集成融合得到。在构建的三维地形模型和三维地物模型基础上，融合遥感影像建立三维地形可视化环境，在三维地形基础上提取数字水网并进行可视化表达，通过数字水网可视化平台实现空间数字水网的可视化。空间数字水网可视化实现流程如图 3-5 所示。

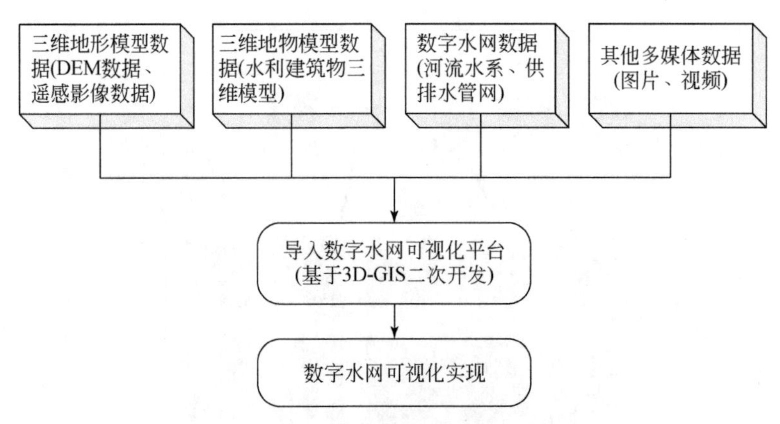

图 3-5 空间数字水网可视化实现流程

3.2.1 空间数字水网提取流程与自动生成

1. DEM 数据处理

DEM 数据可以表示为规则格网点描述地面高程信息的数据集，用来反映区域地形地貌特征。DEM按空间结构形式可分为格网、等值线、散点、曲面、线路、平面和空间多边形等，可以从DEM中提取坡向、坡度和等高线等特征。DEM分辨率是描述地形精度的重要指标，指DEM中最小单元的长度，数值越小，分辨率越高，地形和地貌就越准确。本书用于提取数字水网的DEM数据来源于中国科学院计算机网络信息中心地理空间数据云平台（http://www.gscloud.cn），地理空间数据云平台目前拥有Landsat、MODIS、DEM、NOAA、EO-1、NCAR及LUCC数据集等数据资源，其中，ASTERGDEM数据是目前覆盖全球陆地表面的高分辨率高程影像数据，ASTERGDEMV2空间分辨率为30m，被分割为1℃×1℃以GeoTIFF格式的网格存储。

2. 遥感影像数据处理

遥感影像是对地形表面进行真实模拟展示的基础信息，作为大范围地形表面纹理映射的主要数据，其主要来源于谷歌地球影像和Landsat TM影像，其中，Landsat TM影像由美国国家航空航天局（NASA）地球资源卫星观测得到，数据来源于中国科学院计算机网络信息中心地理空间数据云平台（http://www.gscloud.cn）和美国地质调查局网站（http://glovis.usgs.gov/）。遥感影像在使用之前需要对其进行波段合成、几何校正、地理配准、融合、镶嵌和裁剪等处理。遥感影像数据与数字水网的融合根据研究区域的特征和范围，采用影像金字塔模型进行纹理映射。

3. 三维地形可视化

基于地形建模和地表遥感影像数据映射，将上述经过处理的DEM数据和遥感影像数据进行无缝叠加构建三维地形，实现三维地形可视化。三维地形可视化的具体流程包括：首先采用ArcGIS设定DEM数据与遥感影像数据的投影坐标系和地理坐标参考系，通过FWTools中的Dstile工具对DEM数据与遥感影像数据进行瓦片切割，在切片时需要设定图层瓦片大小和瓦片金字塔的输出路径等；其次将切好的瓦片数据存储在World Wind的目录下，同时为该图层创建XML配置文件，通过World Wind调用读取该配置文件便可将DEM数据与遥感影像数据加载到数字水网可视化平台中，实现地形的三维可视化。

4. 三维地物可视化

三维地物模型的可视化是将构建好的三维模型在数字水网可视化平台上进行渲染与呈现，基于World Wind组件和应用接口进行二次开发，实现地物模型的三维可视化展示。其中，地物模型通常采用倾斜摄影技术或者三维建模软件构建，将构建好的地物模型加载到数字水网可视化平台中，通过KMLviewer接口调用KMZ文件并进行解译，将地物模型信息和地理信息提取加载并对其进行可视化。以SketchUp三维建模为例，获取地形和影像数据，基于收集的水利工程相关数据资料构建三维模型并对其进行渲染，保存导出生成KMZ文件，通过数字水网可视化平台进行加载与呈现。导入地形和影像数据，在SketchUp中添加地理位置，通过卫星影像搜索三维模型所在位置，选取相应区域后捕捉并导入影像和地形数据，实现地物模型和地形、影像图层的有机融合。

5. 数字水网提取

基于 DEM 数据和遥感影像数据提取空间数字水网，构建数字水网三维可视化环境，采用水文分析和影像数据处理工具，实现汇流积累、水流方向、水流长度的分析，以及流域划分、与遥感影像的无缝叠加等。基于 DEM 数据采用 ArcGIS 和 Rivertools 工具提取水网特征信息，实现数字水网的可视化。首先导入 DEM 数据，计算其水流方向，判断是否有洼地，有洼地需要对其进行填洼，再对无洼地 DEM 数据进行流向分析；其次进行汇流累积计算，并设定集水阈值，提取符合实际情况的水网等。通过洼地填充、流向分析、汇流累计量计算，基于 DEM 数据生成汇流累积矩阵之后，提取河流水网。首先设置阈值，然后对汇流累积矩阵进行相应的处理。定义一个与 DEM 相同行列数的二维河流标志矩阵，并设定一个河流面积的阈值，当汇流累积量大于该阈值时，则河流标志矩阵就记为 1，代表河网。当汇流累积量小于该阈值时，河流标志矩阵就记为 0，代表产流区域。通过水流方向矩阵扫描后，将其拓扑关系的水网连接起来，便生成连续的栅格水网，通过将其矢量化得到数字水网。

6. 空间数字水网

基于数字水网可视化平台，将提取的水网矢量数据或测量生成的数字水网数据进行组织利用，增强数字水网三维可视化的展现效果。数字水网可视化平台中所需要的数字水网通过地理图层的添加进行展示和查询。将基于数字水网提取的河流水系的栅格图矢量化后，通过 GeoServer 空间地理服务器创建空间数字水网数据集，添加数字水网并创建相应的图层样式，在空间服务器中进行发布，再通过配置 XML 文件读取相应的水网图层集成到数字水网可视化平台中。

3.2.2 基于数字地球的水资源可视化服务

基于数字地球集成空间数字水网构建京津冀三维可视化环境，结合京津冀水资源安全保障需求，基于空间数字水网提供的水资源信息服务、计算服务与决策服务，根据业务特点划分为：行政区划、社会经济、河湖水系、水资源供需关系、非传统水资源开发利用、空间分析、剖面分析、应急管理、虚拟现实等可视化服务。下面以基础信息可视化、水资源信息可视化和辅助决策服务三个典型服务为例进行阐述。

1. 基础信息可视化服务

对搜集的京津冀气象水文、水资源、水利工情等数据进行集成和融合，按照不同数据类型将其进行标准化处理和统一存储，基于三维可视化环境按照网络服务的方式提供水资源基础信息主题服务。图 3-6 为京津冀河流水系、水源地、水利工程和水文站网等基础信息在数字地球上的可视化展示效果。

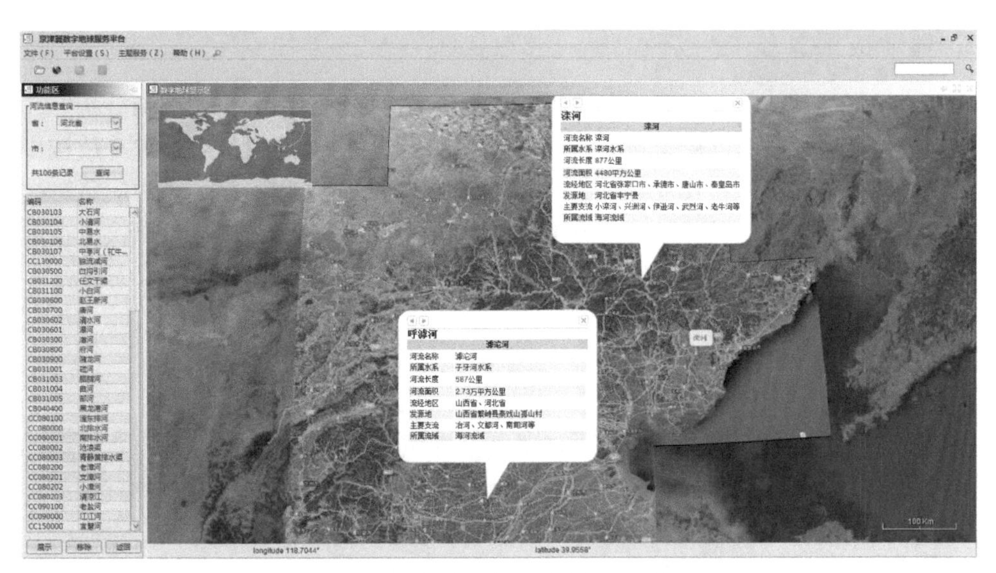

图 3-6　基础信息可视化服务实例

2. 水资源信息可视化服务

京津冀水资源状况主要包括：平均降水量、地表水资源量、地下水资源量、水资源总量，大中型水库蓄水动态、浅层地下水动态等蓄水动态，供水量、用水量、用水消耗量、废污水排放量、用水指标等水资源开发利用情况，河流水质、湖泊水质、水库水质、水功能区水质达标状况、地下水水质等水体水质状况。图 3-7 为京津冀水资源量和供用水量等水资源信息在数字地球上的可视化展示效果。

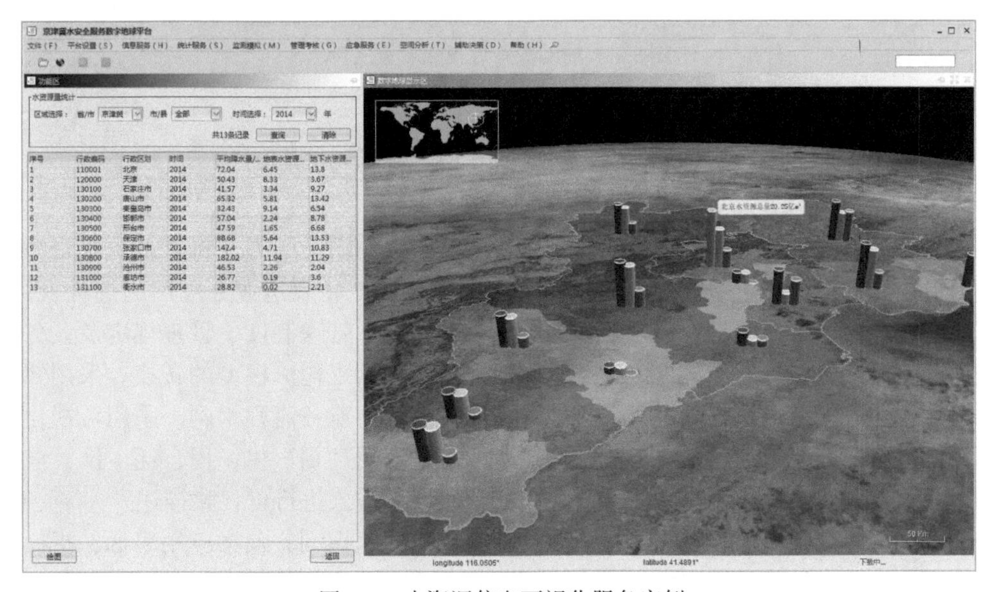

图 3-7　水资源信息可视化服务实例

3. 辅助决策服务

基于三维可视化环境为水资源调控业务应用和用户提供空间分析、剖面分析、虚拟现实、空间定位、多源数据可视化和应急管理等辅助决策服务。通过数字地球开放接口，实现三维模型、多媒体数据和其余空间数据的动态加载与集成应用。图 3-8 为应急路线在数字地球上的可视化展示效果，以城市内涝防汛应急管理服务为例，用户可以快速查询受灾点、转移路线、安置点和物资储备点等信息，为内涝事件应对提供辅助决策支持。

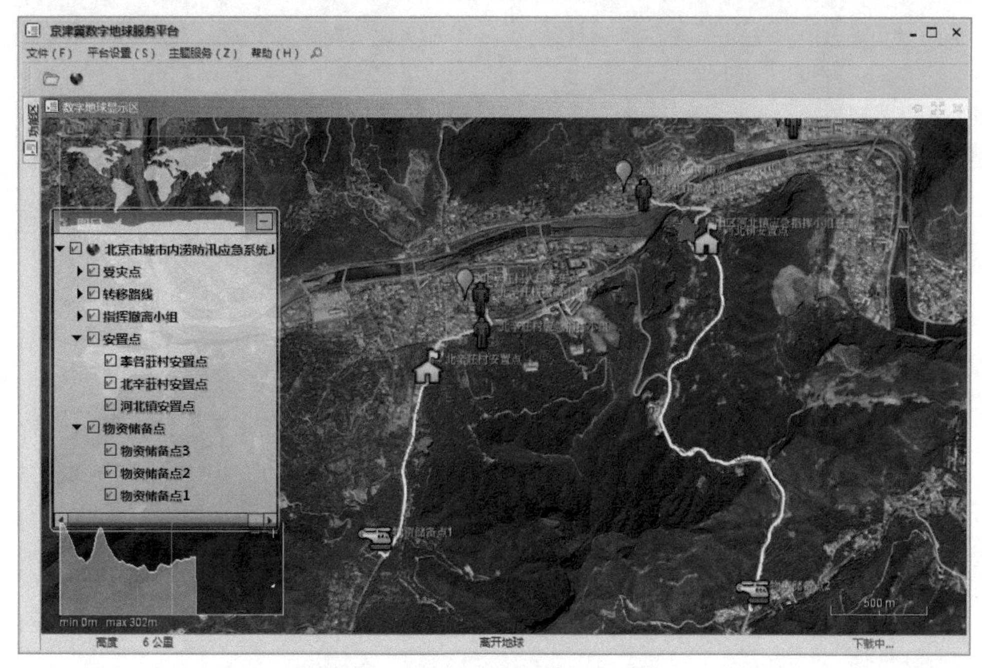

图 3-8 辅助决策可视化服务实例

3.3 京津冀业务流程水网

业务流程水网是将水资源调控和管理工作流程，采用图元的方式将复杂的水资源调控业务可视化、将过程描述图形化，通过流程图的抽象和概化表达业务应用的过程及流程。业务应用流程化以管理部门为主题或以业务类型为主题，管理制度、管理规定及业务应用流程化，使用分析、建模、过程定义工具完成业务流程到工作流模型的转换。采用知识图技术描述业务流程、组织关联信息、搭建业务应用、建立业务流程水网。采用可视化仿真技术，将水资源调控相关应用业务化，把用水户、水源及“需、供、用、耗、排、水”等环节中的管理实体单元连接，将业务流程按照流程图的方式进行可视化描述。

水安全事件产生原因和发展过程复杂，存在难以快速识别、预案应用率低、指挥联动难度较大等问题，是应急管理中的难点。按照水安全事件应急管理主题化、应急业务流程化、应对方法组件化、应用知识图化流程，以及水安全事件应急管理流程搭建业务流程水网，基于综合调控平台可视化环境开展水安全事件的快速应急应对，提高管理和决策的针对性和有效性。具体步骤如下：首先，按照不同主题将水安全事件进行划分，将各类事件涉及的应急业务逐级划分为不同的应用主题，以应用主题为主线，描述、组织及开展应急业务应用，根据主题进行信息服务、计算服务和决策服务等业务融合。以水安全事件应急管理部门或以应急业务类型为主题，按业务应用流程组织应用。按照“事前—事中—事后”过程化管理模式，规范应急流程，明确各个阶段不同人员的职责和任务划分。其次，采用组件技术、Web Service 技术，通过业务抽取和分类、拆分，针对业务应用各个环节开发并封装组件，使其成为标准化输入和输出组件，包括预案库、事件库和方法组件库等。采用知识图作为主题应用流程描述的工具，快速实现应用主题及业务流程整合，通过可视化组织业务应用，形成主题应用知识图及知识图库。最后，基于综合调控平台，采用主题、组件、知识图可视化搭建水安全事件应急应对管理平台，快速提供应急管理和决策服务。

下面以水安全事件中的干旱事件和内涝事件应急管理为例进行阐述。京津冀水资源安全事件应急管理主题详细描述和应用实例详见第 10 章。

3.3.1 干旱事件在线识别业务流程构建实例

干旱灾害频发、广发，旱涝急转等新趋势是关注热点，环境变化影响下干旱事件预测预报难，对干旱的识别滞后，导致干旱事件损失巨大、应急应对处置难。针对干旱识别难题，首先对干旱事件发生、发展、衰退的全过程进行描述，提出过程化的干旱事件在线识别办法，根据干旱事件演变过程对其进行流程化处理，结合长、中、短期气象预报，综合识别干旱程度，研判旱情未来发展趋势。基于综合调控平台提供干旱事件应急应对服务，实现对干旱事件的过程化管理，从干旱灾害识别到应对，化被动抗旱为主动抗旱。从干旱事件发生发展角度出发，强调干旱的积累效应和衰退效应，将一场典型干旱事件描述为干旱积累期→爆发期→处置期→消退期四个阶段，并提出适用于各阶段的干旱识别机制（李少轩，2019）。干旱识别机制流程如图 3-9 所示。

为了提高干旱预测预警以及快速处置能力，提出由分段式识别、嵌套式识别和滚动式识别共同组成的动态在线识别办法，并与长期、中期和短期降水预报结合，在线判断，滚动识别应对干旱灾害。干旱事件在线识别过程如图 3-10 所示。

以某典型干旱事件为例对其进行模拟仿真，在干旱事件发生之前识别旱情，并相应制定预防规划，同时，在干旱发生的过程中应用动态在线识别办法，判断当前干旱程度，并对未来长期、中期和短期干旱趋势进行预估和预测，滚动预报提升干旱识别、预警的可信度。通过多部门联动指挥，合理分配应急水源，科学开展应急调度，有序规范地组织管理干旱日常工作及应急工作。干旱事件在线识别业务流程构建实例如图 3-11 所示。

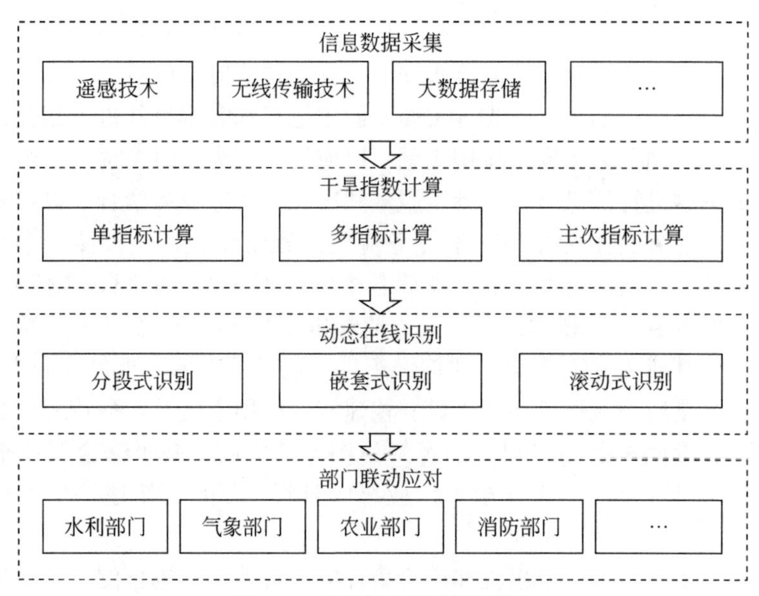

图 3-9　干旱识别机制流程图

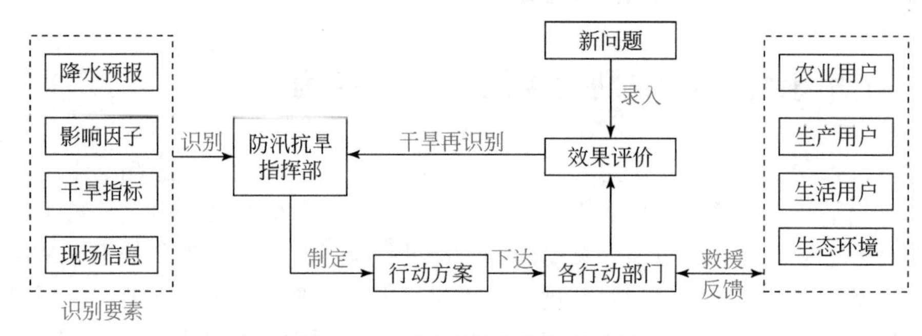

图 3-10　干旱事件在线识别过程

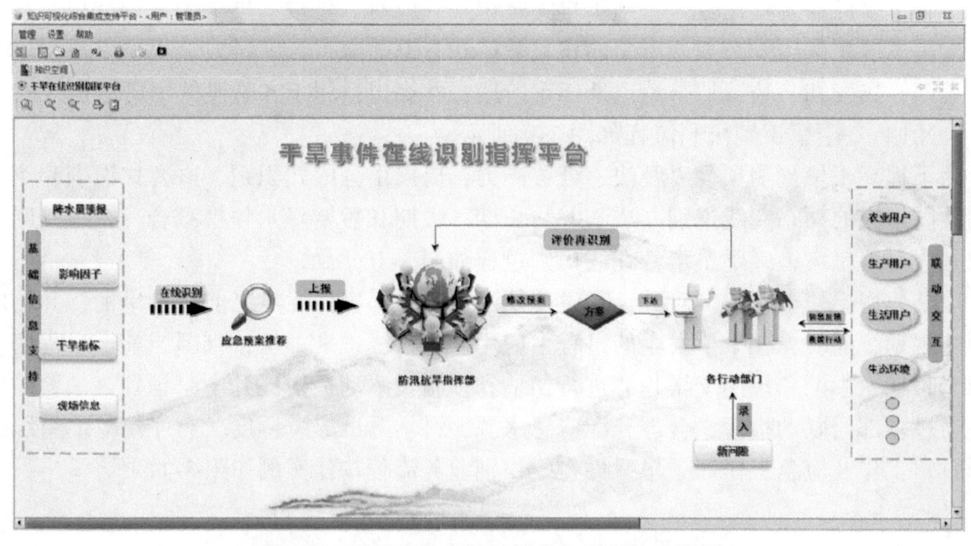

图 3-11　干旱事件在线识别业务流程构建实例

3.3.2 内涝事件应急管理业务流程构建实例

受气候变化和城市化进程影响，城市热岛效应加剧，极端暴雨频发、广发，灾害损失严重。大多城市在应对暴雨内涝事件时还是重视工程措施，推进海绵城市和综合管廊建设。但是工程措施建设往往投资巨大、工期很长、效果有待检验，因此非工程措施成为当前乃至长期有效的应对方法（姜仁贵等，2019）。从非工程措施角度出发，应将暴雨内涝事件当作应急问题处置，科学应对，强化信息化手段，融合多源信息，基于综合调控平台，规范管理流程，动态集成模型与方法，开展集成应对与适应性调控。提出“事前—事中—事后”的内涝事件过程化管理模式，基于综合调控平台提供内涝事件应急管理服务。其中，事前阶段提供城市低洼点水位实时监测、暴雨事件情景模拟、降水预测、救援物资信息查询、救援人员部署等。事中阶段以“预案库”和“事件库”为基础，将预案转变成行动方案。指导不同部门开展指挥联动和应急处置，让应对过程规范有序。事后阶段总结提高，把应急经验整理入库，对应急全过程进行总结评价等。核心是根据内涝事件事态的发展，在事件应对过程中进行科学决策，让应对服务适应变化，提升城市防洪减灾和应急管理能力，减少灾害损失和人员伤亡。

利用可视化工具、组件和知识图等技术建立内涝事件应急管理预案库和事件库，将内涝事件应急管理过程流程化。预案库根据预案制定的层级、行政区划、标准化预案，分级归类和数字化处理。事件库是收集历史上发生过的内涝事件的信息及其处置过程资料，通过特征识别，按主题分类并整理成“事件预案”。每个事件的处置方式都可以视为一个“预案”，每个“预案”均可进行修改调整生成应对方案，事件库逐渐积累和扩充，支撑后续应急业务的应用。以 2018 年 7 月 26 日北京市发生的暴雨内涝事件为例，首先收集基础信息对这场暴雨进行描述，通过对比发现这场暴雨特征与北京市“7・15”暴雨相似。在建立好的预案库或实例事件中选取相似事件的应急预案，根据前端实时监测信息，进入会商指挥中心进行专家会商，集成专家意见，为后续预案生成提供依据，内涝事件应急管理业务流程构建实例如图 3-12 所示。

根据内涝事件演变过程，按照模块化思想将内涝事件应急管理过程划分为事件描述、应急预案、应急会商和应急处置四个功能模块。事件描述模块主要实现对内涝事件信息的录入并对其进行处理、管理和展示。应急预案模块实现对传统纸质预案的数字化处理和流程化描述，包括国家预案、地区预案、实例预案三种预案库，在内涝事件发生时，用户可以根据国家与地方预案的框架和实例预案中相似事件的处理方案生成针对本次内涝事件的应急预案。应急会商模块根据内涝事件时间轴，在初期响应时依据监测信息根据组件实现判断预警等级，为启动预警响应提供参考，判断条件根据实际情况进行相应修改，最终选择相应的响应等级，组件根据所选择的不同响应等级以图表的形式展示不同的前期处置安排。确定响应等级和会商后，通过应急预案模块，形成事件处理方案并将其传输到应急管理中心，通过与相关执行部门交互反馈实现应急会商和联动指挥。应急处置模块将应急处理方案通过组件流入应急处置中，对城市内涝事件，基于平

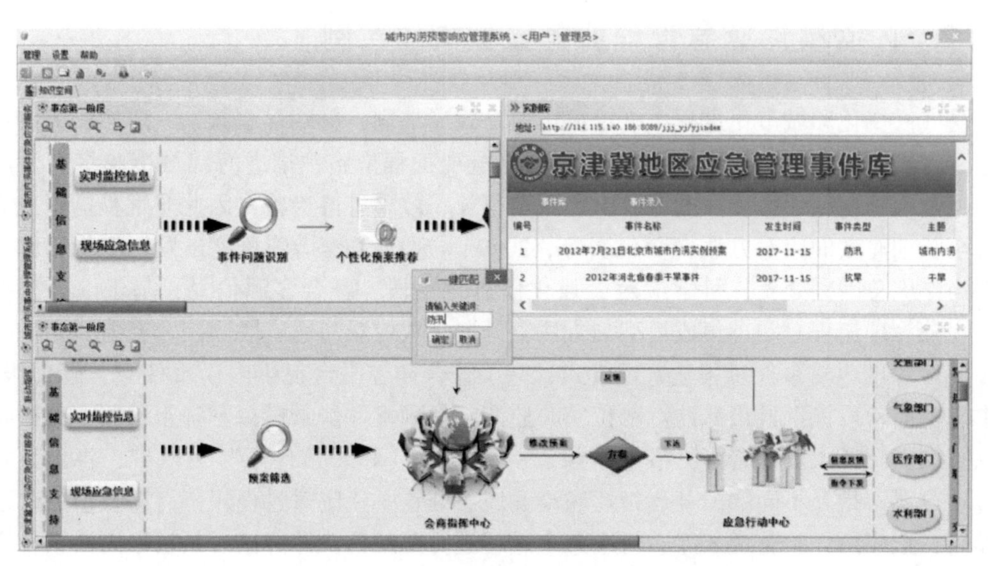

图 3-12　内涝事件应急管理业务流程构建实例

台对应急处置流程进行可视化展示，如图 3-13 所示。

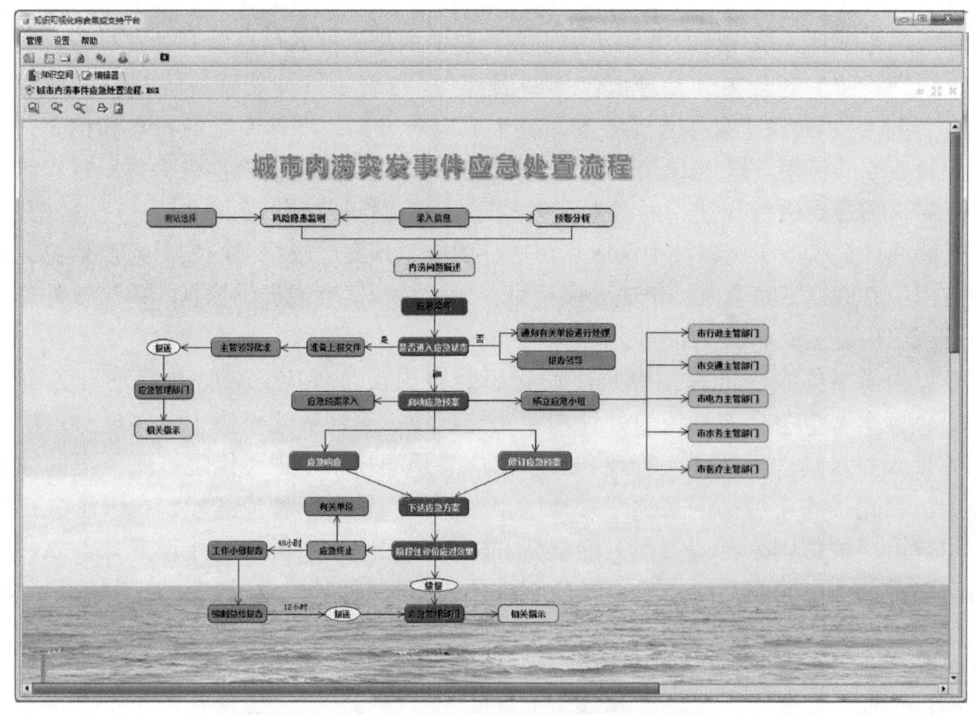

图 3-13　城市内涝突发事件应急处置流程

3.4 京津冀逻辑拓扑水网

采用知识图对相关关系、逻辑关联进行流程化描述，将管理单元的对象实体逻辑和用水对象进行拓扑化，以图元的方式用拓扑图对复杂业务可视化、对经验和知识描述形式化，基于综合集成平台，采用知识图的抽象和概化表达业务应用关系与过程，构建京津冀水资源调控业务逻辑拓扑水网。下面以京津冀水功能区纳污能力计算及考核业务为例进行阐述。

水功能区达标考核主题的基本业务流程是根据水功能区监测信息，利用水质评价方法，通过 Java 编程语言编写有关水功能区达标考核需要的模型和方法组件，并将编写好的组件进行打包和发布，基于综合集成平台，根据知识图，在水功能区达标考核组件库中定制相关计算组件，通过单向数据流的方式完成达标考核评价计算，构建水功能区达标考核管理业务化应用系统，实现集成应用模式下水功能区达标考核的可视化应用，以及水功能区考核的业务化以及流程化。在水功能区达标考核管理业务化应用系统中，当评价结果超标时，则会提供超标项目和超标预警信息。考核结果采用二维信息、数字地球和饼状图等多种方式进行可视化展示。

根据水功能区达标考核模型的计算过程，采用 Java 编程语言将水功能区纳污能力计算及考核的模型和方法组件化，利用 Web 服务技术，将各个模型和方法封装成组件，将已经封装好的组件存入相应的组件库。其中，模型组件化主要包括：水功能区水质达标评价模型组件化，水功能区水质达标率评价模型组件化，以及不同水质所占河长比例统计模型组件化，根据水功能区监测信息以及水质评价方法，对每个水功能区进行水质评价，把水功能区按照水系归类，根据水质评价信息，统计不同水质所占河长比例。通过代码编写，把模型组件化，存入组件库。按照行政区域和具体业务逻辑关系，采用知识图嵌套的方式构建京津冀水功能区纳污能力计算及考核逻辑拓扑水网，按照北京市、天津市和河北省水系分布情况绘制京津冀水功能区纳污能力计算及考核知识图，鼠标单击知识图上对应区域或两边相应的节点即可进入相应行政区或水系的水功能区纳污能力计算及考核知识图。以北京市为例，包括蓟运河、潮白河、北运河、永定河与大清河五大水系，单击潮白河即可进入潮白河段水功能区纳污能力计算及考核界面，如图 3-14 所示。

按照京津冀行政区划逻辑拓扑关系，可以分别进入不同区域、不同水系和不同业务中。单击天津市，则可进入天津市水功能区纳污能力计算及考核逻辑拓扑水网中，如图 3-15 所示。其中左侧为天津市水功能区纳污能力计算及考核逻辑拓扑水网，从中可以看出天津市主要包括海河干流、北三河、永定河、大清河与子牙河五大水系，72 个水功能区，天津市水功能区纳污能力计算及考核逻辑拓扑水网实现了对天津市水系和水功能区的可视化展示、水功能区纳污能力计算及考核管理等功能，其中，蓝色线段代表水功能区段，绿色线段代表河流，圆点代表水功能区断面。鼠标单击拓扑水网中水功能区区段或者断面，可以快速计算得到结果并进行可视化展示。水功能区纳污能力计算及考核业务化服务详细描述和应用实例见第 7 章。

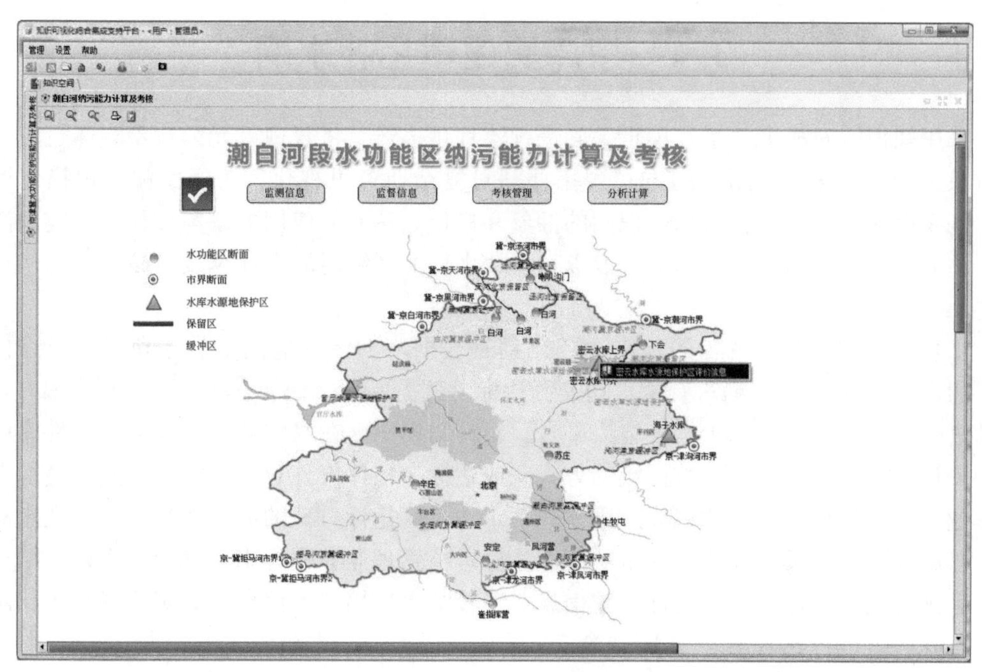

图 3-14　北京潮白河段水功能区纳污能力计算及考核界面

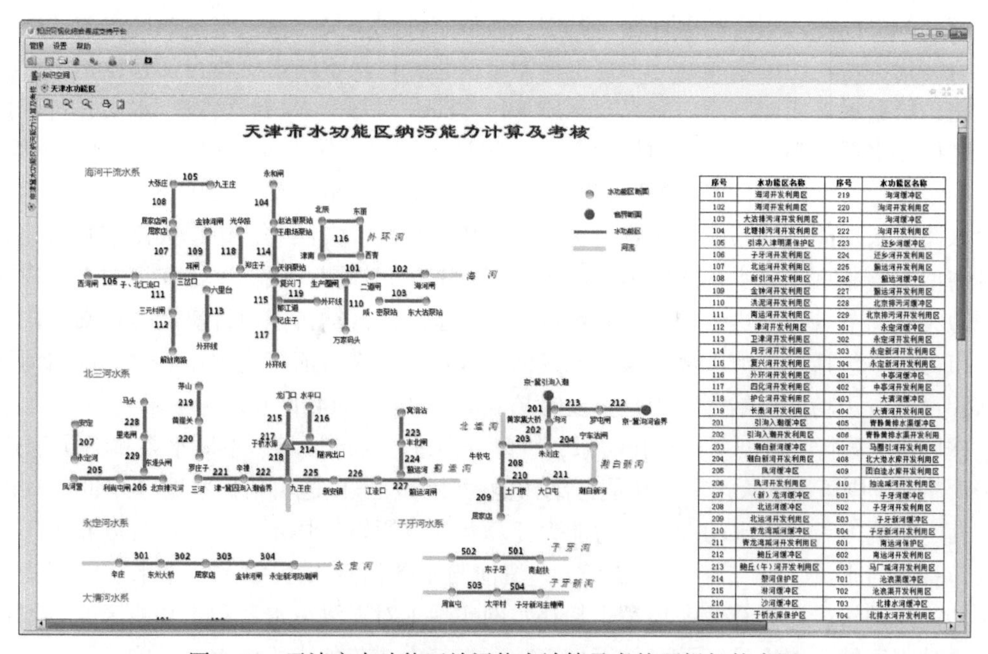

序号	水功能区名称	序号	水功能区名称
101	海河开发利用区	219	淘河缓冲区
102	海河开发利用区	220	淘河开发利用区
103	大沽排污河开发利用区	221	淘河缓冲区
104	北塘排污河开发利用区	222	淘河开发利用区
105	引滦入津明渠保护区	223	还乡河缓冲区
106	子牙河开发利用区	224	还乡河开发利用区
107	北运河开发利用区	225	蓟运河开发利用区
108	新引河开发利用区	226	蓟运河缓冲区
109	金钟河开发利用区	227	蓟运河开发利用区
110	洪泥河开发利用区	228	北京排污河缓冲区
111	南运河开发利用区	229	北京排污河开发利用区
112	津河开发利用区	301	永定河缓冲区
113	卫津河开发利用区	302	永定河开发利用区
114	月牙河开发利用区	303	永定新河开发利用区
115	复兴河开发利用区	304	永定新河开发利用区
116	外环河开发利用区	401	中亭河缓冲区
117	四化河开发利用区	402	中亭河开发利用区
118	护仓河开发利用区	403	大清河缓冲区
119	长泰河开发利用区	404	大清河开发利用区
201	引泃入潮缓冲区	405	青静黄排水渠缓冲区
202	引泃入潮开发利用区	406	青静黄排水渠开发利用
203	潮白新河缓冲区	407	马圈引河开发利用区
204	潮白新河开发利用区	408	北大港水库开发利用区
205	凤河缓冲区	409	团泊洼水库开发利用区
206	凤河开发利用区	410	独流减河开发利用区
207	（新）龙河缓冲区	501	子牙河缓冲区
208	北运河缓冲区	502	子牙河开发利用区
209	北运河开发利用区	503	子牙新河缓冲区
210	青龙湾减河缓冲区	504	子牙新河开发利用区
211	青龙湾减河开发利用区	601	南运河保护区
212	鲍丘河缓冲区	602	南运河开发利用区
213	鲍丘（午）河开发利用区	603	马厂减河开发利用区
214	黎河保护区	701	沧浪渠缓冲区
215	淋河缓冲区	702	沧浪渠开发利用区
216	沙河缓冲区	703	北排水河缓冲区
217	于桥水库保护区	704	北排水河开发利用区

图 3-15　天津市水功能区纳污能力计算及考核逻辑拓扑水网

3.5 京津冀一体化数字水网

根据京津冀实体水网，依托空间数据、地理信息，针对不同主题，分类分层、按需计算，把三维GIS、二维GIS、业务流程水网和逻辑拓扑水图进行可视化集成应用，构建京津冀一体化数字水网，针对不同的水资源调控应用，根据用户需求提供服务。

1. 二维GIS可视化集成应用

二维GIS以基础地理信息系统为基础，通过计算机网络系统将所有与地理空间位置、水资源调控业务相关的数据资源进行整合，并按照统一标准对数据资源进行处理、集成、整合和高效管理。根据水资源调控业务实际需求实现元数据、专题地理信息的在线访问和交换等信息服务。二维GIS在二维引擎基础和数据格式上可以融合ArcGIS、Skyline等GIS平台软件，通过GIS地图的表现方式，集成二维地图、水资源专题数据、空间地理信息等，同时提供规范化的数据接口和二次开发接口，可以与三维GIS平台及综合集成平台进行互联互通。

2. 三维GIS可视化集成应用

三维GIS为空间信息的展示提供更为丰富和逼真的可视化仿真与展示平台，由于空间信息的分析过程具有复杂、动态和抽象等特征，二维GIS空间分析功能具有一定的局限性，如淹没分析、空间扩散分析、通视性分析等高级空间分析功能。由于三维数据本身可以降维到二维，三维GIS自然也能包容二维GIS的空间分析功能。基于数字地球构建京津冀数字地球服务平台，为水资源调控提供三维GIS可视化集成应用，基于高分辨率的遥感影像数据、DEM数据和矢量数据，采用分布式存储与管理、数据挖掘、多源数据融合以及分布式数据处理对海量数据进行处理，构建三维可视化环境。通过GIS数据的融合，直观呈现空间数字水网特征。以京津冀外调水工程为例，通过对水源地、输水干渠、受水区的地理信息数据进行处理生成矢量数据，通过数字地球服务平台调用实现三维GIS数字水网的构建。

3. 数字地球与综合调控平台集成

水资源调控涉及多个业务应用系统，不同业务应用系统存在数据关联和业务交叉，为了实现不同业务应用的综合集成，采用综合调控平台将各种业务系统进行综合管理，以统一的接口提供服务，采用组件库、知识图库、主题库构成集成资源，形成能够应对信息不断丰富和需求变更的循环升华集成体系，进而提供综合集成化的业务服务，有效实现与现有业务系统的对接和集成应用（解建仓等，2015a）。不同业务系统的建设实际上是组件库、知识图库、主题库不断丰富完善的过程，基于组件库实现业务应用系统的灵活搭建，基于知识图库根据专家经验对业务应用系统进行描述和知识的积累，基于主题库形成一套系统的应用服务解决方法，共同为业务应用系统提供决策支持服务（张永进等，2011；李建勋等，2011b）。

（1）组件库集成。有效集成多个业务应用系统的开发模式，采用组件技术对数据资源和业务流程进行封装，按组件的用途、类别和流程中的模块位置对其进行分类，每类组件形成对一个业务流程环节的描述，多个组件集成应用形成数据组件库和业务流程组件库，实现组件的规范化管理、共享与重用，支持水资源调控业务应用系统用户通过知识发现或者 Web 服务方式检索所需组件，实现数据集成、信息集成以及水资源调控业务应用系统的灵活搭建。

（2）知识图库集成。有效集成专家经验及业务应用系统搭建模式，采用服务组合和工作流方式，通过知识图记录业务流程中组件，通过专家经验对业务流程进行完善，按照个性化方向进行积累，逐步形成知识图库。搭建业务应用系统时，只需要从知识图库中获取相应知识图或对其进行修改便可提供新的服务，提高水资源调控业务应用系统开发与维护的效率。

（3）主题库集成。有效集成业务应用系统及其决策方案，依靠管理人员和应用人员对业务流程的认知和模型方法的理解，按照个性化知识特征，分不同应用主题建立水资源调控主题库。通过主题库为决策会商提供研讨资源，实现多数据源、多业务流程、多决策方案的融合，支持多业务的综合集成应用。

（4）数字地球与综合调控平台集成服务。通过 Web Map Service（WMS）、Web Feature Service（WFS）、Web Map Tiles Service（WMTS）等网络服务快速调用与读取数据。首先根据业务需求划分主题，然后将研究区内的河流水系、湖泊水库、水利工程等实体水网进行处理与发布，基于综合调控平台，通过 GIS 组件，定制和调用二维 GIS、三维 GIS 组件，

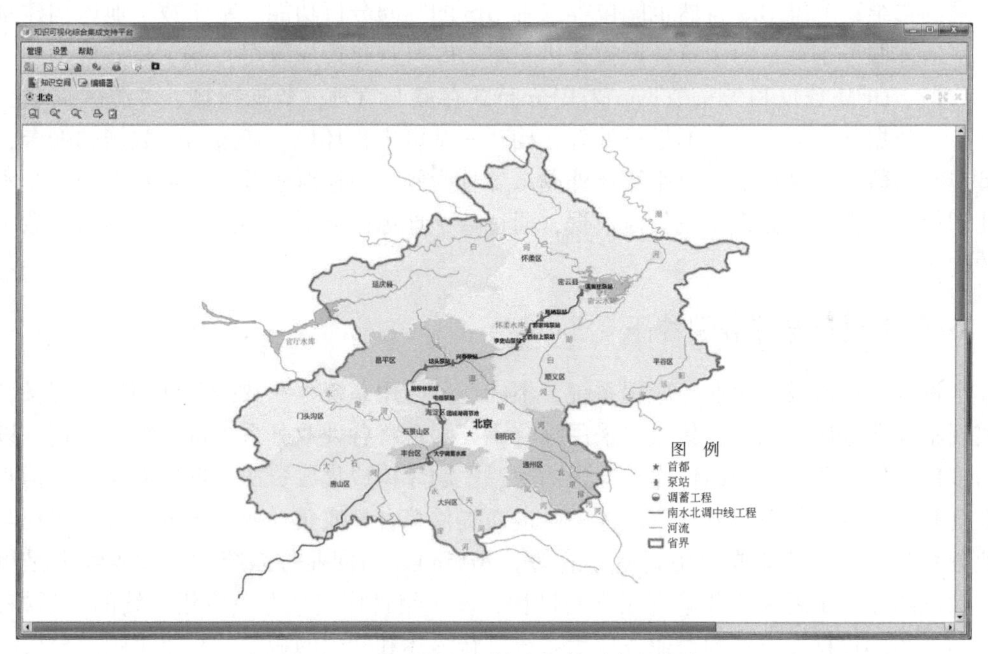

图 3-16　数字水网与综合调控平台的集成

其中，GIS 组件设置访问接口。基于 SOA 思想设计综合调控平台，水资源调控业务应用依托综合调控平台调用相关组件实现，以 Web 服务的形式提供服务。根据业务应用特点调用所需的 GIS 组件，快速搭建形成符合需求的数字地球可视化环境，并且在数字地球中添加相关业务组件进行决策分析。图 3-16 为数字水网与综合调控平台的集成。

4. 水资源一体化数字水网

将二维 GIS、三维 GIS、空间数字水网、业务流程水网和逻辑拓扑水网进行综合集成应用，采用知识图对水资源调控业务进行流程化描述与可视化展示，将复杂的水资源调控业务逻辑关系拓扑化。综合集成平台是组织和描述水网的可视化工具，可以将水网之间的关系用知识图的形式概化成网络拓扑图，融合二维 GIS 和三维 GIS，通过综合集成平台统一接口为用户提供服务。京津冀水资源一体化数字水网如图 3-17 所示。

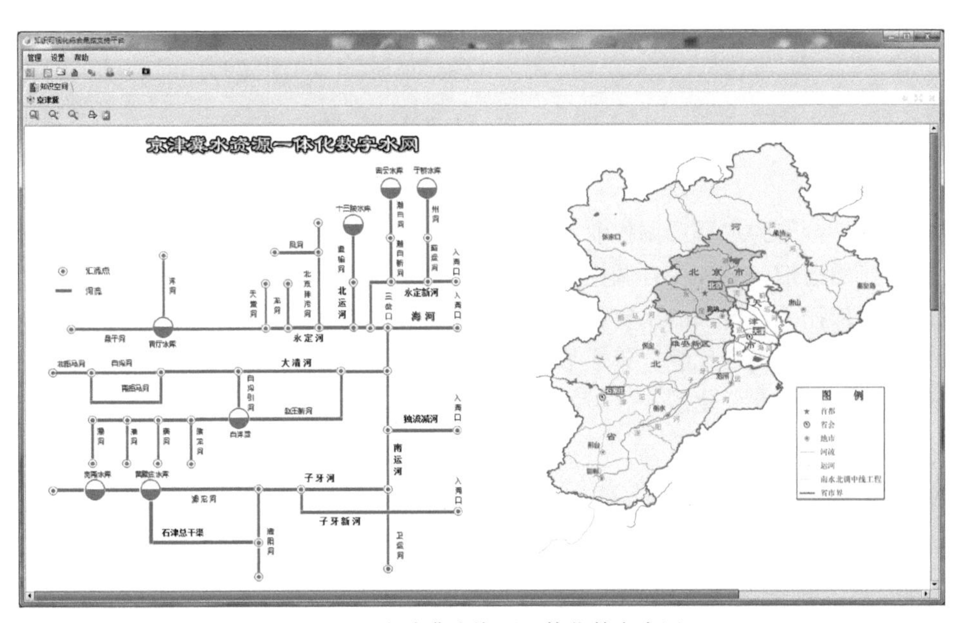

图 3-17　京津冀水资源一体化数字水网

3.6 本章小结

基于京津冀水资源多源数据资源，采用 5S 集成技术、可视化仿真技术和数据库技术等信息技术，将实体水网数字化、流程化、拓扑化和信息化，构建京津冀水资源空间数字水网、业务流程水网和逻辑拓扑水网，开展典型水资源调控业务应用实例。依托空间数据和地理信息，根据水资源调控业务应用，按照主题服务的形式将二维 GIS、三维 GIS、业务流程水网和逻辑拓扑水网进行可视化集成应用，构建京津冀一体化数字水网，根据用户需求和水资源综合调控具体业务特点，按需提供数字水网服务，为复杂的水资源调控业务提供基础支撑。

第4章 京津冀水资源安全保障综合调控平台关键技术

依托云服务和大数据中心，按照面向服务架构，采用综合集成方法虚拟化各类资源、整合各种技术，遵循水利行业标准《水利信息处理平台技术规定》（SL 538—2011），基于课题组前期自主研发的综合集成平台搭建京津冀水资源安全保障综合调控平台，基于数字水网提供京津冀水资源调控业务化服务，针对不同用户和主题服务需求，通过二维 GIS、三维 GIS、信息门户、客户端和移动应用等多种方式为京津冀水资源综合调控提供个性化应用。

4.1 综合调控平台总体设计

综合调控平台作为水资源调控业务化服务的应用支撑平台，是数据中心和调控业务化服务之间连接的纽带，设计综合调控平台的目的就是满足不同的水资源调控业务和不同用户需求，使得依托平台提供的水资源调控业务化服务具有较好的灵活性和适应性，基于可视化效果较好的知识可视化综合集成平台，采用知识图的方式描述业务流程，基于平台为用户提供水资源调控业务化服务（罗军刚，2009）。

4.1.1 平台设计原则

（1）资源整合。水资源调控业务化服务需要各种数据及信息资源，这些数据及信息资源可能分布在不同地点、不同部门，数据的格式有结构化的，也有非结构化的，因此，综合集成平台应能实现各种资源的整合与重用。

（2）提供开发环境。基于平台实现水资源调控的目的就是希望通过平台为水资源调控业务系统的搭建提供一个集成开发环境，并可快速构建出适应性强的水资源调控业务应用系统，因此，平台提供统一的体系结构和开发环境，能为不同的功能提供服务和支撑。

（3）基于松耦合的信息共享。水资源调控业务应用系统构建过程中希望通过平台将业务逻辑与底层的数据分离，保证系统的灵活性和适应性，因此，平台通过将业务逻辑与服务进行分离，保证服务的松耦合，能够适应业务和环境的变化。

（4）可伸缩的配置。平台应能根据水资源调控业务的重要程度和应用规模进行不同级别的配置，以保证系统合理的规模和经济性。

（5）个性化的服务。平台能够实现不同的主题服务，能够为不同用户提供个性化服务，满足不同用户的实际需求。

(6) 便于重构和扩展。平台应能根据水资源调控业务和用户需求进行重构和扩展，快速响应环境变化提供业务化服务。

(7) 提高系统开发效率。平台应能够提高水资源调控业务应用系统的开发效率，并具有较好的鲁棒性。基于平台通过组件搭建的方式灵活构建系统，为用户提供业务化服务。

4.1.2 平台架构设计

平台总体架构共分为支撑层、资源层、综合集成层和用户层四层，如图 4-1 所示。

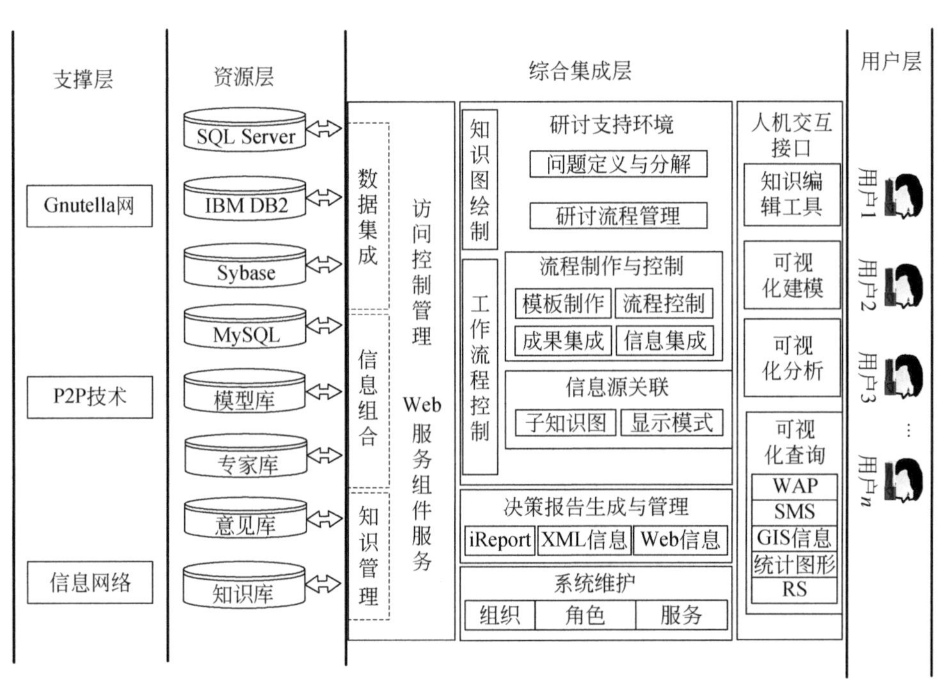

图 4-1 平台总体架构设计

(1) 支撑层。平台主要支撑技术包括：Gnutella 网、P2P 技术和信息网络。P2P 技术是一种对等连接技术，可以使本地用户直接连接异地用户计算机，实现异地用户信息和文件的共享。Gnutella 网和 P2P 技术可以实现网络资源和知识图的共享，方便实现知识的传递与共享。

(2) 资源层。资源层主要为平台提供数据资源、模型库、专家库、意见库和知识库等。其中，数据资源主要指用于平台构建所需的基础数据资源和应用过程中产生的各种成果资源。模型库主要是业务应用需要的各种模型。专家库由诸多相关领域的专家组成，可以随时对业务应用进行指导。意见库是对业务应用意见的集合，可以有效避免常见错误的发生。知识库是已构建的业务应用的集合，每个业务应用都可认为是已有的知识，新的业务应用可以在已有的业务应用基础上拓展，从而实现对已有知识的再利用，实现知识积累。

（3）综合集成层。综合集成层主要包括访问控制管理和研讨支持环境，流程制作与控制、知识图绘制、工作流程控制等业务应用基础服务，以及 Web 信息、XML 信息、iReport 信息等决策报告生成与管理服务。通过将数据转化成信息，将信息转化成知识，将知识应用于支撑业务应用，实现信息的综合集成。

（4）用户层。用户层主要通过平台提供的人机交互接口，绘制水资源调控业务知识图、组织关联组件、快速构建应用系统，实现水资源综合业务管理与决策会商。

4.1.3 平台功能设计

根据京津冀水资源调控业务实际需求，确定平台主要功能包括知识图绘制与管理、服务定制与关联、多元信息展示、平台管理四大类，其功能模块如图 4-2 所示。

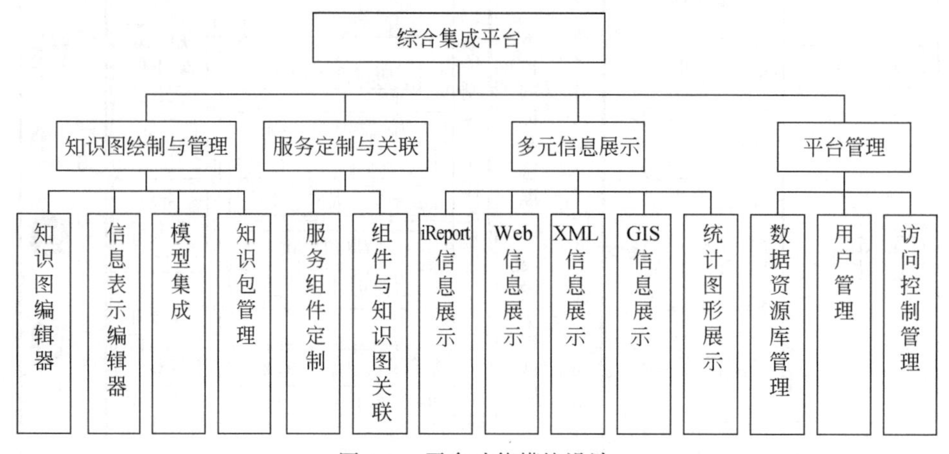

图 4-2 平台功能模块设计

（1）知识图绘制与管理。提供水资源调控业务知识图的绘制与管理，平台应具有知识图编辑器和信息表示编辑器，包括节点绘制、关联关系绘制，以及字体、颜色设置等，同时应具有模型集成和知识包管理等功能。

（2）服务定制与关联。服务定制与关联的主要功能是通过平台提供服务组件定制以及服务组件与知识图关联，其中，组件类别包括信息类服务组件、模型方法类服务组件和决策类服务组件。

（3）多元信息展示。平台提供 iReport 信息、Web 信息、XML 信息、GIS 信息等多元信息的集成与展示功能，并通过图、表和统计图形等多种方式对信息进行可视化展示。

（4）平台管理。提供基于平台的数据资源管理、用户管理以及访问控制管理等功能。

4.2 综合调控平台技术模型

采用 SOA、SaaS 和 PaaS 等面向服务的信息化整合技术，对水资源综合调控信息服务、计算服务和决策服务进行有机集成，通过综合调控平台为京津冀水资源安全保障提供一体化的服务模型和操作接口，并且实现远程及分布式的服务框架，为京津冀水资源安全保障提供便捷管理与决策服务。平台技术模型主要包括（张刚，2013）：应用服务控制层、人机交互服务层、业务逻辑服务层、外部应用服务层、服务访问接口、人机交互访问接口、业务逻辑访问接口、外部应用访问接口和基础支持平台访问接口，如图4-3所示。

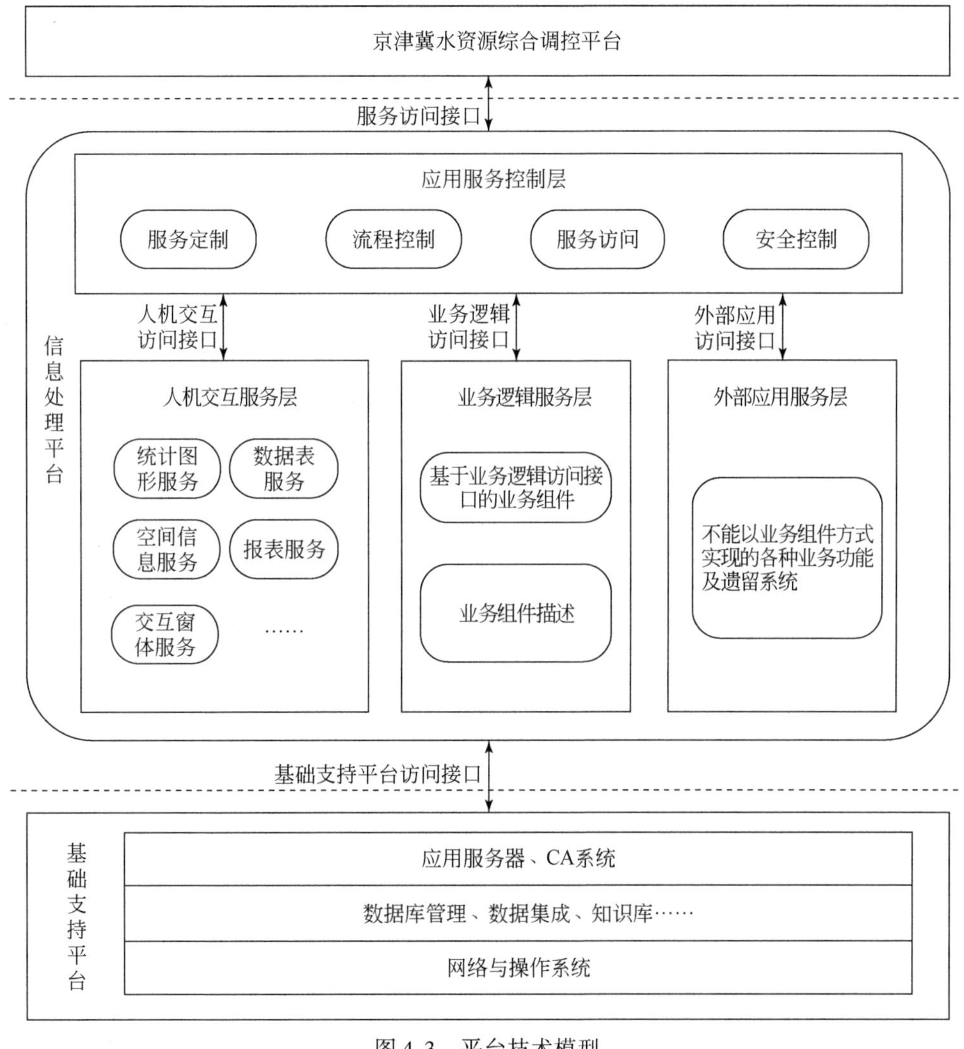

图4-3　平台技术模型

1. 应用服务控制层

该层主要实现对平台所提供的服务和系统资源的配置和控制，对业务流程的关联和控制以及对人机交互界面的关联和控制，由服务定制、流控控制、服务访问、安全控制构成。该层屏蔽应用程序中对交互对象的不同调用方式，便于不同环境下的功能移植，使得不管是何种组件的调用方式，返回给应用程序的服务接口都是相同的，确保应用程序中代码的可复用性。此外，采用流程管理技术实现业务流程的动态定义和控制，利用策略管理及界面集成等技术实现界面外观和行为的动态控制，有利于系统快速适应业务需求的变化和发展。

服务定制主要为用户提供一个综合服务访问接口，将所有可用服务展示给用户，用户可以根据自身需要选择所需服务，从而实现个性化水资源调控业务的重用。流程控制可以通过服务访问组件控制业务功能处理单元的时序关系、组合方式和依赖关系。通过为用户提供个性化服务，使得业务系统可以在不改变代码的情况下稳定运行，确保系统的稳定性。服务访问为服务定制、流程控制、安全控制内部之间及各个部件提供了交互接口，使得各个部件之间能够相互通信，完成一个相关的业务应用，同时保证信息处理平台的稳定运行及信息资源的安全。平台为特定的水资源调控业务应用系统提供公共安全基础设施，为各种不同的应用提供统一的安全应用访问接口，使得特定应用系统可以根据该安全需求选择所需强度的安全机制和安全服务。

2. 人机交互服务层

该层主要为水资源调控业务应用提供常用的服务，用户可以根据自身需求定制所需要的服务，实现个性化服务，主要包括统计图形服务、空间信息服务、数据表服务、报表服务和交互窗体服务。

（1）统计图形服务。形象具体、通俗易懂地反映水资源调控相关数据的量级、变化趋势以及数量间的相互关系或规律，通过人机交互访问接口，将从应用服务控制层传输过来的数据进行处理、显示，并动态修改图形上的数据反馈给应用服务控制层，动态调整业务流程数据。

能够接受、处理各类数据并将其显示出来，支持条形图、折线图、直方图等多种统计图形，支持统计图形的拖动、复制等基本操作，方便用户进行图形的对比或信息的保存和打印，支持对统计图上点信息动态的获取、更新、显示与简单计算功能，响应速度快，提供与用户的交互方式。统计图形包含一个简明扼要的图题、纵坐标、横坐标和计量单位符号，其中，纵坐标和横坐标需要标明刻度、图例以及必要的文字说明，图的基本要素安排合理，颜色搭配恰当。图例和文字说明简明扼要，避免与正文重复，通过调用 OWC 组件、PIE Chart Server 组件、TeeChart Pro 组件等第三方组件，生成所需要的各种系列和格式的图形。

（2）空间信息服务。能够存储、分析和表达水资源数据所涉及的各种对象属性，能够处理其空间位置特征，能将其空间信息和属性信息进行有机结合，从空间和属性进行查询、检索和分析，并将结果以各种直观形式信息形象且准确地表达出来，包括地理数据的浏览、显示和基本的地图操作，兼容多种数据格式，可以读取与显示 Arc/View、AutoCAD 和 MapGIS 等多种交换格式的数据，可以对地图进行放大、缩小、平移等基本操作，以及支持地理空间对象的编辑与修改。能灵活地对点、线和面等对象进行编辑与修改，适应地理数据进行快速更新，支持空间与属性的双向查询，空间实体查询结果表现形式灵活多样，既可用特殊颜色表示其查询结果，也可对查询结果进行可视化展示。

（3）数据表服务。数据表服务方便用户制作简单且美观的通用表格，用于显示相关数据，通过直观、生动的表示，辅助分析和决策。根据所要显示的内容，动态构造数据表结构，支持数据的筛选和排序，根据用户需求动态调整数据表的列，支持数据表的标题、标题栏、表体内容等基本元素的修改。数据表中的数据可以滚动显示，并支持数据导出。

（4）报表服务。报表的内容可分为不变的和可变的两类，其中，不变的报表内容在设计时输入，可变的报表内容在程序运行时根据运行结果改变，设计时一般使用变量名称来代替，运行时则由实际数据来替换。报表服务以系统数据库中的数据为基础，按照用户的统计需求，通过人机访问接口，获取符合报表规范的样式和数据，并将其显示出来。用户既可以直接在浏览器中查看报表查询的结果，也可以另存为文件，按照自己的需求排版、打印报表。支持报表的基本操作，能够调用第三方报表设计工具的接口，生成所需的各种系列和格式的报表。支持各种报表处理功能，根据不同用户需求产生多个报表。支持标题、制表日期、计量单位、表体内容等基本元素的修改，报表的表现形式要易于用户阅读理解，可输出 HTML 和 PDF 等形式并能进行打印预览。

（5）交互窗体服务。为用户提供应用定制界面，将用户根据自身需要定制的信息转化为符合一定标准接口和标准传输协议的数据流，提交到平台进行处理，并将处理的结果返回给用户。生成的用户界面美观大方，操作简单且展示的数据易于理解。提供数据的查询、排序、搜索等基本操作，提供与操作系统无关的、独立性较高的界面描述方式，且移植性较强。

3. 业务逻辑服务层

该层主要包括基于业务逻辑访问接口的业务组件及业务组件描述。主要功能是将已有的业务逻辑和处理过程以服务的形式提供给用户或其他应用服务，提高系统的可重用性、可维护性和系统的计算负荷，有利于实现与其他系统的集成或整合。通过业务组件，以服务的形式提供业务功能。

4. 外部应用服务层

水资源综合调控平台还需要整合一些外部的且不能以业务组件方式实现的各种业务功能及遗留系统，并为其提供相应服务集合。

5. 服务访问接口

该接口为水资源调控业务化服务提供访问具体业务功能服务的途径，支持业务应用层与信息处理平台进行数据交换，并为上下层之间的通信提供途径。采用标准的 XML 文档描述业务组件与功能的时序和组合关系。

6. 人机交互访问接口

该接口是平台上的业务应用与平台提供的各类服务之间、平台内各层服务之间以及同层内不同服务软件之间的接口，包括各类应用支撑服务的应用程序和应用编程接口。采用标准化的、统一发布的公共 API，对应用的可移植性以及系统的互操作性提供保证。

7. 业务逻辑访问接口

该接口定义一组业务功能以及业务功能之间进行相互调用的标准，使业务功能服务隐藏其内部处理细节，仅对外公布必须支持的属性，方便业务功能服务的开发、查询、发布等。该接口要求输入的、输出的数据具有特定格式，符合一定的标准，便于业务功能的迁移与重用。

8. 外部应用访问接口

该接口为特定业务应用、应用支撑软件与外部实体之间的交互服务提供接口，通过将协议的状态、格式和语法标准化，实现应用的互操作性和数据的可移植性。

4.3 综合调控平台关键技术

采用面向服务架构（SOA）、网络服务（Web Service）、组件、知识图和综合集成研讨厅等技术实现京津冀水资源综合调控平台的开发。

4.3.1 SOA 架构

SOA 是一种软件体系结构的设计方式，核心是面向服务，实现了业务和技术的分离。SOA 构建了一种粗粒度、松耦合、位置和传输协议透明的服务架构，使不同服务之间通过接口进行通信，而不涉及底层编程接口和通信模式。将应用程序的不同服务通过良好的接口和标准结合起来，将分散在分布式环境下的服务组件整合成一个新的整体，并以组件的形式为用户提供服务，解决基于组件的分布式应用体系中面临的异构问题。接口独立于实现服务的硬件平台、操作系统以及编程语言等，基于平台构建的各种服务采用统一和通用方式进行交互。遵循 SOA 架构，采用组件化软件开发技术，缩短应用系统开发周期，提高组件的复用率和软件的服务质量。SOA 将应用程序按照不同的功能单元以服务和接口的形式发布到服务注册中心，以应用程序、功能模块为形式的服务请求者通过在服务注册中心查询符合要求的服务，并采用标准协议进行绑定，便于服务请求者使用服务。SOA 架构如图 4-4 所示。

采用 SOA 架构开发应用系统具有以下特征：

（1）服务封装性。采用 Web 服务描述语言对服务组件功能进行封装从而对外提供发布功能，通过标准接口调用此组件服务的应用程序，不需要关心组件的实现细节，即可实现复杂的水资源综合调控相关功能。

（2）封装效率高。水资源调控业务应用组件的封装包括面向对象编程接口和面向更高粒度的封装，使得组件的封装过程效率较高，稳定性也比低粒度的效果好。

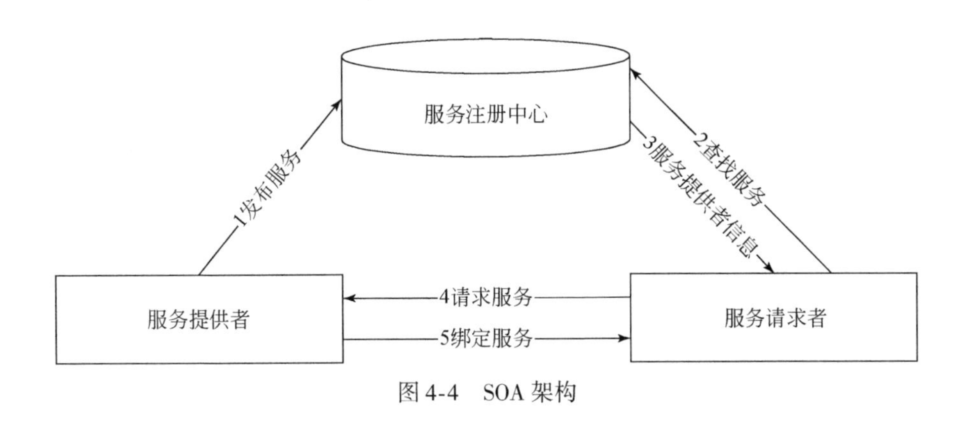

图 4-4　SOA 架构

(3) 服务重用。一个服务被创建后可用于多个业务流程和应用，重用过程中只需要描述其定义的上下文描述过程，无须关心底层实现和客户需求的变更。例如，水循环计算过程可以直接应用于二元水循环服务，也可以应用于水资源调配决策，通过组件重用快速实现，不需要更改算法内部结构和代码。

(4) 松散耦合性。服务提供者和服务请求者对于服务的操作是松散耦合的，两者通过请求服务和绑定服务有机结合在一起，体现了组件作为一种技术支撑综合调控平台的灵活性和可扩展性。

(5) 开发过程透明。SOA 采用服务总线对组件接口进行封装，保证服务位置的透明和传输协议的透明，客户端调用服务不受组件实际存储位置和传输协议变化的影响。

(6) 服务互操作性。不同服务之间可以通过通信协议进行互操作，综合调控平台可将不同的应用系统封装成服务，实现服务级别共享，并根据用户实际需求以 B/S、C/S 等多种服务方式提供服务。

4.3.2　Web Service 技术

Web Service 是一种基于 Web 的主流分布式计算技术，采用 SOA 思想构建可以相互操作的分布式业务应用程序，采用 XML 格式封装数据，采用 WSDL 描述组件自身功能，采用 UDDI 对网络服务进行注册，基于 SOAP 协议实现组件之间数据的传输。Web Service 具有平台和开发语言无关性，使用过程中只需要指定其所在位置和应用接口，就能在应用端通过 SOAP 调用相关数据或组件服务。Web Service 体系结构包括服务提供者、服务请求者和 UDDI 服务注册中心，三者之间通过 WDSL 服务查找，WDSL 服务描述发布，以及 HTTP 通信、SOAP 封装、XML 文档进行有效交互（图 4-5）。其中，服务提供者采用 WSDL 语言对待发布服务文件的名称、功能、传递参数个数、类型和返回结构等信息进行描述，通过 UDDI 服务注册中心完成服务的发布和存放。UDDI 服务注册中心作为目录服务器，是服务提供者和服务请求者的中介，负责实现服务的发布和请求。当服务请求者要在 UDDI 服务注册中心查询自己需要的服务时，UDDI 会将满足条件的服务指针发送给服务请求者，服务请求者根据指针向服务提供者发出调用服务的请求，请求消息采用封装的 XML 文档格式在服务请求者和服务提供者之间进行传递。通过这种 Web 调用服务的方式和 HTTP 传输协议的支持，实现服务请求者和服务提供者之间的通信（马增辉，2009）。

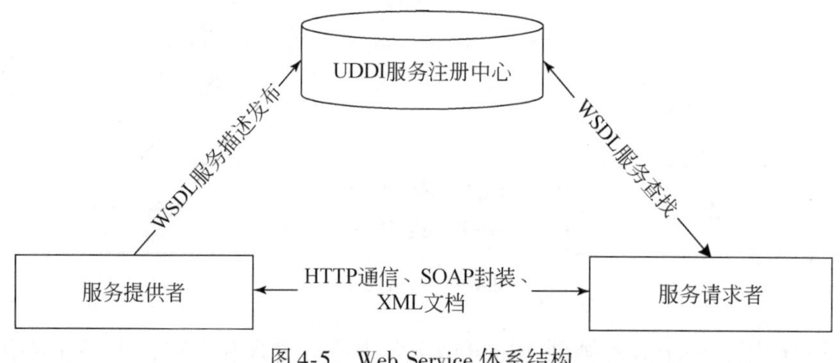

图 4-5　Web Service 体系结构

（1）XML 与 XML Schema 是 W3C 指定的用于描述数据文档中数据的组织和结构的一种元标记语言。XML 语言描述了文档的结构和语义，用户能按照需要定义自己所需的标记。XML 提供了定义语义标记的规则，将文档按照逻辑划分为许多部分并对其进行标识。XML 文档中任意一个开始标记及其对应的结束标记所包含的部分称为一个元素。每个 XML 文档中应该只有一个根元素，所有的子元素和递归子元素采用<（标记名）>形式的开始标签和</(标记名）>形式的结束标签，并且所有的元素严格嵌套。

XML 规范使用文档类型定义（document type definition，DTD）为 XML 文档提供语法的有效性规定，以便给各个语言要素赋予一定约束，但是 DTD 不支持多种数据类型，在大多数应用环境下能力不足。约束定义能力不足，无法对 XML 实例文档做出更细致的语义描述。创建和访问并没有标准的编程接口，无法使用标准的编程方式进行维护。W3C 推荐使用 XML Schema 对 XML 文档进行有效性规定和约束，XML Schema 是作用于某一类 XML 文档，用于定义其约束、规则或结构模型的形式化描述语言，XML Schema 通常用于数据绑定与合法性检验，提供基本的数据类型并且允许创建新的数据类型。

（2）SOAP 协议。simple object access protocol（SOAP）是一种简单且轻量的基于 XML 的 Web 服务交换标准协议，是异构平台之间的一种分布式消息处理协议，继而成为 Web 服务交互的基础协议。SOAP 以 XML 为基础，通过 HTTP 80 端口传递远程调用，实现跨越防火墙和跨平台应用。SOAP 消息是由一个强制的 SOAP Envelope、SOAP Body 和一个可选的 SOAP Header 组成的 XML 文档，用于调用 Web 服务，应用过程中，服务请求者把所要调用的 Web 服务的参数值从本地二进制格式转换到表示 SOAP 消息的 XML 文档中，然后把这个文档发送给远程服务器。在远程服务器端，会有对应的 SOAP 处理器解析 XML 文档，取出所要调用的 Web 服务的参数信息，恢复成它的二进制状态，然后调用 Web 服务。

（3）UDDI 协议。UDDI 是一个分布式网络环境下的 Web 服务信息注册规范，主要由一个业务注册中心和访问该中心的协议及 API 组成，它对所注册的服务规定了一套统一的 XML 格式。UDDI 注册中心一般可分成基于 Internet 的全局 UDDI 企业注册表和私有 UDDI

注册中心两类，其中前者实现公共 UDDI 注册存储的组织管理，后者用于企业内部的 Web 服务的注册。UDDI 注册使用的核心信息模型由 XML Schema 定义，XML Schema 定义了商业实体、商业服务、技术指纹和绑定模板四种主要信息类型，其中商业实体描述服务提供者信息，商业服务描述提供的服务信息，技术指纹描述服务的规范、分类或标识别，绑定模板用来在商业服务和描述其技术特征的技术指纹集之间进行映射。UDDI 同样也是 Web 服务信息注册规范的可访问实现集合，业务实体能够将其自身提供的 Web 服务信息进行发布，使其他业务实体能够发现这些信息。

（4）WSDL 语言。Web 服务使用 WSDL 文档提供接口详细说明，使得用户能够创建客户端应用程序并进行通信，按照 UDDI 规范进行注册，以便用户能够轻易地找到这些服务。WSDL 标准采用 XML 来描述软件服务，定义了服务接口以及将接口映射到协议消息和具体端口地址的实现细节。

4.3.3 组件技术

组件化软件开发技术通过将软件封装成组件，通过接口能够实现对组件的访问，提高软件重用性。组件模型是组件的本质特征及组件间关系的抽象描述，是组件定义、开发、存储和封装的基础，它规定了组件及组件应用设计开发所遵循的规范和标准。组件具有以下特点：重用性和互操作性强，系统不同模块的软件可以重复利用，而不需要重新编写代码。过程透明，组件输入和输出接口完全是透明的，组件实现和功能分离，用户只需要注重输入和输出两个接口，而不需要关心组件内部结构。可扩展性好，每个组件都有独有功能，若需要组件提供新的功能，只需增加接口，不改变原来接口，从而实现对组件功能的快速扩展。组件开发与编程语言无关，只要符合组件开发标准，开发人员可以采用不同编程语言开发组件，编译后可以采用二进制形式发布。组件开发和封装完成之后，需要对其进行部署，组件部署是将组件存放在可以支持其运行的基础设施和平台中，包含提供组件运行时的环境、部署时用的定制服务以及组件封装的辅助环境。

4.3.4 知识图技术

知识图（knowledge mapping，KM）是一种以图表方式表达的知识管理方法，基于服务组合的思想，采用工作流技术，实现组件封装，并对业务流程进行编排，基于可视化平台将其业务流程以图形的方式呈现，提高业务流程的可扩展性和可视化效果。知识图和知识图之间的数据传送与交换通常以 XML 方式进行保存，使用时需要事先建立知识图中的概念、连接和资源等信息与 XML 文件之间的映射关系，将数据流向和组件信息等进行描述，对文件信息和知识图之间关系进行解析，使用户可以根据 XML 重现应用系统的工作流程，通过修改知识图中组件来实现系统的搭建、修改与业务应用的灵活定制。知识图中业务组件具有可视化特征，为用户提供多样性的业务活动状态和数据流的展示方案，实现知识可视化，为用户提供直观的决策过程和成果展现。知识图不仅可以有效地描述规范化、系统化的显性知识，还可以描述隐性知识以及实现显性知识向隐性知识的转变过程。

作为组织和描述知识的可视化工具，知识图可以实现显性知识和隐性知识的合理描述，通常由概念、连接线、联系和链接组成，其逻辑关系可以表示为：

知识图::={<概念“,”联系|连接词|连接短语“,”连接线>[链接]}

链接::={<知识图|外部资源>}

外部资源::={<模型组件|文档……>}

基于综合集成平台绘制水资源调控业务应用知识图，首先根据用户和业务需求，将分析和解决问题的过程抽象成知识图；其次根据功能需求，为知识图中的节点定制相应的服务。知识图的绘制过程是用户将自己的经验和需求进行流程化和知识化描述与关联的过程。知识图绘制流程如图4-6所示。

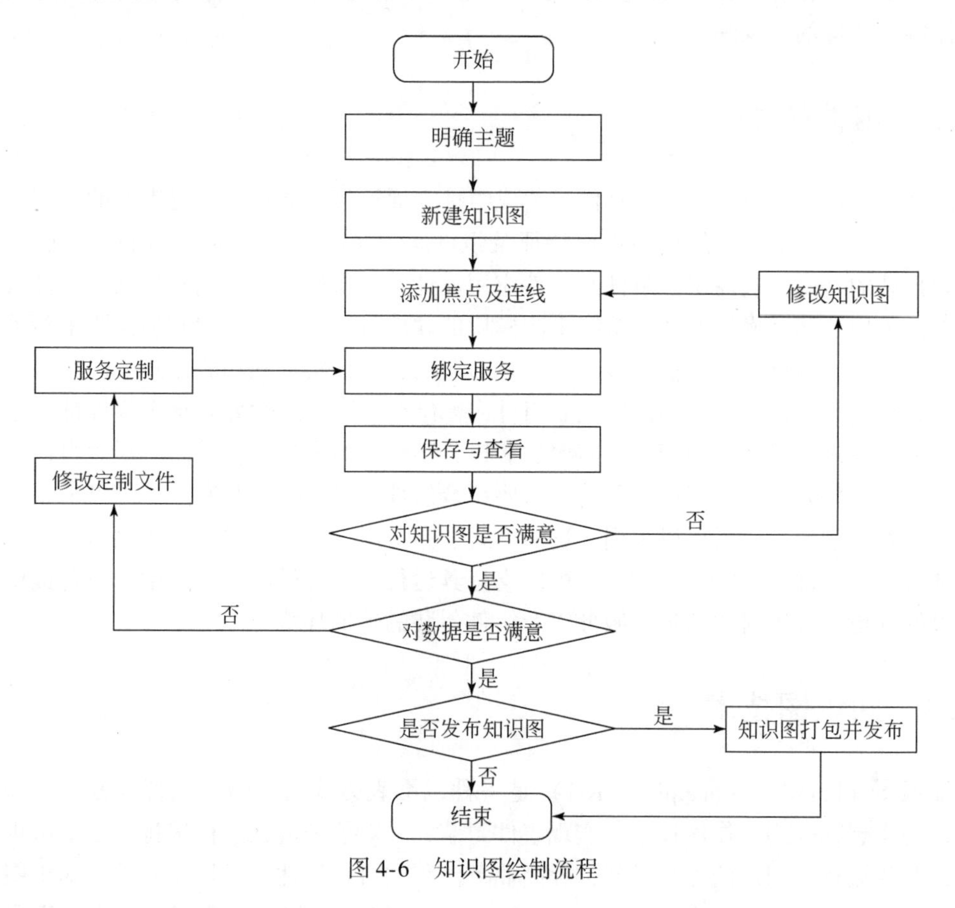

图4-6　知识图绘制流程

4.3.5　综合集成研讨厅技术

自20世纪70年代起，复杂性、整体性、人与自然协调等重大问题不断出现，国际科学界“复杂性研究”兴起。1990年，钱学森等在《自然杂志》发表了一篇题为《一个新的科学领域——开放的复杂巨系统及其方法论》的论文，提出“开放的复杂巨系统”的概念以及解决开放的复杂巨系统问题的方法论：从定性到定量的综合集成方法（meta synthesis），并提出把“从定性到定量综合集成研讨厅体系”（hall for workshop of meta synthetic engineering，HWMSE）作为综合集成方法的实践方式。综合集成研讨厅是一个有中国特色的研究领域，在国家自然科学基金重大项目“支持宏观经济决策的人机结合综合集成研讨厅体系研究”的支持下，我国学者在这一研究领域取得一系列成果（张永进等，2009）。

不同用户和专家基于综合集成平台进行综合集成研讨，可视化环境中通过研讨和采用数学、统计及机器学习方法获取隐性和显性知识，将获取到的个人知识通过研讨流程和行为规范等方式进行共享形成群体知识，根据京津冀水资源调控业务应用不断丰富和完善群体知识，以知识共享管理机制保证知识传递的有效性，加速知识共享并促进其在水资源安全保障中的应用，从定性到定量开展群体知识的综合分析判断，确定决策方案，构建水资源调控业务应用系统，实现个性化会商研讨。基于综合集成平台，专家可以开展研讨焦点确定、研讨业务表述、研讨观点表达等在线研讨内容。专家群体根据研讨焦点问题，结合自身研究领域和对业务概念、联系的理解以及自己的研究成果、经验，将个人知识转化为知识图可表达的信息或者知识，并通过知识图进行交互，将交互生成的观点进行综合，最终在专家之间达成共识。根据在线研讨结果，专家群体就研讨焦点问题达成的共识，形成焦点问题的解决方案。

综合集成研讨过程，通过从数据结构、数据格式、数据要求等方面规范研讨流程，形成在应用系统中可访问、操作和控制的实体元素，基于平台为研讨流程提供可操作的环境，调用研讨流程模板，对研讨流程进行可视化描述，按照研讨特征对其分类，对研讨中涉及的信息进行细化处理，提高对研讨流程的管控能力，如图 4-7 所示。

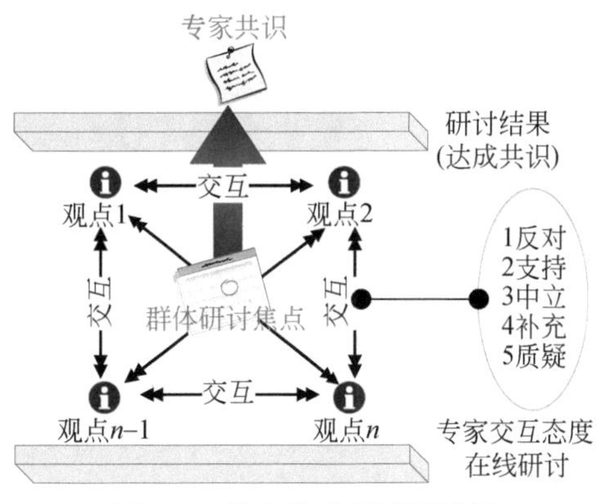

图 4-7　综合集成研讨厅示例

基于上述总体设计和技术模型，采用组件、知识图和综合集成研讨厅等技术开发了知识可视化综合集成支持平台（简称综合集成平台），如图 4-8 所示。

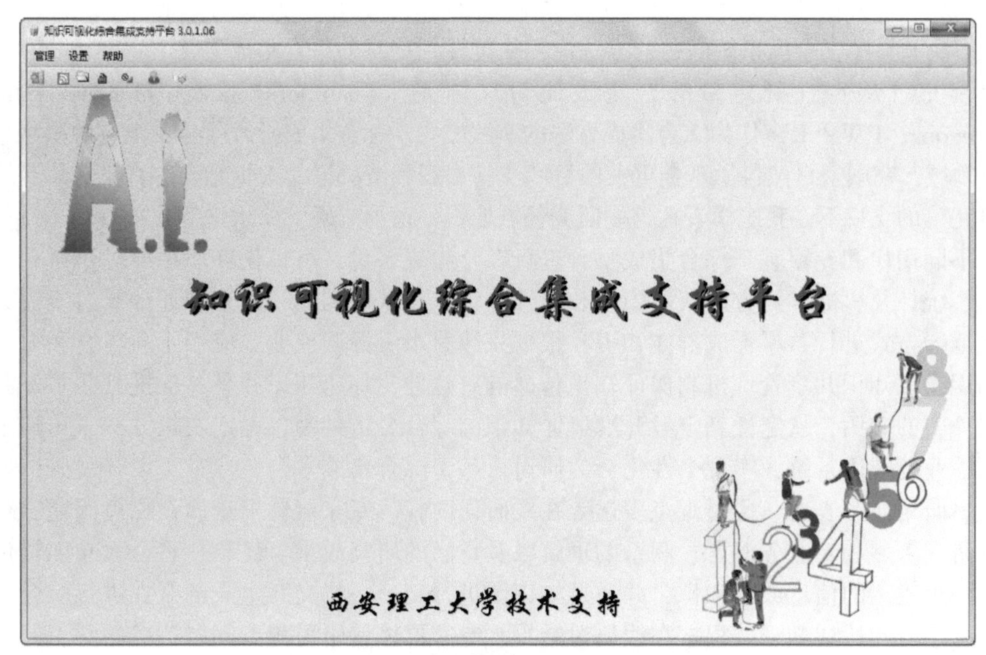

图 4-8 知识可视化综合集成支持平台

4.4 综合调控平台开发部署

面向京津冀水资源安全保障具体问题，基于综合集成平台快速搭建水资源调控业务应用系统，为不同用户提供水资源调控业务。针对不同用户需求，提供基于平台、基于信息服务门户和基于 GIS 等多种交互方式，并通过华为云提供云服务。

4.4.1 水资源调控业务开发流程

按照主题化服务模式，针对具体的京津冀水资源安全保障问题，确定水资源调控主题，基于综合调控平台提供水资源调控业务化服务，为用户提供信息服务、计算服务和决策服务，具体包括业务主题化、处理组件化、业务流程知识图绘制与定制。

1. 业务主题化

针对复杂的京津冀水资源安全保障问题，将具体的水资源调控业务主题化，基于综合调控平台对业务进行流程化描述、组件化开发和知识化存储，采用知识图形式化、可视化表达水资源调控业务主题涉及的内容、各元素之间的关系，处理事件的业务流程等，业务主题对应业务流程的知识图，不同主题通过嵌套知识图进行描述，搭建水资源调控业务应用系统，为用户提供服务。水资源调控业务流程如图 4-9 所示。

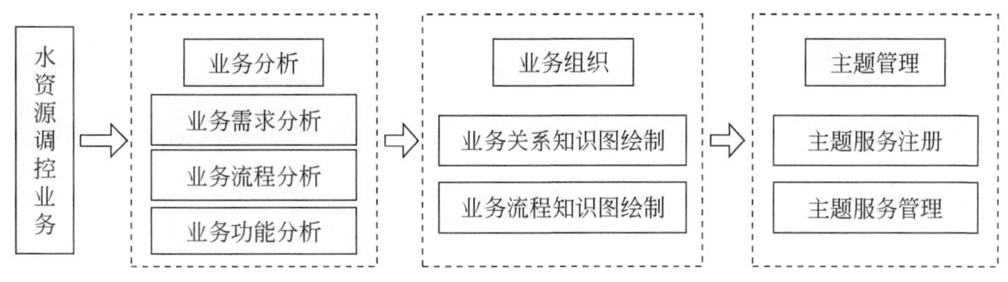

图 4-9　水资源调控业务流程

2. 处理组件化

采用组件化软件开发技术对数据信息、数学模型和计算方法进行组件开发，每个组件分别实现具体的业务功能，并提供组件服务。每个组件符合基础 IPO 模型，采用 XML 标准描述，采用 Web Service 技术实现，采用 XML 和 XML Schema 文档标准描述业务组件的输入、输出信息流，访问描述提供符合 UDDI 访问协议的访问接口。组件开发完成后，对其进行编译、封装和打包并存储在组件库中，供应用系统使用，组件开发与打包流程如图 4-10 所示。

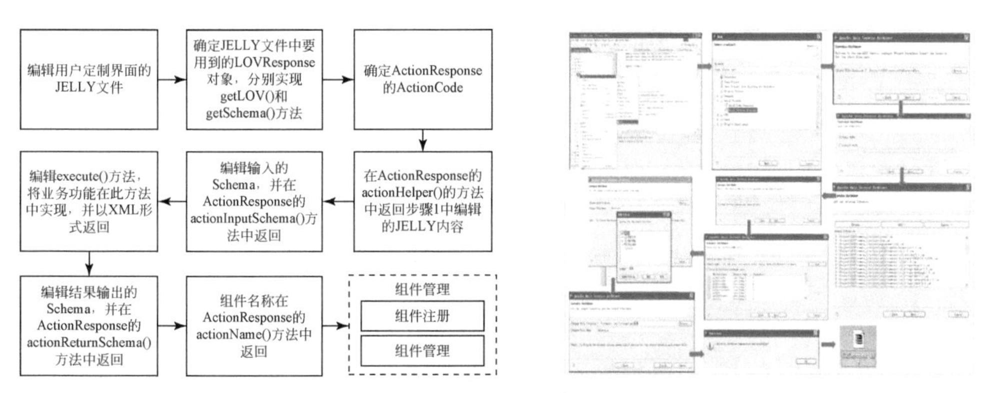

图 4-10　组件开发与打包流程

3. 业务流程知识图绘制与定制

综合集成平台提供知识图著作工具用于知识图绘制，根据水资源调控业务具体需求和特点，集成数字水网将空间数据、业务流程和逻辑拓扑结构进行流程化描述，并用知识图的方式对其进行可视化表示。基于绘制的知识图需要根据具体调控业务内容定制业务组件，实现知识图和组件的关联，通过将知识图的概念节点和 Web 服务进行关联搭建水资源调控业务应用系统。知识图绘制和定制的过程体现了人对业务认知和处理的过程，通过可视化的人机交互，将传统的数据、模型和方法等进行隐性到显性的转变，基于知识图的形式化表示为用户提供可视及可信的服务。业务流程知识图绘制与定制过程如图 4-11 所示。

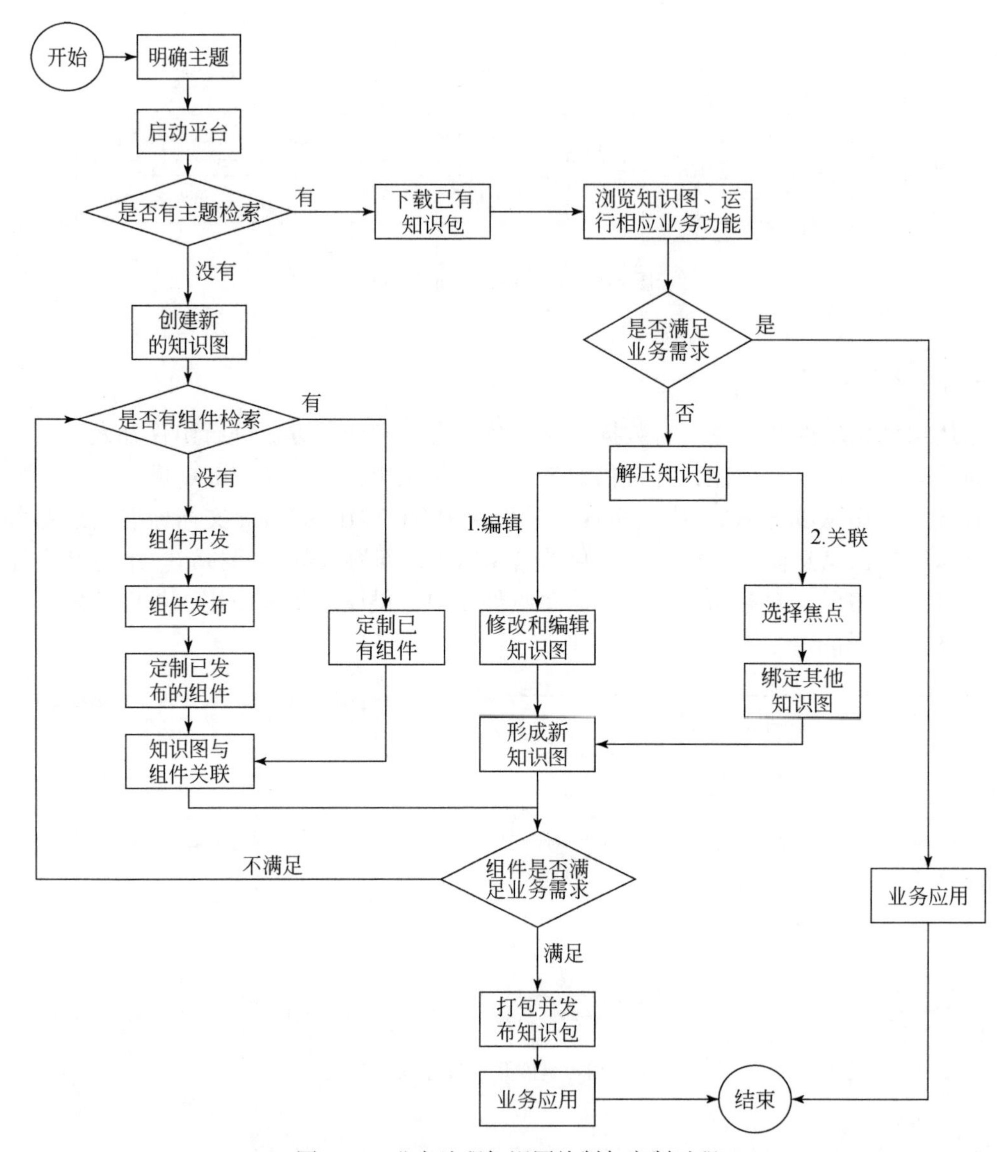

图 4-11　业务流程知识图绘制与定制过程

4.4.2　综合调控平台部署

基于数字水网的京津冀水资源综合调控平台是以现代信息技术为主要特征的交叉研究，是水资源安全保障体系中的重要组成部分，也是从传统水利到现代水利和智慧水利转变过程中的重要环节。综合调控平台基于云服务器部署，采用云计算技术提高综合调控平台为水资源综合调控业务化服务的效率和效能。云计算技术一经提出便受关注，有 Scientific Cloud 和 OpenNebula 项目，也有 Google、IBM、Microsoft、Amazon 等公司参与

(Armbrust et al., 2010; Buyya et al., 2009)。国内于 2007 年启动了国家重点基础研究发展计划 (973 计划) 项目“计算系统虚拟化基础理论与方法研究”，云计算已成为国家发展的重要战略 (喻之斌等, 2008)。2016 年 3 月 5 日，国务院总理李克强在第十二届全国人民代表大会第四次会议作政府工作报告，明确指出要强化创新引领作用，将创新摆在国家发展全局的核心位置，深入实施创新驱动发展战略，促进大数据、云计算和物联网等现代信息技术的广泛应用。2018 年，“云计算”第四次被写入政府工作报告，要求加快新旧发展动能接续转换，推动大数据、云计算、物联网广泛应用。“互联网+”是发展新业态，也是知识社会创新 2.0 推动下的经济社会发展新形态，为改革、创新、发展提供更广阔的平台。2015 年 6 月 24 日，李克强总理在国务院常务会议上指出，推进“互联网+”，是中国经济转型的重大契机。“互联网+水利”注重技术、产业、应用以及跨界融合，是现代信息技术发挥效益的重要支撑。“互联网+水利”是水利信息化的重要落脚点，在管理、服务、决策上将促进精确化、动态化、智能化。云计算、大数据和“互联网+”等信息技术在水利行业的应用推动了智慧水利的发展，使得水利信息化发展达到了新的阶段，为京津冀水资源安全保障和水利现代化发展提供技术支撑 (张建云等, 2019; 解建仓等, 2015a)。

鉴于京津冀水资源安全保障问题复杂，涉及的数据量大，数据来源和平台用户分布在不同区域，采用云服务和“互联网+”等多种方式对水资源综合调控平台进行部署，其中，数据中心采取分布式部署和处理，综合调控平台内容库基于云服务器统一部署，用户通过网络即可远程调用相关的数据和组件，快速搭建水资源调控应用系统，提供水资源调控业务化服务。云服务控制台主界面如图 4-12 所示。

图 4-12　云服务控制台主界面

综合调控平台提供了基于信息服务门户、基于二维 GIS 和三维 GIS、基于云服务链、基于移动服务和基于综合集成平台等多种交互方式，并最终通过综合集成平台进行统一管理，用户可以根据实际应用需求选择合适的方式。

（1）基于信息服务门户。京津冀水资源综合调控 Web 服务采用 Spring 架构实现数据库展示和数据共享，访问层及数据库的连接采用 Hibernate 技术实现，数据的连接池及数据库开发工具等通过 JDBC 类库连接，应用展示层采用 HTML、JSP 图表和 Web Service 等技术实现。

（2）基于二维 GIS 和三维 GIS。在多源数据融合基础上，将空间数字水网以二维 GIS 方式进行可视化展示，采用 5S 集成技术、瓦片金字塔等技术搭建京津冀数字地球平台，整合遥感、地理信息、地形地貌等海量数据资源，基于三维 GIS 平台提供三维可视化环境，实现水资源安全保障相关数据资源和水资源调控业务应用的可视化展示。

（3）基于云服务链。采用云服务和区块链技术，按照 Spring+SpringMVC 架构研发基于 Web 的云服务链，基于云服务链为用户提供水资源调控业务化服务，其中，控制后端数据库依托 MyBaties，为了给用户提供流畅服务，采用 Redis 实现高性能数据缓存，采用 BootStrap 技术控制前端 Web 界面显示。

（4）基于移动服务。为了便于用户使用，基于移动应用客户端提供水资源调控业务应用移动服务，用户可以通过手机、Wap 移动客户端等方式采集数据资源、开发业务应用、成果可视化展示等。

（5）基于综合集成平台。基于综合集成平台集成上述四种交互方式，重点面向管理部门和业务人员，基于平台可视化环境提供统一的访问入口。

基于信息服务门户和基于综合集成平台的部署及应用界面，如图 4-13 所示。

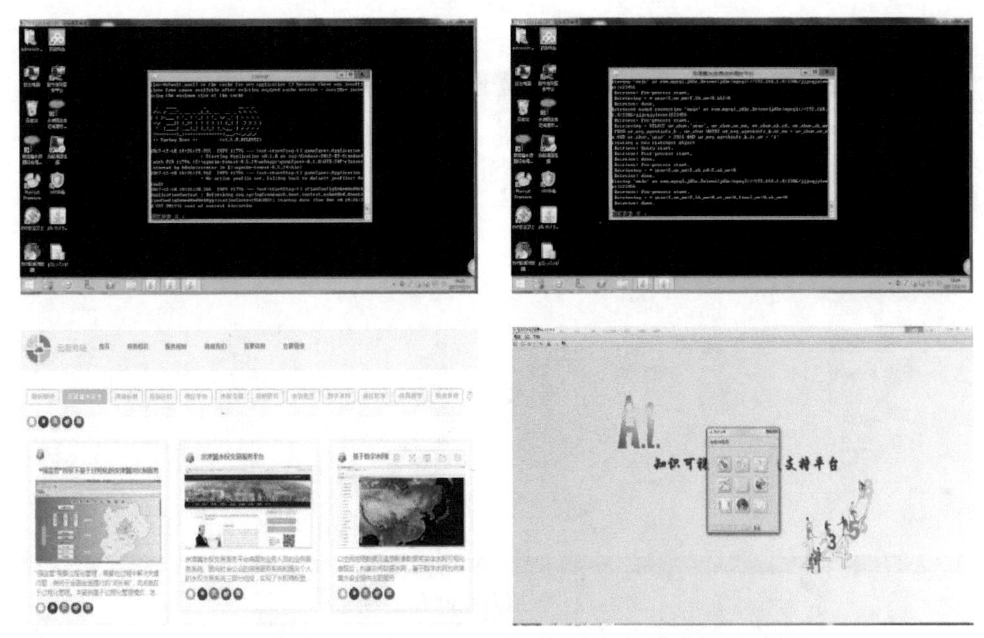

图 4-13　基于信息服务门户和基于综合集成平台的部署及应用界面

4.5 本章小结

遵循水利行业标准，依托大数据中心、数字水网和云服务，采用 SOA 架构、Web Service 技术、组件化软件开发技术、知识图技术和综合集成研讨厅等技术，采用综合集成方法对各类资源和技术进行整合，基于综合集成平台搭建京津冀水资源综合调控平台，遵循一定原则对平台架构和功能结构进行设计。针对京津冀水资源安全保障具体问题，确定水资源综合调控主题，按照业务主题化、处理组件化、业务流程定制化提供水资源调控业务。面向不同用户需求，采用基于信息服务门户、二维 GIS 和三维 GIS、云服务链、移动服务和综合集成平台等多种交互方式，对综合集成平台进行管理和应用，为用户提供信息服务、计算服务和决策服务。

第5章 京津冀水资源安全保障业务内容库与业务化服务

基于综合调控平台，把京津冀水资源调控业务和信息技术相结合，面向京津冀水资源安全保障多技术集成，将服务于京津冀水资源安全保障的数据资源、数学模型、技术方法、业务应用等按照 Web 服务开发标准构建京津冀水资源安全保障组件库。抽取京津冀水资源安全保障业务应用主题，构建水资源调控业务应用主题库，采用知识图可视化描述应用主题、业务流程、关联组件和信息，实现应用主题知识图化，构建主题应用知识图库。组件库、知识图库和主题库相互关联，按照标准化规范，共同组成了支撑水资源调控业务应用的内容库。基于平台、组件、主题、知识图及可视化工具，形成标准的面向主题服务的业务化服务模式，基于数据中心、综合调控平台和内容库，面向京津冀水资源安全保障提供管理与决策业务化服务。

5.1 面向主题服务的业务化服务模式

基于综合调控平台、业务内容库、主题服务，采用组件、知识图及可视化工具搭建水资源调控业务主题知识图，按照“问题—主题—业务—组件”开发流程，创建面向京津冀水资源调控主题的业务化服务模式，形成改变传统的业务化服务，支撑京津冀水资源安全保障。针对具体的京津冀水资源调控业务，快速搭建业务应用系统，通过组合与知识图的关联嵌套，提供京津冀水资源调控业务化服务（解建仓等，2015a）。

5.1.1 业务化服务模式思路

基于综合调控平台，采用事件驱动的方式将水资源安全保障问题转变为具体的水资源调控主题，针对具体主题，通过知识图、组件及可视化工具描述应用逻辑、业务流程、组织关联主题信息，形成以“事件”为主题的水资源调控业务应用系统，满足水资源调控灵活性与可操作性需求，并且能适应动态变化。面向主题服务的业务化服务模式思路如图 5-1 所示。

（1）确定水资源调控主题。专家或决策者根据水资源安全保障特点，结合以往经验，通过会商研讨，形成水资源安全保障思路，确定水资源调控主题。基于综合调控平台，按照主题将专家或决策者的思路快速搭建成水资源调控业务应用系统。

（2）根据专家知识和经验确定主题相关概念。基于综合调控平台，按照主题思路绘制知识图，将其转化为问题求解的相关概念，并通过知识图进一步细化相关概念。

（3）确定概念间的相互关系。根据概念间的逻辑关系，通过知识图的连线工具，将概念间的逻辑关系转变为知识图节点之间的有向连线，并进一步优化概念结构，通过修改最终获得令人满意的主题知识图。

(4) 关联概念所涉及的模型和方法以及模型和方法所涉及的数据和信息。根据知识图节点所要实现的功能，按照从定性到定量的转换，将概念转换为具体的信息、模型或方法，实现知识图与组件关联，支持业务化服务模式。

(5) 主题应用的部署和使用。基于综合调控平台将主题应用知识图进行加载和执行，形成业务应用系统，基于系统提供水资源调控业务化服务。

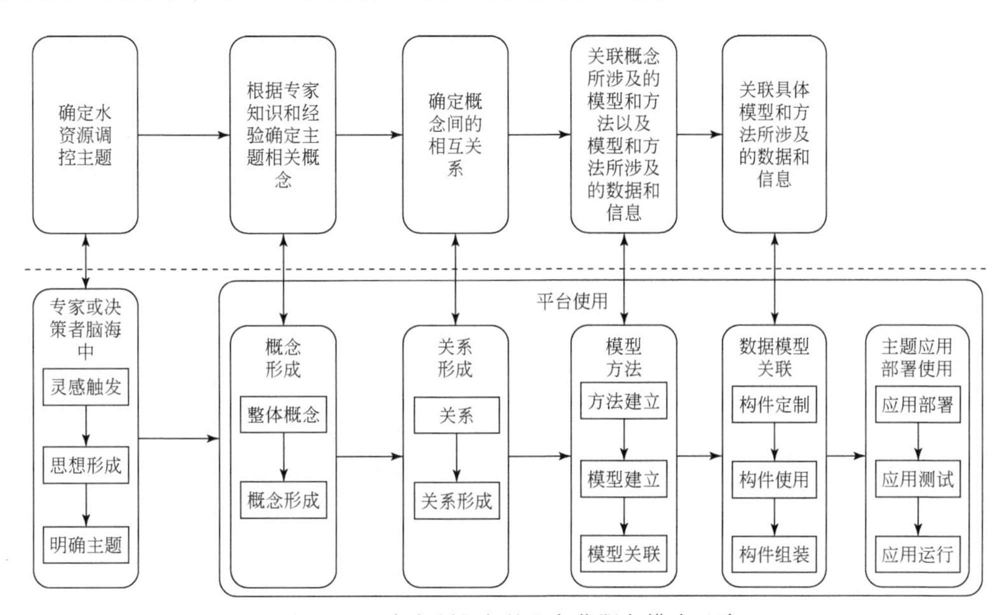

图 5-1　面向主题服务的业务化服务模式思路

5.1.2　业务化服务模式特点

改变传统按照功能应用的模式，在信息、计算、决策等方面由综合调控平台提供服务，通过主题、组件、知识图快速构建适应性好的业务应用系统。面向主题服务的业务化服务模式是基于主题、面向服务、基于组件、基于知识图、基于平台的可视化服务模式，可更好地提供水资源调控管理与决策服务。针对京津冀水资源安全保障具体问题，以事件为驱动确定水资源调控业务应用主题，面向主题，采用组件实现业务，通过 Web 服务发布业务，通过知识图组织应用，基于主题库、组件库、知识图库等业务内容库快速搭建水资源调控业务应用系统，提供信息服务、按需提供计算服务、按个性化组织应用，服务过程中，决策者按照主题，运用知识图进行研讨，通过在线评价辅助决策，快速解决水资源安全保障相关问题，并具有通用性、可操作性和有效性。

面向主题服务的业务化服务模式特点如下：

(1) 基于主题。基于主题是指业务化服务模式采用主题驱动，围绕水资源调控业务应用主题来组织主题信息和资源，提供信息服务、计算服务和决策服务。

（2）面向服务。面向服务是指业务化服务模式是基于 Web 服务的，信息的组织和应用采用面向服务的体系架构。

（3）基于组件。基于组件是指将水资源调控过程中的相关数据资源、模型方法等组件化，建立组件库，在综合调控平台上通过组件搭建的方式快速搭建业务应用系统。

（4）基于知识图。基于知识图是指通过知识图描述水资源调控相关主题、业务逻辑和应用流程，关联相关的数据、信息和知识，组织应用，形成主题应用知识图，基于综合调控平台绘制的每个知识图对应一个水资源调控主题应用系统。

（5）基于平台。基于平台是指业务化服务模式通过平台，采用知识图、组件来组织和搭建业务应用系统，将复杂问题流程化和简单化，通过积累将数据和信息知识化，多技术集成构建可供用户使用的业务应用系统。

综合上述五种应用方式可以看出，面向主题服务的业务化服务模式实现了将传统业务应用系统中有限的功能转变为动态过程中对应用主题的快速响应，通过组件实现水资源调控业务标准化。将传统应用系统从上至下整体功能开发的方式转变为分层、分块和分布式开发，通过组件搭建和基于平台的知识图绘制快速实现多信息技术的集成，基于大数据中心和综合调控平台实现水资源调控业务应用和管理决策的综合集成。通过对业务化服务模式的可视化集成应用，形成一个可供不同用户共同参与的管理与决策环境，通过统一的技术标准、支撑平台、技术要求，有效融合数据、信息、知识，将事件主题化，将主题业务化，构建主题、组件和知识图一体的业务内容库，快速搭建水资源调控业务应用系统，灵活提供应用服务，实现信息技术为管理与决策服务的目标。

5.2 京津冀水资源安全保障业务内容库

面向京津冀水资源安全保障具体问题确定调控主题，基于水资源调控平台搭建水资源调控业务应用系统，将数学模型、技术方法和业务流程等粒度化为组件、组件包、知识图，按照主题存放于内容库中，以提高复用率和快速服务为目的，采用组件技术实现定制过程中组件的复用，把组件、组件包、知识图作为支撑水资源调控业务化服务的重要内容，将业务内容库作为平台重要组成部分进行管理，随着业务内容库的不断丰富，快速提升综合调控平台的业务化服务能力。

5.2.1 京津冀水资源安全保障组件库

组件库是按照一定结构、遵循一定语义所形成的一个组件的集合，是组件生产者和组件复用者之间的桥梁，通过组件的选取和验证、组件的描述和分类、组件的入库和存储、组件的检索、组件库的管理和维护及组件库的安全访问管理对组件进行分类、检索和管理，其中，组件库管理包括组件库内部对组件的管理和组件库外部环境的部署，前者指对组件的存储、分类、检索和更新，后者指基于网络的组件库分布式部署、组件的发布与服务。结合京津冀水资源安全保障业务特点，水资源调控组件库管理采用基于 jUDDI 的管理和基于 Web 的组件库管理两种方式。

（1）基于 jUDDI 的组件库管理。基于 jUDDI 的组件库管理可提供各种水资源调控业务应用组件服务的注册和发布功能。不同地区、不同部门的水资源调控业务应用通过该中心注册和发布自己的组件服务。组件注册中心可创建多个节点，实现对分布式组件服务的注册和管理。图 5-2 为分布在四台服务器上的组件服务在组件服务注册中心的注册界面。

图 5-2　组件库注册界面

图 5-3 为注册的部分京津冀水资源调控业务应用服务的组件库管理界面。

图 5-3　组件库管理界面

（2）基于 Web 的组件库管理。基于 Web 的组件库管理为用户提供组件基础信息以及源代码管理的功能，用户可通过访问信息服务中心网站来实现组件基础信息的录入，查询组件的输入和输出关系，以及组件源代码的录入、下载等功能。图 5-4 为基于 Web 的组件包信息管理界面。图 5-5 为组件包中的组件信息管理界面。

图 5-4　基于 Web 的组件包信息管理界面

图 5-5　组件信息管理界面

5.2.2　京津冀水资源安全保障知识图库

水资源安全保障知识图库的管理包括：基于综合调控平台的知识图库管理和基于 Web 的知识图库管理两种方式。

（1）基于综合调控平台的知识图库管理。基于综合调控平台的知识图库是针对具体的水资源调控业务应用主题创建主题应用知识图，并将其打包成主题知识包存储在知识图库中。用户根据具体的水资源调控主题，可以方便地查找并使用相应主题知识图。水资源调控业务应用知识图库通过积累和完善，最终可以形成一个涵盖整个水资源安全保障应用的主题知识图库。图 5-6 是基于综合调控平台的知识图库管理。

图 5-6　基于综合调控平台的知识图库管理

（2）基于 Web 的知识图库管理。基于 Web 的知识图库是通过 Web 的形式来管理知识图，用户将打包好的主题知识包上传到知识图库中，用户登录信息服务中心后，根据具体的业务应用主题，快速找到并下载相关的主题知识图。图 5-7 是基于 Web 的知识图库管理。

图 5-7　基于 Web 的知识图库管理

5.3 京津冀水资源调控业务化服务

面向管理部门、业务人员和社会公众等不同用户需求，围绕京津冀水资源安全保障重要业务，从业务内容库里面选择相应业务内容，基于综合调控平台快速搭建水资源调控业务应用系统，提供水资源调控业务化服务。围绕业务主题来组织信息和资源，针对不同事件、不同主题、不同时间、不同地点和不同人员的经验，用知识图记录业务过程。基于水资源调控平台，围绕京津冀水资源安全保障关键业务主题开发可视化效果好、灵活搭建、适应性强的七大水资源调控业务化服务。

1）京津冀二元水循环集成及海绵小区调控服务

基于综合调控平台，采用可视化仿真和知识图技术，通过逻辑流程图、拓扑关系图对二元水循环进行可视化描述，以雄安新区为研究区域，建立二元水循环过程可视化的框架系统，提供二元水循环多情景调控服务。基于综合调控平台搭建典型海绵小区可视化模型及水量水质过程可视化模拟系统，开展海绵小区措施可视化调控服务。

2）京津冀水功能区纳污能力计算与考核服务

基于综合调控平台，采用信息化技术搭建京津冀水功能区动态纳污能力计算及考核管理系统，实现动态适应、过程可视的水功能区纳污能力计算分析、考核评价与管理服务，为最严格水资源管理提供决策支持，辅助水利行业加强监管。

3）京津冀河长制管理与考核评估业务化服务

基于综合调控平台设计基于问题导向和流程再造的河长制业务化服务流程，以在线监测体系为支撑，提出河长制管理过程在线评估体系，采用大数据、人工智能等信息处理技术构建了实时反馈、滚动修正的闭环河长制服务系统，提供河长制管理业务化服务。

4）京津冀水权交易与社会化节水业务化服务

基于综合调控平台，从系统总体结构、系统体系结构、系统功能结构三个方面来实现京津冀水权交易，基于平台实现水权确权登记、交易流转、合约管理的在线处理和动态管理，通过交易合约管理保障水权交易顺利进行。基于节水社会化服务网站，面向不同群体提供个性化节水知识服务。

5）京津冀水资源安全事件应急管理主题服务

针对京津冀水安全事件应急管理现状提出了“事前—事中—事后”的过程化管理模式，基于综合调控平台，融合多种信息技术搭建京津冀水安全事件综合应对服务，基于平台协调各有关职能人员有效开展应急工作，提高水安全应急管理水平。以干旱、内涝、水土流失和水污染四大水安全事件为例，基于综合调控平台提供水安全事件应急管理业务化服务。

6）京津冀地下水压采效果评价及生态补偿服务

基于综合调控平台开发地下水压采效果水位考核评估系统、地下水压采效果的过程化评价系统、地下水压采生态补偿机制系统，简化考核评估工作，提高考核评估工作效率，为河北省地下水超采治理工作和生态补偿机制的实现提供可视化服务和信息技术支撑。

7）京津冀水资源动态调配及用水综合管理服务

基于综合调控平台对非传统水资源利用工艺进行可视化，对水资源用水计划进行过程管理，对高耗水工业的节水工艺进行流程化描述，对灌区信息进行综合管理和水安全调控，从非传统水资源配置服务、用水计划动态管理、行业节水及高效用水管理、外调水资源调控、典型灌区高效用水管理五个方面实现对京津冀水资源高效利用及管理服务。

基于综合调控平台的京津冀水资源调控业务化服务案例如图 5-8 所示。

图 5-8　基于综合调控平台的京津冀水资源调控业务化服务案例

5.4　本章小结

针对京津冀水资源安全保障具体问题，按照“问题—主题—业务—组件”开发流程，创建面向京津冀水资源安全保障主题的业务化服务模式。采用组件化软件开发技术将数据资源、数学模型、技术方法、业务应用等按照 Web 服务开发标准构建京津冀水资源安全保障和水资源调控业务应用主题库、组件库和主题应用知识图库，共同形成水资源调控业务内容库。基于云服务、数据中心、综合调控平台和业务内容库为京津冀水资源安全保障提供管理与决策业务化服务。

第6章 京津冀二元水循环集成及海绵小区调控服务

随着人类经济社会的发展，人类活动对水循环的影响日益加剧，水循环的驱动模式从自然驱动力演变为自然-社会二元驱动，二元水循环从自然和社会二元驱动角度来研究水循环与水资源的演变过程（王浩等，2014；王浩和贾仰文，2016）。基于二元水循环理论和海绵城市建设需求，本章首先对二元水循环框架进行可视化描述，在此基础上开展二元水循环的集成与调控服务，对二元水循环系统各环节进行可视化表达，利用知识集成相关信息，根据各环节需要描述的结构化和非结构化信息，选择合适的可视化描述方法，将其融入可视化描述知识图中，通过知识图的嵌套实现二元水循环框架的可视化呈现。基于综合调控平台对海绵小区措施进行可视化描述，分析并建立了隶属关系明晰的可视化逻辑关系图和业务关系图，提供海绵小区措施调控可视化业务。基于可视化平台对知识图中的各个节点添加相关组件，建立海绵小区措施可视化调控业务应用系统，提供海绵小区措施可视化调控的业务化服务。

6.1 二元水循环可视化描述

二元水循环框架描述了在自然水循环和社会水循环影响下两种循环相互作用的水量循环过程（秦大庸等，2014）。其中，自然水循环包括大气过程、地表过程、土壤过程、地下过程，社会水循环包括供水过程、用水过程、排水过程、再生水利用过程。具体划分：大气过程包括降水、蒸发等，地表过程包括产流、调蓄、汇流等，土壤过程包括下渗、调蓄、上输等，地下过程包括调蓄、补给等；供水过程包括取水、制水、输水等，用水过程包括配水、用水、循环等，排水过程包括排放、收集、处理等，再生水利用过程包括中水收集、再生、输水等。

二元水循环过程中各环节都有其具体的内容。例如，降雨包括区域内各雨量站的降雨信息、面雨量的计算、上一时段雨量信息等。蒸发、产流、汇流、下渗、上输、补给等都有其计算的方法和流程，供水过程包括地表水、地下水、非传统水、外调水各类水源的取水信息以及输送到各用水户的输水信息，用水过程包括配水信息，生活、工业、农业、生态各类用户的用水信息和循环用水信息，排水过程包括各类用户的排放水、污水处理厂收集和处理水的信息、污水处理厂的处理工艺等信息，再生水利用过程包括从各污水处理厂收集的中水信息，以及对中水进行再生输送到各用水户的信息。

二元水循环是一个涉及自然、社会的庞大且复杂的水循环过程，具有复杂的层次关系，仅依靠二元水循环框架很难指导实际应用（Sivapalan et al., 2012；Viglione et al.,

2014)。因此，需要借助现代信息技术对二元水循环进行可视化描述，指导水资源调控。二元水循环框架如图 6-1 所示。

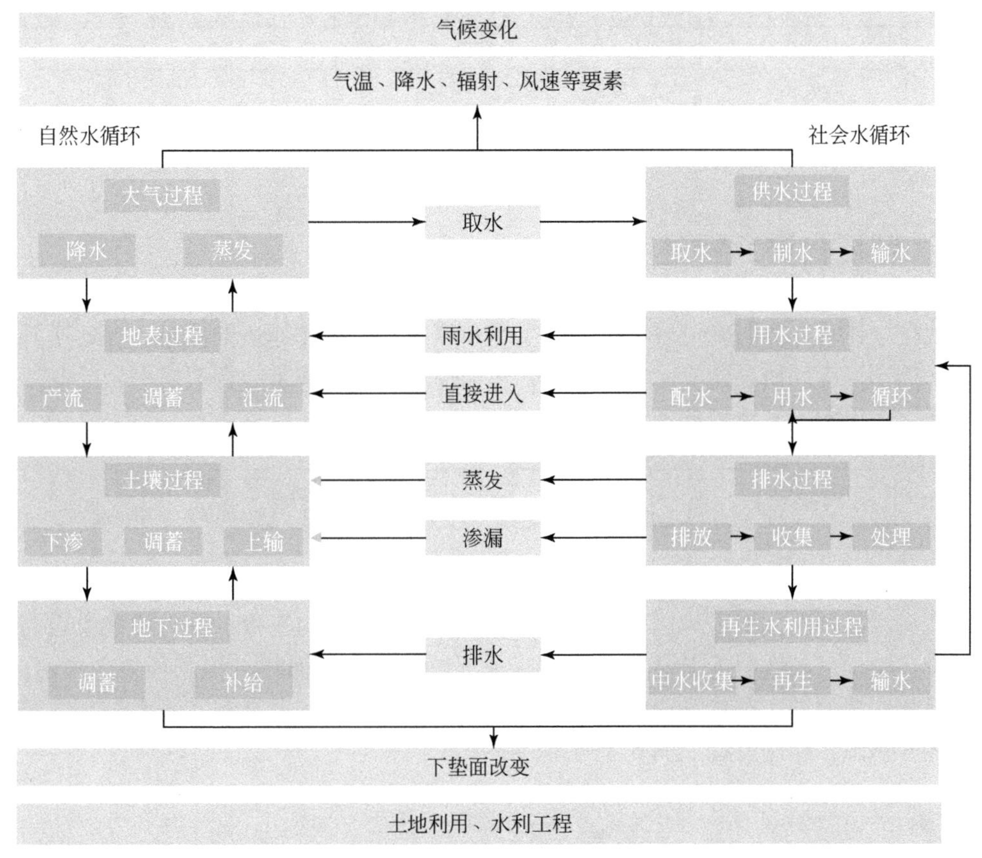

图 6-1　二元水循环框架

6.1.1　可视化方法描述

二元水循环框架的可视化描述方法有逻辑流程图和拓扑关系图。逻辑流程图是将思路流程或模型计算过程用逻辑关系流程图表示的方法。在二元水循环框架的可视化描述中，可以将计算模型抽象为逻辑流程图的形式，明确计算过程中的参数、关键节点和最终结果，按照逻辑关系将其进行连接，实现水循环过程的可视化描述（惠泱河等，2001）。拓扑关系图是指图形元素采用数字化的点、线、面组合相连来描述满足拓扑几何学原理的各空间数据间的相互关系。在二元水循环具体环节细节描述中，可以用节点、图标、文字标注来描述水源、水利设施、用户，用线来表现其相互之间的逻辑关系，实现可视化描述。二元水循环拓扑关系图概化元素含义如表 6-1 所示。

表 6-1　二元水循环拓扑关系图概化元素含义

元素类型	代表含义	包含内容
点	水源节点	地表水库水源、地下水井水源、再生水水源、调水工程、引水工程等
点	用户节点	工业用水户、农业用水户、生活用水户、生态用水户
线	供水系统	渠道、管网、隧洞等
线	退水、排水系统	退水、排水管网，渠道，隧洞等

6. 1. 2　可视化流程描述

可视化描述首先要明确可视化描述的主题和该主题下需要描述的信息，在此基础上根据二元水循环过程和信息的实际情况选择合适的描述方法，基于综合调控平台绘制二元水循环可视化知识图，其流程如图 6-2 所示。

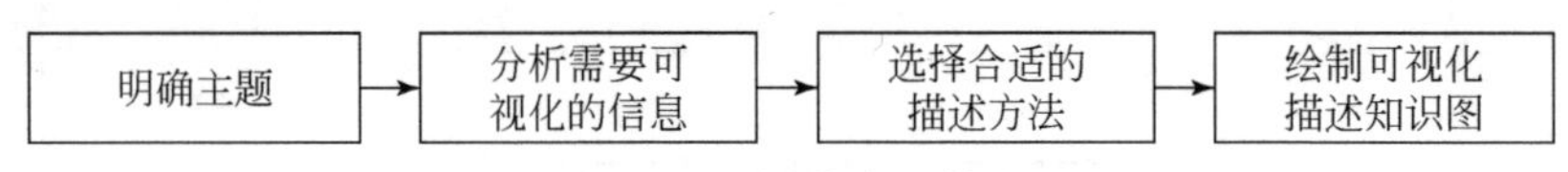

图 6-2　可视化流程描述

以二元水循环总体架构为例说明可视化描述知识图建立的流程。首先明确主题为二元水循环总体架构，其次明确自然水循环过程及环节、社会水循环过程及环节之间的关系，选择逻辑流程图的方法对其进行可视化描述，在综合调控平台上绘制二元水循环框架的可视化描述知识图，绘制流程如图 6-3 所示。

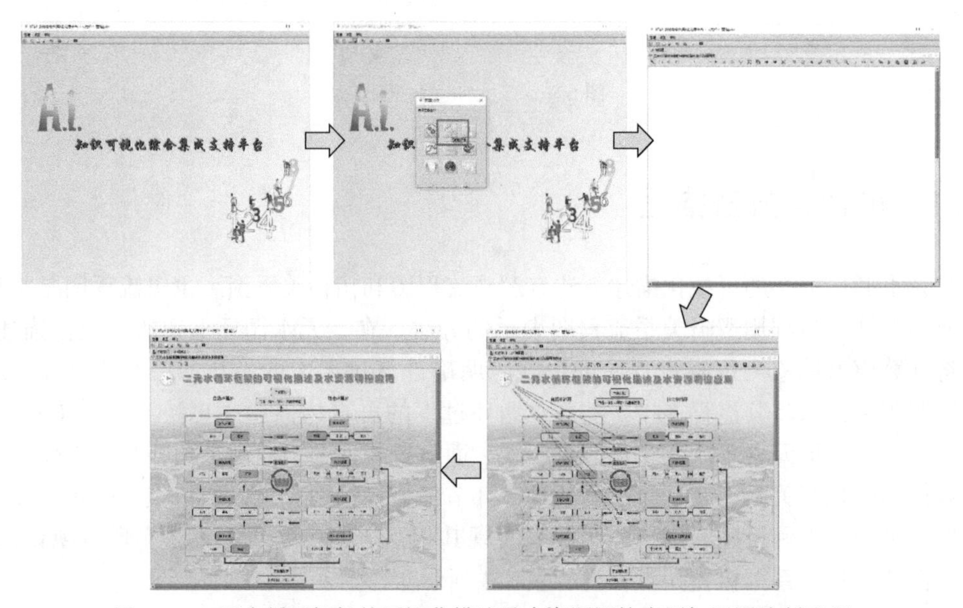

图 6-3　二元水循环框架的可视化描述及水资源调控应用知识图绘制流程

6.1.3 可视化系统描述

基于二元水循环框架，以二元水循环系统各环节为处理单元，对具体环节上的问题进行处理。首先分析具体环节的问题以及需要描述的信息，根据各环节具体问题个性化定制信息，选择相应的描述方法，对具体环节的信息进行可视化描述，为决策者提供可供选择的模型和方法（于梦雨，2018）。根据二元水循环系统内部及过程之间的层次逻辑关系将具体环节上的可视化知识图嵌套，实现二元水循环业务应用系统，如图 6-4 所示。

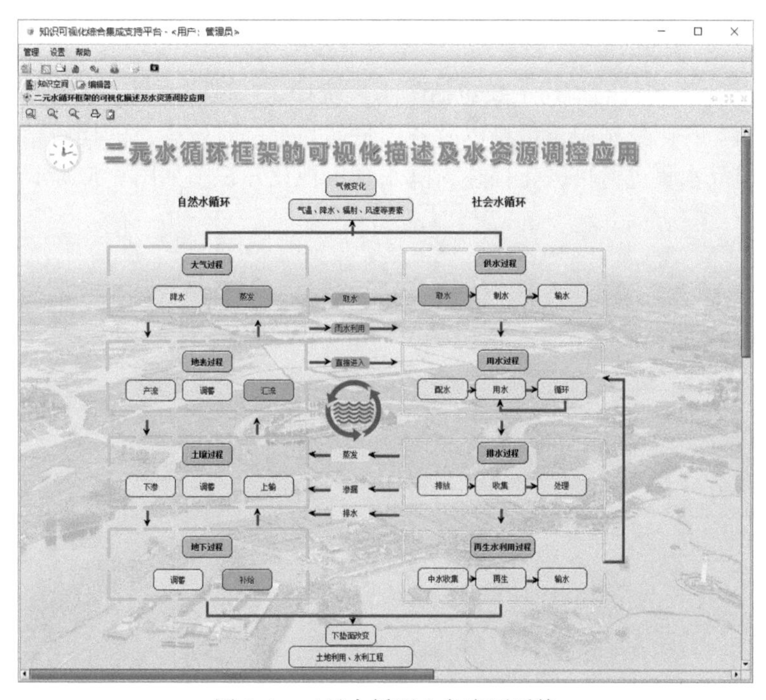

图 6-4　二元水循环业务应用系统

在二元水循环框架的可视化知识图中，左边部分为自然水循环过程，右边部分为社会水循环过程。在自然水循环过程或社会水循环过程的具体环节的节点上，可以添加该环节内容的知识图。在自然水循环与社会水循环的交叉循环的某个环节上，可以添加该环节的信息。中间的圆形图标为水资源调控应用节点，可以添加水资源调控应用知识图。

1. 自然水循环

自然水循环是水资源形成、演化的客观基础。自然水循环是指在太阳辐射和地心引力等的作用下，水分在垂直方向和水平方向上连续地交替、运移、转化，同时伴随着水分在固、液、气三态间的相互转化过程。自然水循环是一个嵌套循环，全球尺度上的大水文循环系统包括诸多的小尺度循环。例如，全球水循环可进一步划分为海洋水循环和陆地水循环，陆地水循环内部又包括各区域的水循环。本章的自然水循环主要研究陆面区域尺度的水循环。

自然水循环系统按照其水分赋存介质和环境的不同可分为四个子系统，包括大气子循环系统、地表子循环系统、土壤子循环系统和地下子循环系统。自然水循环系统的四个子系统内部过程也可分为大气、地面、土壤和地下四大基本过程，在这四大基本过程中，自然界的水通过不同的通量在各个过程中交互，主要包括：降水（空气中的水汽冷凝并降落到地表）、蒸发（水分从水面或土壤表面进入大气）、产流（降水量扣除损失形成净雨）、汇流（产流水量在某一范围内的集中过程）、下渗（土壤表面水在分子力、毛管力和重力作用下进入土壤孔隙，被土壤吸收）、上输（土壤水通过蒸发进入大气中）、补给（地下水含水层从外界获得水量的过程）。大气过程主要有降水、蒸发两个环节。

（1）降水量。降水量的描述主要包括降水量统计、区域降水量、多年平均降水量、区域各雨量站分布、各雨量站雨量信息以及各雨量站与上一时段雨量的比较信息。采用拓扑关系图的方法对降水量进行可视化描述，降水量可视化知识图如图6-5所示。

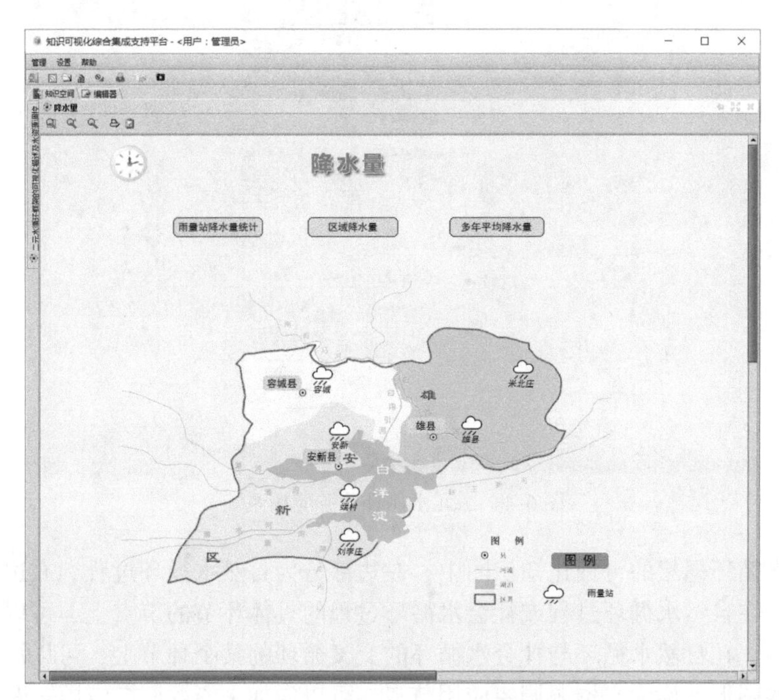

图6-5　降水量可视化知识图

降水量可视化知识图分为上下两部分。上部为雨量站降水量统计、区域降水量、多年平均降水量三个节点。下部以研究区域的概化图为基础，根据各雨量站的位置将雨量站的图标添加到知识图上，可以在相应的雨量站上添加与该雨量站相关的信息。

（2）蒸发量。蒸发量的可视化描述主要包括在一层、二层、三层蒸发模式下计算蒸发量过程的描述，根据一层、二层、三层蒸发模式的计算逻辑，将计算过程中需要用到的参数、中间结果以及最终计算结果用节点的形式描述，并用有向箭头连接。采用逻辑流程图的方法对蒸发量进行可视化描述，蒸发量可视化知识图如图 6-6 所示。

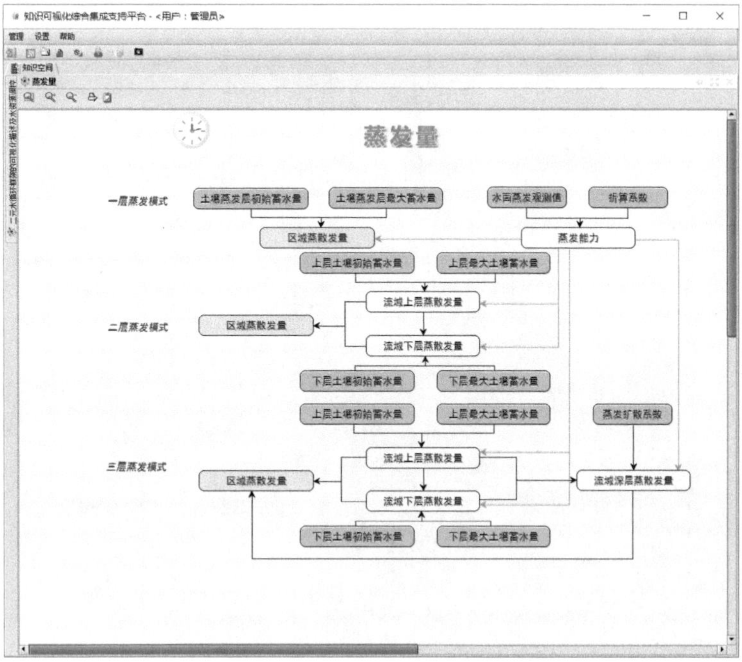

图 6-6　蒸发量可视化知识图

自然水循环的地表过程主要有产流、汇流两个环节。

(1) 产流计算过程。产流的可视化描述主要包括蓄满产流模型的蓄水容量曲线法、超渗产流模型的下渗曲线法和初损后损法计算产流量过程的描述。每个模型从信息输入，到参数调整，再到最终的计算结果输出，全过程进行可视化描述，每个节点下都有计算数据传输，鼠标单击不同节点，代表不同阶段的计算数据。产流计算过程可视化知识图如图 6-7 所示。

(2) 汇流计算过程。汇流计算的可视化主要描述马斯京根法计算汇流过程，包括初始的上下游断面的流量数据输入，到最小二乘法推求流量过程，再到最终的汇流计算环节，采用逻辑流程图的方法对汇流计算过程进行描述。汇流计算过程可视化知识图如图 6-8 所示。

自然水循环的土壤过程主要有下渗、上输两个环节，地下过程主要为地下水补给环节。

下渗的可视化描述主要包括下渗曲线经验公式（Kostiakov 公式、Horton 公式、Holtan 公式、Smith 公式）的描述。上输的可视化描述主要包括阿维扬诺夫公式计算潜层蒸发量的描述。补给的可视化描述主要为 GMS 地下水数值模型中参数和各补给项、排泄项、均衡性分析的描述。采用逻辑流程图的方法对其进行可视化描述。

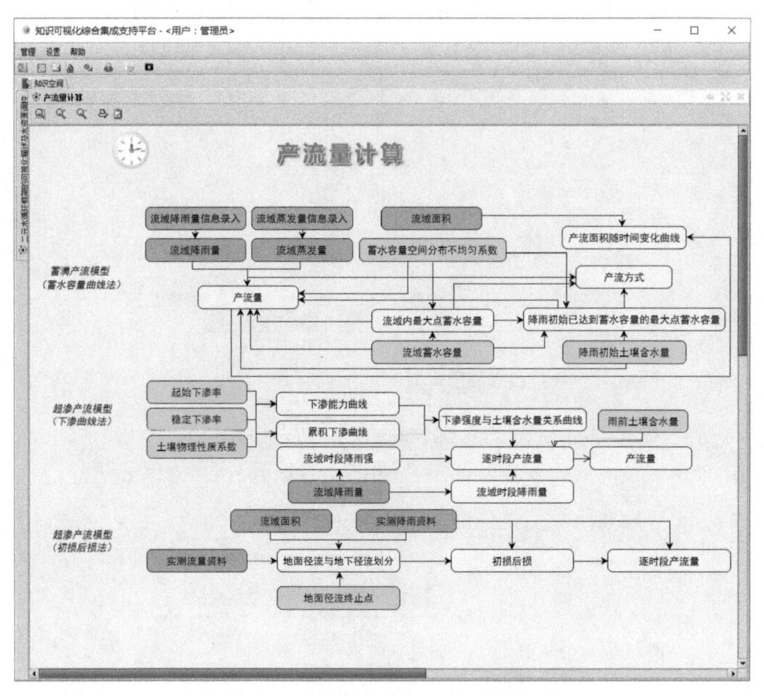

图 6-7　产流计算过程可视化知识图

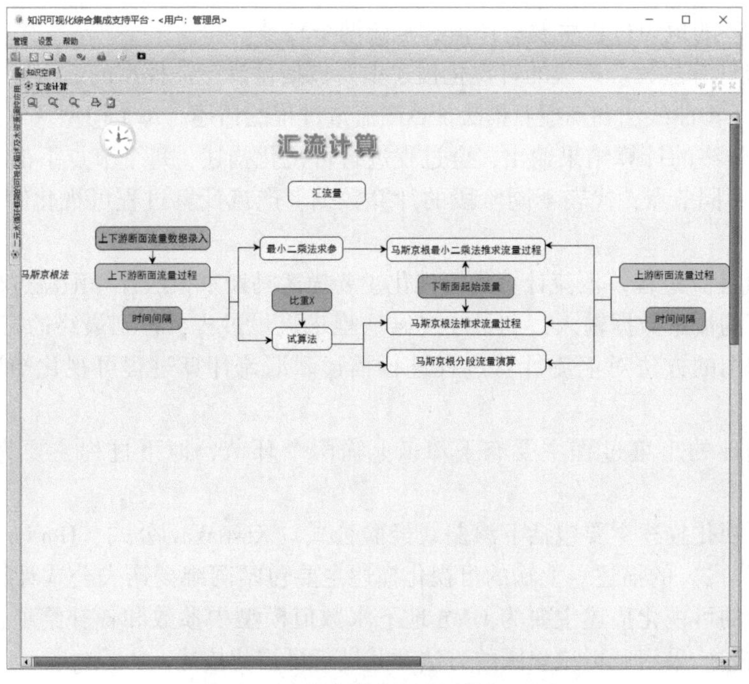

图 6-8　汇流计算过程可视化知识图

2. 社会水循环

社会水循环指在人类发展进程中，人类活动明显改变了自然状态下的水循环过程，在自然水循环内形成了由取水、制水、输水、用水、耗水、排水、再生水利用等基本环节组成的社会循环过程，并使得自然环境中的地表和地下径流量逐步减少（陈家琦等，2002）。随着人类经济社会的发展及城市化的聚集，近百年来，社会水循环形成了“供水过程—用水过程—排水过程—再生水利用过程”的水循环过程。

（1）供水过程。供水过程主要包括取水、制水、输水三个环节。供水过程的可视化描述主要包括地表水库、地下水井、非传统用水、外调水取水量和制水量的描述以及输送到各用水户的输水量的描述，采用拓扑关系图的方法，供水过程可视化知识图如图 6-9 所示。

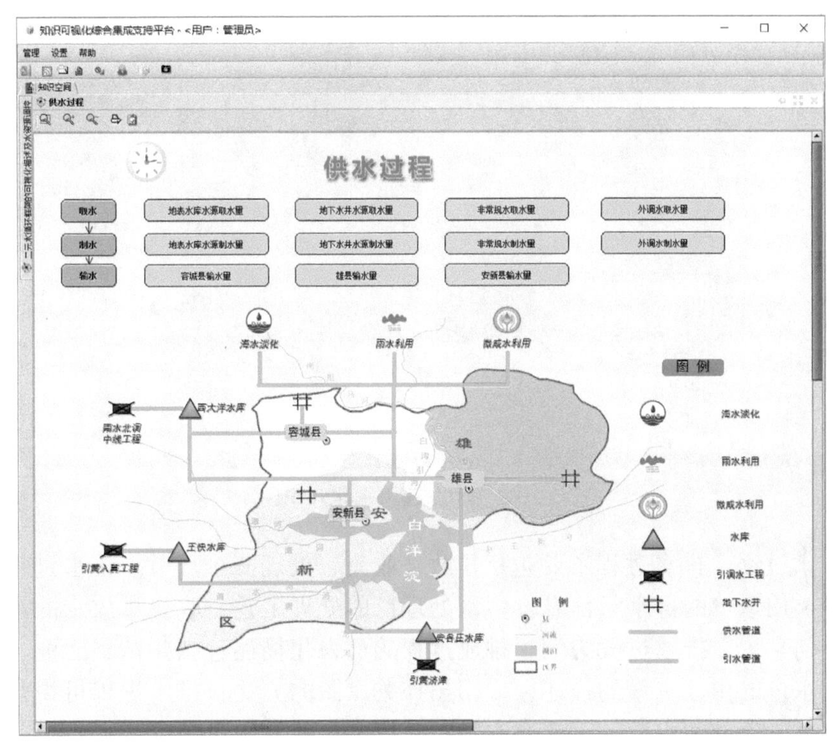

图 6-9　供水过程可视化知识图

供水过程可视化知识图分为上下两部分。上部为地表水库水源取水量、地下水井水源取水量、非传统水取水量、外调水取水量和制水量信息节点以及输送到各用水户的输水量信息节点。下部以研究区域的概化图为基础，采用数字水网的方式将区域内具体各类水源的图标添加到知识图上，并用管道连接到用水户，可以直观了解水源与用户之间的关系，在具体某水源上可以添加水源可供水量信息，在用水户上可以添加用户需水量信息。

（2）用水过程。用水过程主要包括配水、用水、循环用水三个环节，可视化描述包括水资源配置和各类用水户的用水及循环用水信息。以配水过程为例，采用拓扑关系图的方法对配水过程进行可视化描述，包括地表水、地下水、非传统水、外调水等各类水源的可供水量、生活、工业、农业、生态等多类用户的需水量以及供需平衡分析的描述。用水过程可视化知识图如图 6-10 所示。

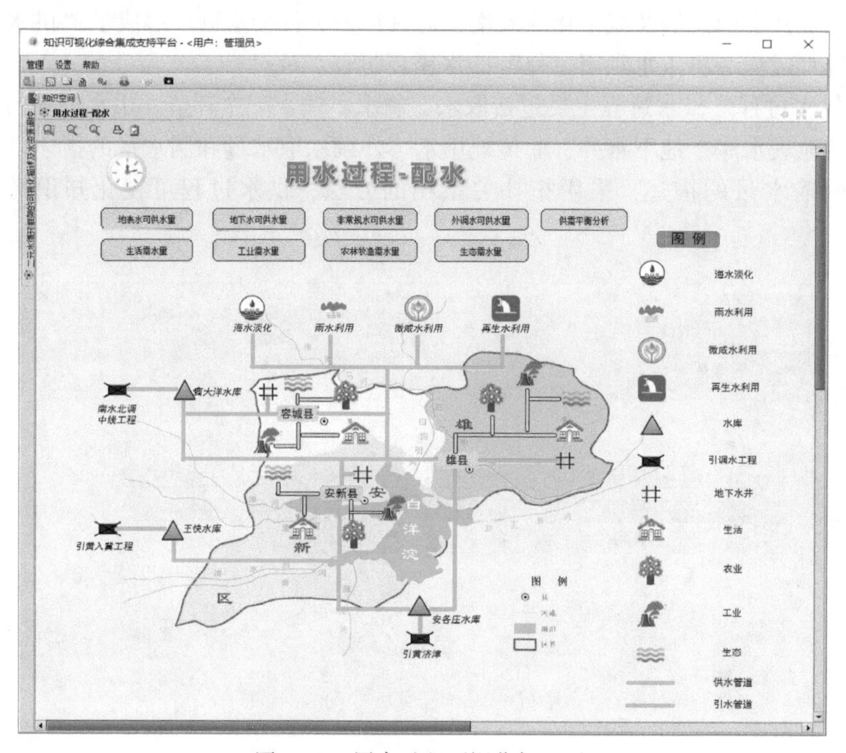

图 6-10　用水过程可视化知识图

（3）排水过程。排水过程主要包括排放、收集、处理三个环节。排水过程的可视化描述包括各类用水户的排水量信息、污水处理厂的处理工艺、收集排放水的水量以及处理后的水量信息。以排放过程为例，排放过程的可视化描述包括生活、工业、农业、生态等各类用水户的排放水量的描述，采用拓扑关系图的方法，排水过程可视化知识图分为上下两部分。上部为生活、工业、农林牧渔用水户的排水量信息节点。下部以研究区域的概化图为基础，采用数字水网的方式将区域内具体的各类用水户的图标添加到知识图上，某用水户节点可以添加该用水户的排水量信息。排水过程可视化知识图如图 6-11 所示。

（4）再生水利用过程。再生水利用过程主要包括中水收集、再生、输水三个环节。再生水利用过程的可视化描述主要包括：污水处理厂收集的中水量、再生水量、向用户输送的输水量的描述，采用拓扑关系图的方法对其进行可视化描述。再生水利用过程可视化知识图如图 6-12 所示。

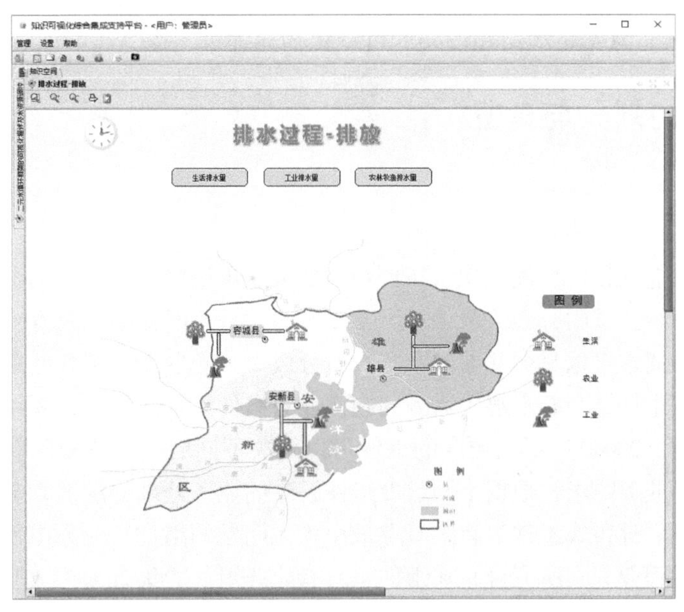

图 6-11　排水过程可视化知识图

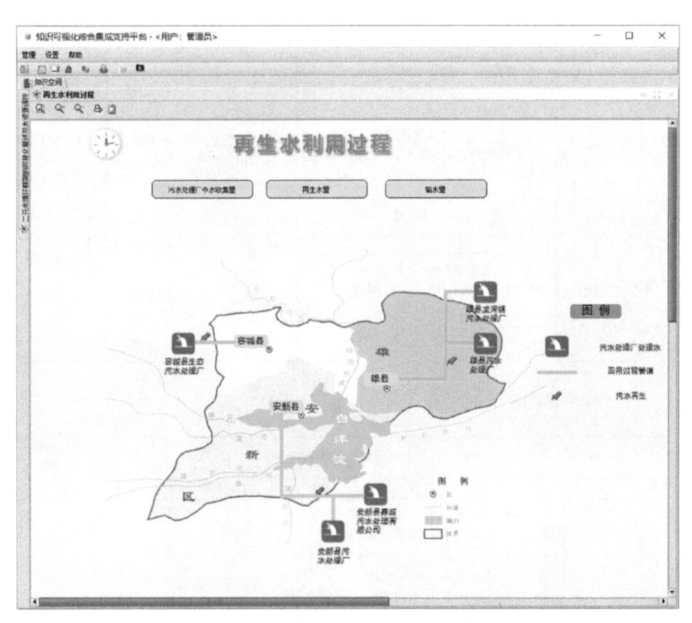

图 6-12　再生水利用过程可视化知识图

6.2　二元水循环组件化开发

二元水循环框架的可视化描述中每一个节点即为业务处理的最小单元，分析二元水循环各环节知识图中需要的模型和方法信息，对问题的处理方法组件化，形成一个个通用组件，然后建立组件库，将组件定制、添加到相应的组件处理业务节点上，实现对所有业务处理的内容组件化，为二元水循环框架的可视化描述提供支撑。

6.2.1 组件的划分与建立

1. 组件划分

组件的核心概念为组件粒度层次。按照粒度的大小可以将组件划分为分布式组件、业务组件和业务组件系统，其中分布式组件可以独立运行，是粒度最小的组件；业务组件主要解决各种业务问题，通常根据具体业务问题，将其分成一个或多个分布式问题，然后将解决分布式问题的分布式组件结合起来解决业务问题；业务组件系统由解决该系统问题的各业务组件组成（龚健雅等，2004）。不同粒度的组件可以解决不同层次的业务问题。组件划分按照二元水循环框架的业务需求，根据不同粒度组件解决的业务处理的层次划分基于可视化框架对业务处理的内容。分布式组件为解决节点最小单元问题的组件，业务组件为解决具体环节上的业务或具体过程业务的所有分布式组件，所有业务组件的集合为构成基于可视化框架对业务处理的内容组件化的业务组件系统。二元水循环组件划分如图 6-13 所示。

自然水循环组件库

大气过程		地表过程		土壤过程		地下过程	
降水	雨量站基本信息组件 雨量站降水量统计组件 区域降水水量组件 多年平均降雨量组件 降雨量比较组件	产流	部分最大点蓄水容量组件 产流方式组件 产流面积随时间的变化组件 蓄满产流量组件 下渗强度与土壤含水量组件 逐时段产流量（下渗曲线法）组件 超渗产流量（下渗曲线法）组件 初损后损组件 各时段产流量(地面净雨)组件	下渗	Kostiakov公式下渗量组件 Horton公式下渗量组件 Holtan公式下渗量组件 Smith公式下渗量组件	补给	大气降水入渗补给量组件 山前侧向补给量组件 灌溉入渗补给量组件 河流侧渗补给量组件 潜水蒸发组件 人工开采组件 均衡项分析组件
蒸发	蒸发能力组件 区域一层模式蒸散发量组件 流域上层蒸发量组件 流域下层蒸发量组件 区域二层模式蒸散发量组件 流域深层蒸发量 区域三层模式蒸散发量	汇流	最小二乘法求马斯京根参数组件 最小二乘法流量演算组件 试算法组件 分段流量演算组件	上输	阿维扬诺夫公式上输量组件		

自然-社会	社会-自然
取水量组件 雨水利用组件 直接进入组件	蒸发量组件 渗漏量组件 排水量组件

社会水循环组件库

供水过程		用水过程		排水过程		再生水利用过程
取水、制水、输水	地表水库水源取水量组件 地下水井水源取水量组件 引水工程水源取水量组件 非常规水源取水量组件 行政区输水量组件 地表水库水源输水量组件 地下水井水源输水量组件 引水工程水源输水量组件 非常规水源输水量组件 地表水库水源供水量组件 地下水井水源供水量组件 引水工程水源供水量组件 非常规水源供水量组件	配水	地表水库水源可供水量组件 地下水井水源可供水量组件 引水工程水源可供水量组件 非常规水源可供水量组件 工业用水户需水量组件 农业用水户需水量组件 生活用水户需水量组件 生态用水户需水量组件 再生水利用水量组件 水量平衡计算组件	排放	工业排水量组件 农业排水量组件 生活排水量组件	污水处理厂中水收集量组件 行政区再生水量组件 行政区输水量组件
		（循环）用水	工业用水户用水量组件 农业用水户用水量组件 生活用水户用水量组件 生态用水户用水量组件 工业用水户循环用水量组件 农业用水户循环用水量组件 生活用水户循环用水量组件 生态用水户循环用水量组件	收集、处理	污水处理厂收集水量组件 污水处理厂处理水量组件	

图 6-13　二元水循环组件划分

2. 组件库的建立

当组件开发、划分完成后，运用 Eclipse 平台下的 Axis2 Service Archiver 插件将开发好的组件打包成后缀名为 . aar 的文件并对其进行封装。组件封装是对组件进行标准化处理，具有独立功能的组件遵循一个组件仅有数据输入和结果输出两个接口的原则，将 Java 程序代码打包为一个组件包文件。然后在 Axis 的管理页面上传打包好的 . aar 文件，最后注册并发布到 jUDDI 中心形成用于二元水循环框架的可视化描述的 Web 服务，建立二元水循环框架的可视化描述组件库。

在上述建立的组件库中可以方便地查询到二元水循环系统所需的所有组件，提供业务应用服务时，可以根据组件划分找到与服务相应的组件，快速地从组件库中找到符合功能需求的组件并定制在业务服务中。例如，需要对雨量站降水量进行统计时，可以在组件库中找到雨量站降水量统计组件来解决；需要解决自然水循环业务问题时，可以在组件库中找到与自然水循环相关的降水、蒸发、产流、汇流等业务组件，将这些业务组件按照循环过程的逻辑关系图，分别添加在不同节点处，组合应用解决自然水循环的业务问题，最终可以将所有的业务组件组合起来提供二元水循环可视化业务服务。

6.2.2 组件的定制与添加

建立组件库后，可在综合集成平台上打开可视化描述知识图，根据业务需求在组件库中选择对应的组件进行定制，定制完成的组件以 . info 的文件类型保存，然后将其添加到知识图对应的节点上。在定制、添加组件后，可在可视化环境的每个节点查阅具体的信息。组件的定制与添加流程如图 6-14 所示。

6.3 二元水循环多情景调控服务

水资源调控是以区域水循环系统为中心，对区域水循环系统中的降雨、径流、调蓄进行合理的调节和控制，其基本思想是从区域系统出发，以调控国民经济用水、生态用水关系为基础，对区域中一系列可调控的因子进行优化和调控，使区域水资源在时间、空间上实现水量过程与用水过程的匹配，达到在满足区域生态环境要求的前提下，区域社会经济、水资源供给和总量时空分配相协调（王浩等，2006）。二元水循环理论涉及自然、社会庞大系统，自然水循环系统中的降水、径流等的时空分布变化有一定的随机性，而社会水循环系统随着社会经济的发展，从自然水循环中的取水量、经济社会发展需要的水源的可供水量、水源的个数、用户的需水量、用户的个数以及排水、再生水利用等都是动态变化的。自然水循环系统一般是不可控的，但是对水资源进行调控的过程会对自然系统产生影响，这就需要对社会水循环系统的环节进行调控，以适应动态水资源调控实际情况的变化。常规的调控方案很难将与水资源调控相关的众多用水部门的用水特性及其关系反映完整，并且很难适应天然来水、水源、用户等环境变化情况。虽然随着系统工程的发展，水

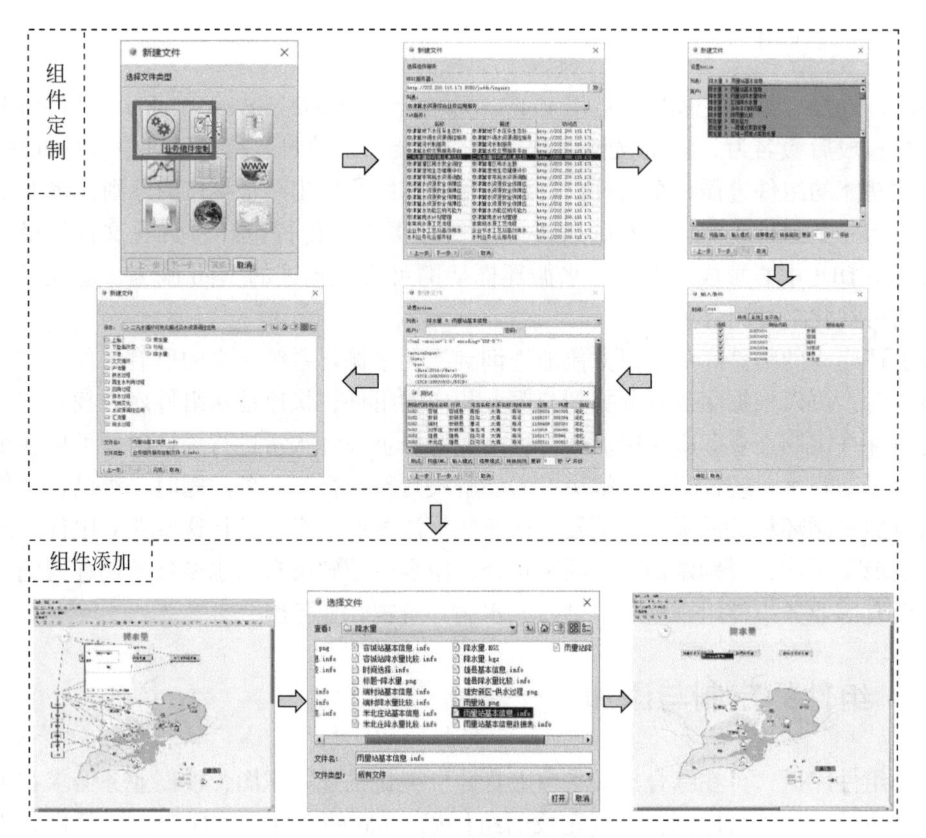

图 6-14　组件的定制与添加流程

资源调控采用构建多层次、多目标的模型进行调控，但是依靠模型进行水资源调控的结果很难让人信服，无法协调各用水部门之间的矛盾（Cohon and Marks，1975）。

本章介绍的二元水循环集成与调控，是在二元水循环过程可视化的基础上，在二元水循环过程中对与水资源配置环节相关的过程进行调控，能够在水资源配置的可视化描述知识图上提供水资源调控应用。以水资源配置为例，在可视化描述知识图上通过“人机互动”表达水资源调控的动态情景，根据具体情景对水资源调控结果的影响对其进行动态调整，实现对水资源的动态适应性调控。水资源动态调控方式如图 6-15 所示。

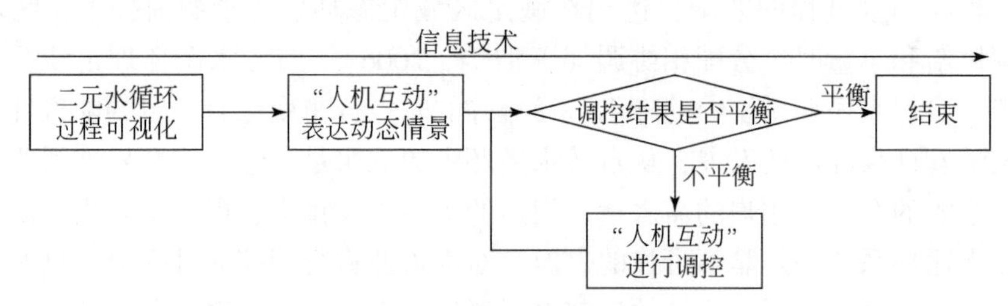

图 6-15　水资源动态调控方式

6.3.1 动态调控情景设计

根据水资源调控动态变化的影响因素在实际中发生的重复情况设计动态水资源调控情景，包括常规情景和非常规情景。

1. 常规情景

常规情景是指在水资源调控中经常发生的情况。常规情景的水资源调控分为时间尺度和空间尺度的调控。时间尺度的情景为可以将计算水资源调控时间选择为年份或者月份。空间尺度的情景包括：需水增加，有无可供水量；可供水量减少，用水计划需要调整；用水户增加，有无可供水量；水源减少，有无可供水量四种情景。

1）时间尺度

由于水资源存在年内和年际变化特征，具有一定的随机性，水资源调控不仅需要年尺度的调控，也需要月尺度的调控。在数据允许的情况下，可以实现日尺度的水资源调控。通过年、月、日不同时间尺度嵌套实现水资源动态调控。

2）空间尺度

（1）需水增加，有无可供水量。由于人类生活水平不断提高，经济社会不断发展，用水户对水资源的需求不断增加。当在水资源调控中出现某一用水户需水量增加时，通过分析增加该用水户的需水量之后对水资源供需平衡的影响，确定是否还有可以为该用水户提供供水的可供水量。通过水资源调控，确定是否以及如何为增加的需水量提供供水，实现需水增加情景下水资源动态调控。

（2）可供水量减少，用水计划需要调整。受天然来水不同年的变化以及年内时空变化影响，各水源的可供水量是动态变化的。当某水源的可供水量减少时，分析该情景对水资源供需平衡的影响，若水资源供需不平衡，则需要调整用水计划，通过水资源调控规制约束水资源调控过程，适当压缩保证率较低的用户的用水量，实现该情景下的水资源动态调控。

（3）用水户增加，有无可供水量。在经济发展过程中，难免会出现工业、农业用水户增加的情况。在水资源调控中，若出现用水户增加的情景，可以将该用水户的需水量添加到用水户需水中，分析增加该用水户后水资源是否供需平衡，还有无可供水量为该用水户提供供水。通过水资源调控规制约束，确定如何为该用水户供水，实现该情景下水资源动态调控。

（4）水源减少，有无可供水量。在水资源调控中可能会出现地表水库水源、地下水井水源蓄水量不足、水源减少等情况，不能够提供供水。在某水源减少的情况下，在可供水量中去除掉这一水源的供水，分析水源减少的情景下水资源供需平衡是否平衡，是否还有水源有可供水量以满足各类用水户的用水需水。通过水资源调控规制，确定是否需要通过压缩用水保证率较低用水户的用水量，满足水资源供需平衡，实现水源减少情景下的水资源动态调控。

2. 非常规情景

非常规情景是指在采用常规方式难以处理应对的突发性事件发生时的情景。突发事件是指发生没有前兆，具有明显的复杂性、破坏性严重等特征的事件（韩智勇等，2009）。

针对突发事件，在水资源调控中采用非常规情景调控方式。在非常规情景下，如果该突发事件有对应的应急预案，则需要启动对应的应急响应，根据事件实际情况采取相应的应急响应对策对水资源进行调控；若该突发事件没有应急预案，则需要相关部门进行会商，做出应急应对的决策，发生此类非常规突发事件后，可将此类事件列入非常规情景中，以后若再发生，则可按照该情景进行调控。

6.3.2 动态调控应用实例

以常规调控情景下不同动态变化因素水资源调控为例实现动态水资源调控。由于常规情景中需水增加与可供水量减少的情景、用水户增加与水源减少在平台上的调控过程类似，本书以时间尺度，需水增加，有无可供水量和用水户增加，有无可供水量三个情景为例提供动态水资源调控应用实例。以雄安新区为研究区域，在组件库查找与水资源配置相关的组件绘制知识图，为动态水资源调控提供决策支持服务。雄安新区水资源调控可视化知识图如图 6-16 所示。

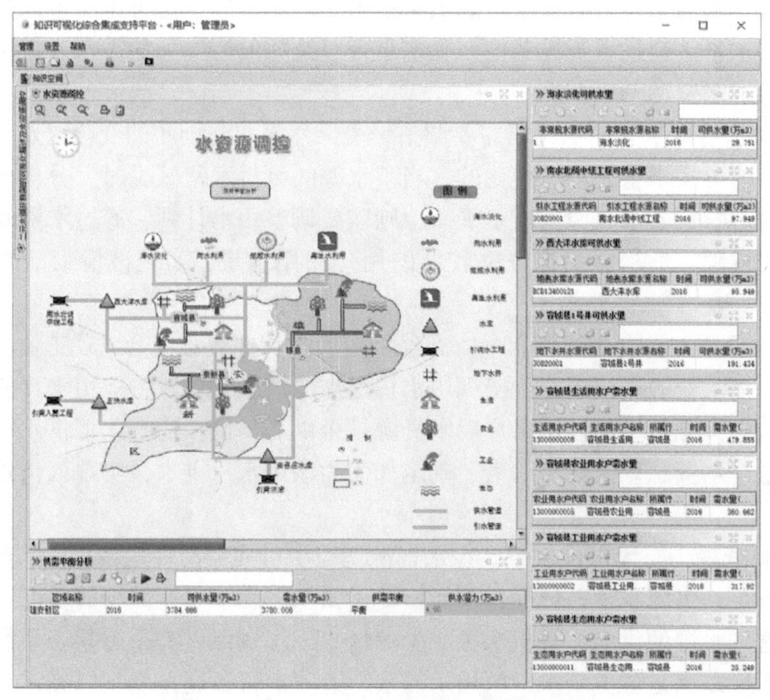

图 6-16　雄安新区水资源调控可视化知识图

情景一：时间尺度。

时间尺度情景下的水资源调控可以选择计算的时间尺度为年份或月份，在水资源调控的知识图上单击时间选择按钮，弹出时间设置窗口，设置计算时间并单击确定后系统自动进行供需平衡分析，供需平衡计算的结果随之改变。不同时间尺度下雄安新区水资源动态调控过程如图 6-17 所示。

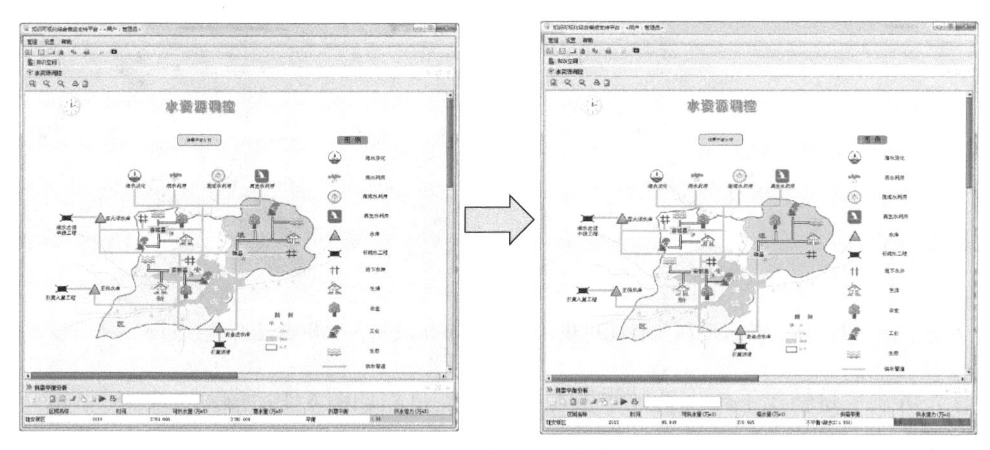

图 6-17　不同时间尺度下雄安新区水资源动态调控过程

情景二：需水增加，有无可供水量。

随着经济发展，当出现某一用水户的需水量增加时，需水增加，有无可供水量情景就会发生。假设雄县工业用水户的需水量增加，在水资源调控的知识图中单击雄县工业用水户图标，选择雄县工业用水户，在弹出的雄县工业用水户调整界面手动调整雄县工业用水户的需水量，单击确定后系统自动进行供需平衡分析，供需平衡计算的结果随之改变。若在调整雄县工业用水户的需水量后，水资源供需平衡计算不平衡，可以选择为雄县工业用水户供水的水源，用同样的方法调整供给水源的可供水量，直到水资源重新达到供需平衡为止。需水增加，有无可供水量情景下雄安新区水资源动态调控过程如图 6-18 所示。

情景三：用水户增加，有无可供水量。

当研究区域在经济发展中出现一个新增的用水户时，用水户增加，有无可供水量情景就会发生，此时需要在水资源调控知识图编辑状态下进行调控。假设容城县增加一个工业用水户，打开水资源调控知识图的编辑状态，在编辑状态下复制添加一个工业用水户的图标节点，分别从时间节点和为该用水户供水的水源节点连线到增加的工业用水户，并从该用水户连线到模型计算节点，实现时间、水源、用户、模型计算之间的数据流。实现数据流之后为新增加的工业用水户增加需水量数据，打开组件库找到工业用水户需水量组件，选择定制容城县工业用水户，形成一个容城县工业用水户配置文件，保存在电脑中，在编辑状态下的水资源调控知识图中双击新增加的工业用水户节点添加之前定制的容城县工业用水户配置文件，保存知识图后单击供需平衡分析节点可以查看增加容城县工业用水户对水资源供需平衡的影响。若此时水资源供需平衡的结果为不平衡，可以参考需水增加，有无可供水量情景调整供给水源的可供水量，直到水资源重新达到供需平衡为止。用水户增

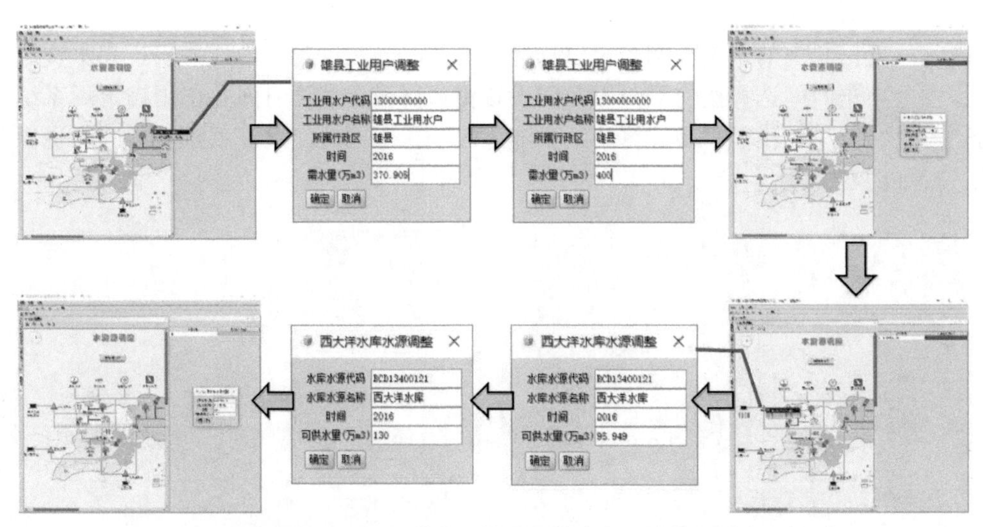

图 6-18　需水增加，有无可供水量情景下雄安新区水资源动态调控过程

加，有无可供水量情景下雄安新区水资源动态调控过程如图 6-19 所示。

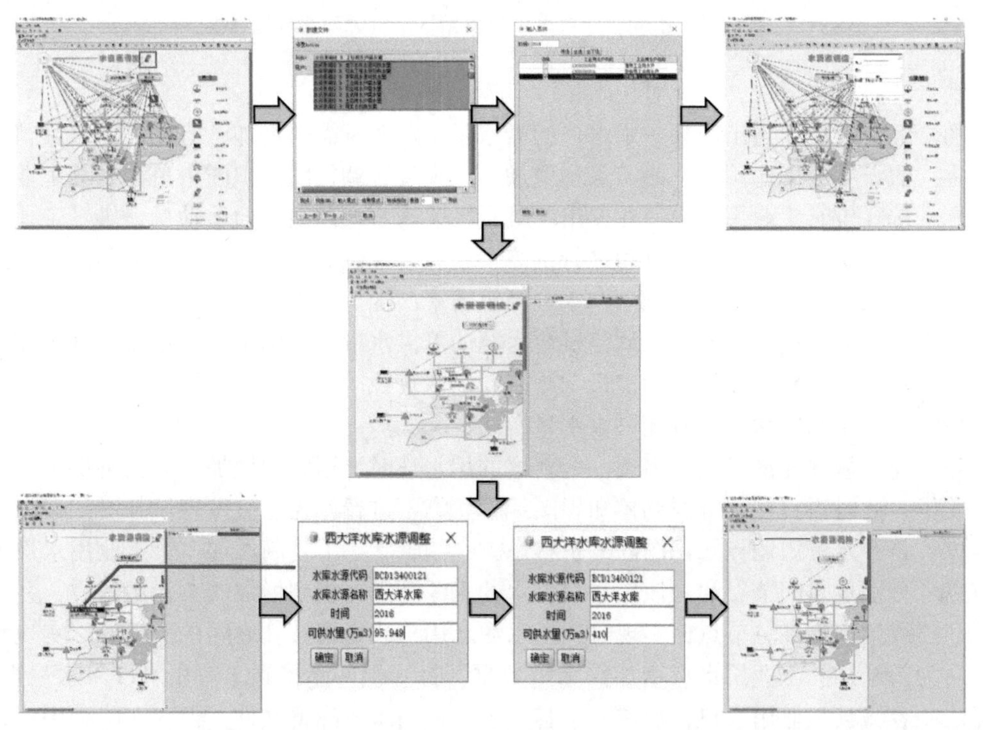

图 6-19　用水户增加，有无可供水量情景下雄安新区水资源动态调控过程

6.4 海绵小区措施可视化调控服务

社会水循环从自然中的地表水水源和地下水水源取水，一部分水通过用水、耗水、排水等过程在社会水循环中消耗掉，另一部分水通过各种不同的方式回到自然水循环中。在此循环过程中任意环节受阻，都会引发水安全问题，城市内涝就是由于强降水过程超过城市排水能力城市内产生积水灾害的现象。为了更好地解决城市内涝问题，2015 年 4 月，国家开始强化部署海绵城市的建设工作，加强海绵城市试点城市建设。海绵城市理念的提出为城市发展提供了新的方向，也被认为是综合应对城市水问题的新思路。通过“渗、滞、蓄、净、用、排”等多种技术，提高对雨水的渗透、调蓄、净化、利用和排放能力，维持或恢复城市的“海绵”功能。海绵小区以低影响开发为理念，布置多种海绵措施进行降雨径流及污染的源头削减。海绵化改造后，下垫面条件又一次改变，水循环中的“渗、滞、蓄、排”等水量转换过程及径流污染过程变得更加复杂。海绵措施对于径流、污染的调控过程是支撑海绵城市建设的基础及关键所在。海绵小区措施调控可视化流程如图 6-20 所示。

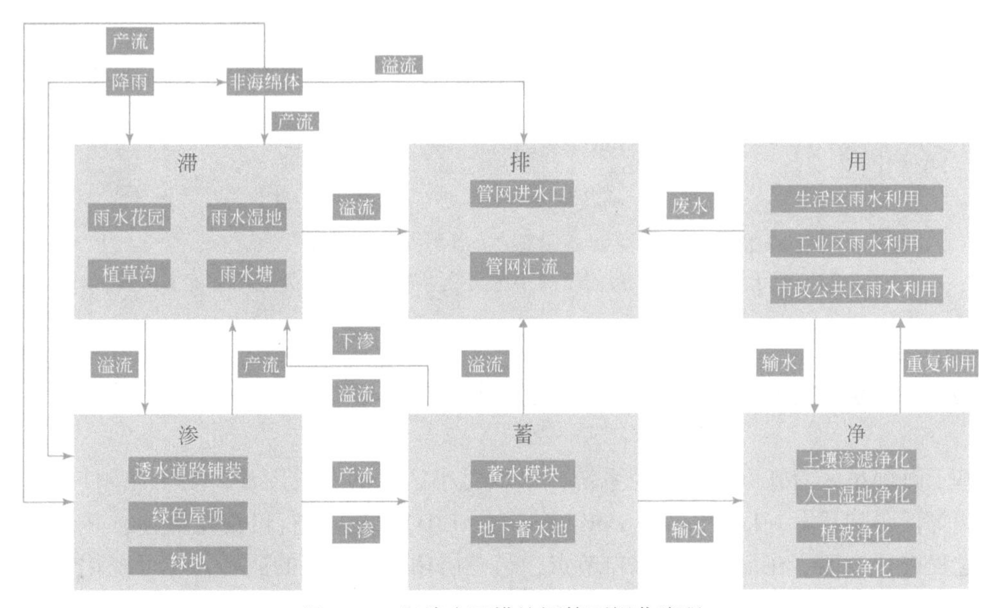

图 6-20　海绵小区措施调控可视化流程

6.4.1 海绵小区措施可视化描述

对海绵小区下垫面类型进行解析，利用可视化工具、组件和知识图技术，基于综合调控平台搭建海绵小区措施可视化调控系统（冯永祥，2020）。建立海绵措施水量及水质调控过程拓扑关系，添加参数设置、计算方法、图表绘制等组件，以可视化方式模拟海绵措施、海绵小区对于降雨径流及径流污染的调控过程。可视化环境下模拟和展示不同海绵设施对于降雨径流的“渗、滞、蓄、排”水量管控过程，依据水量平衡，率定、获取海绵措施土壤入渗率、径流削减率等重要技术指标。模拟、展示海绵措施入流、出流中主要污染物浓度变化过程，伴随径流过程评估海绵措施“净”水效果，获取其径流污染削减率这一重要技术指标。以海绵小区排水口为控制点，模拟“渗、滞、蓄、净、排”水量管控过程，分析管道过流能力、流量峰值、峰现时间等，详细解析降水量、产汇流量、渗滞水量、集蓄水量、排出水量，可视化展示海绵措施及海绵小区径流、污染、峰值等的调控作用。基于综合调控平台的海绵小区措施可视化调控业务应用系统主界面如图 6-21 所示。

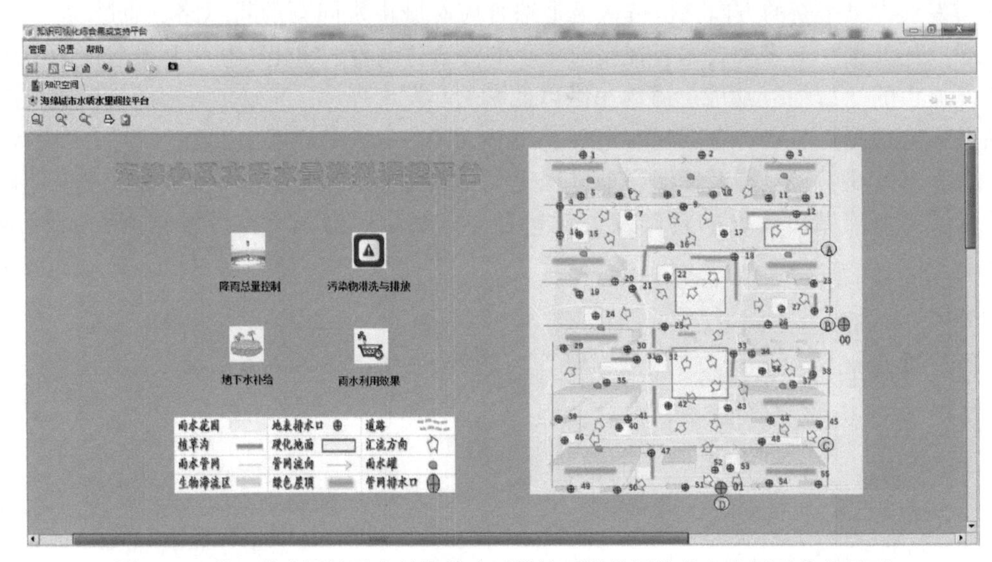

图 6-21　基于综合调控平台的海绵小区措施可视化调控业务应用系统主界面

6.4.2　海绵小区措施调控应用实例

基于海绵小区措施可视化调控系统，可以对小区内的绿色屋顶、雨水花园、植草沟、储水罐等低影响开发（Low Impact Development，LID）措施进行可视化描述，并对其水文水质过程进行模拟。在每一个排水口节点，是三层拓扑关系图的嵌套，在可视化管理界面单击排水口编号，即出现了对应编号排水口的管道汇流拓扑关系图，在管道汇流的拓扑关系中单击“地表产流”，即可出现排水口的地表径流组织过程拓扑关系图。单击径流组织过程中的具体模块，出现子汇水区域的详细水质水量模拟过程，单击子汇水区模拟过程中的节点，出现参数设置、模拟结果等具体环节。海绵小区措施模拟过程如图 6-22 所示。

单击编号 00 号、01 号两个管网出流节点，将显示管网汇流出水口最终的水质水量模拟结果。分别单击“径流总量控制”“污染物冲刷”“地下水补给”“雨水利用效果”四个模块，都将显示调控原理的逻辑关系图，在逻辑关系图中单击具体调控结果节点，将显示具体的结果数据。管网出水口及水质水量调控过程如图 6-23 所示。

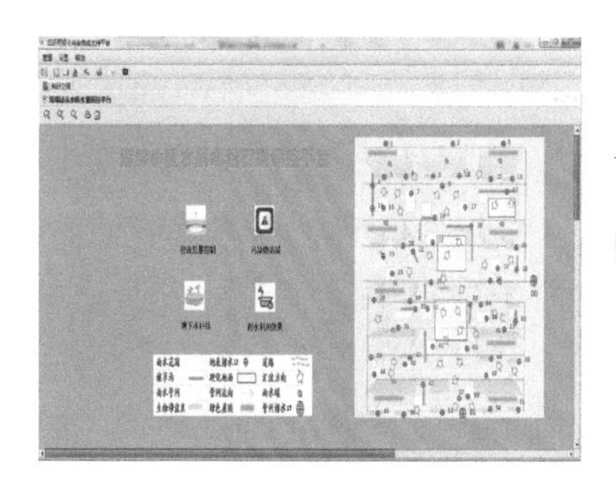

单击排水口编号节点

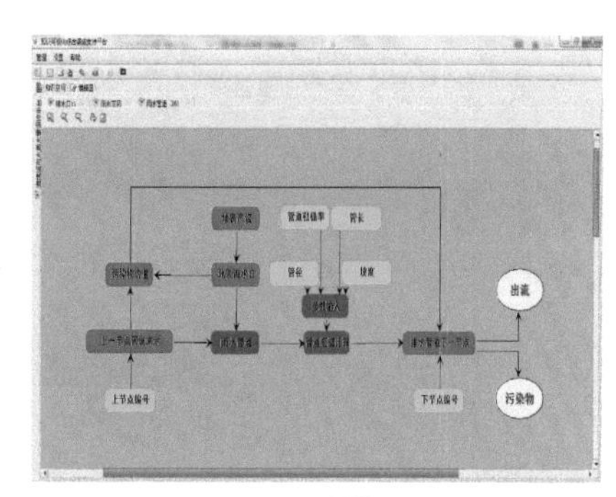

单击“地表产流”节点

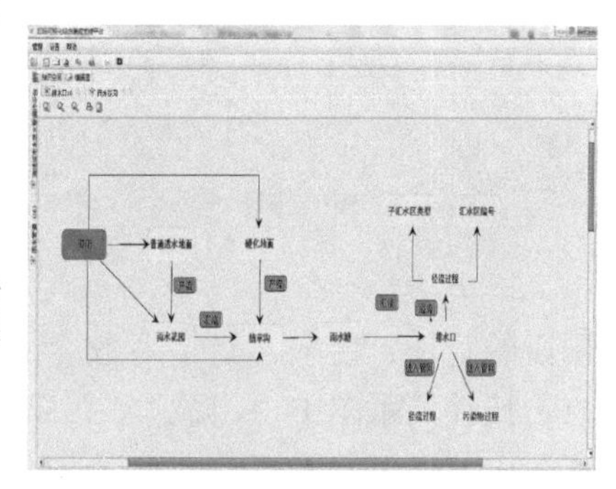

单击子汇水区域名称节点

显示对应下垫面的水质水量过程拓扑关系图

单击具体模拟过程节点

单击产流、污染物冲刷结果

显示参数设置模拟结果等

图 6-22 海绵小区措施模拟过程

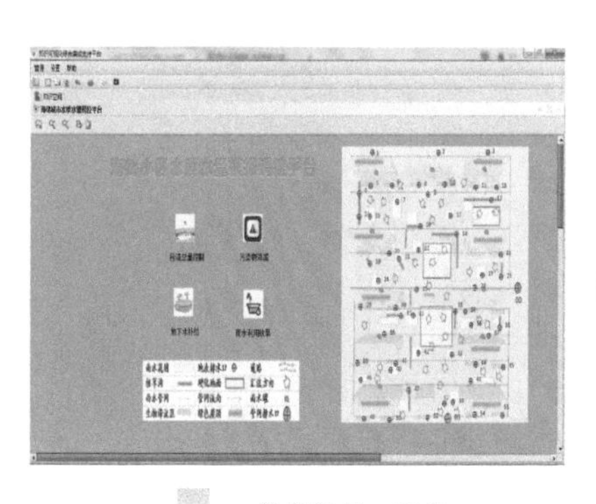

单击水质水量调控节点

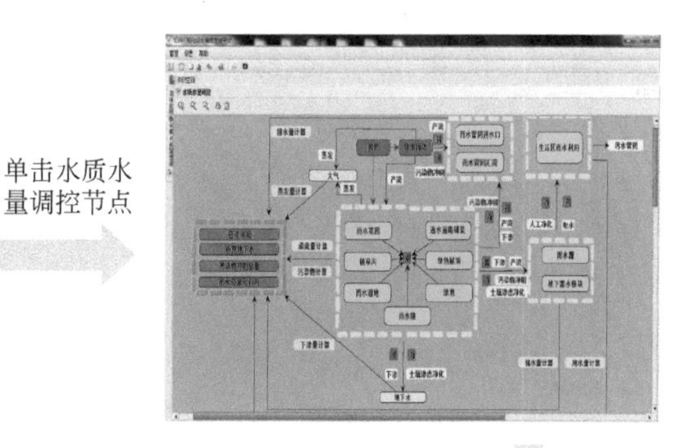

单击00号、01号管网出流节点

显示管网汇流出水口水质水量过程模拟结果等

单击具体调控结果节点

显示各类下垫面及LID措施水质水量调控结果

图 6-23 管网出水口及水质水量调控过程

在 16 号出流节点处，有多达四种不同下垫面类型的子汇水区域参加汇流，较为典型，所以本节以 16 号排水口为例进行可视化模拟。在可视化管理界面单击 16 号排水口，即出现 16 号排水口的管道汇流拓扑关系图，单击图中的参数节点，可以对参数设置进行查看或调整，如单击管道参数输入，即可对管参数信息进行查看或修改，如图 6-24 所示。

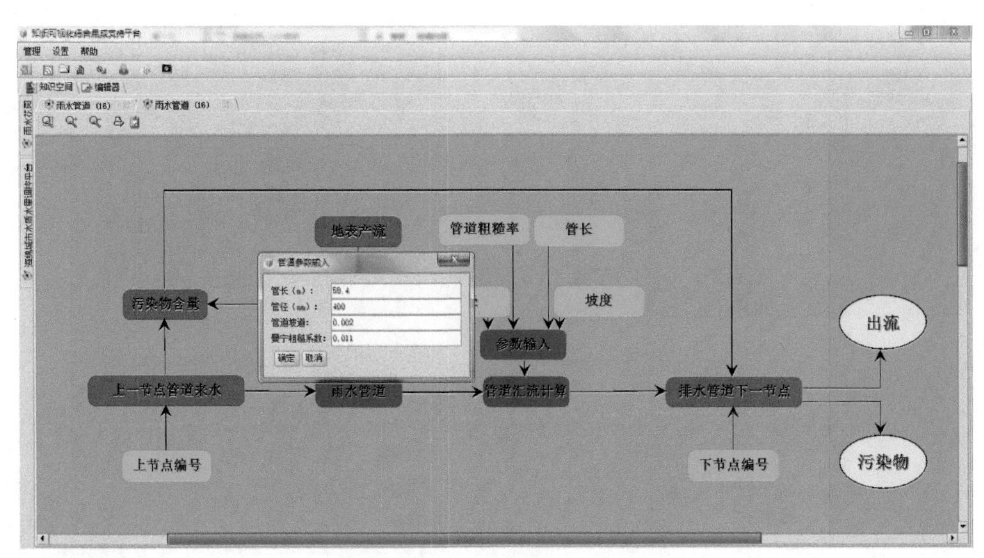

图 6-24　管道参数信息查看

网段的管长、糙率、曼宁系数、上节点和下节点的编号等参数均可以进行查看和修改。点击拓扑关系图中“出流”“污染物”节点，将显示具体的出流过程和污染物过程。在过程图中，可以获得该段排水管道的出流过程和污染物浓度变化过程，如图 6-25 所示。

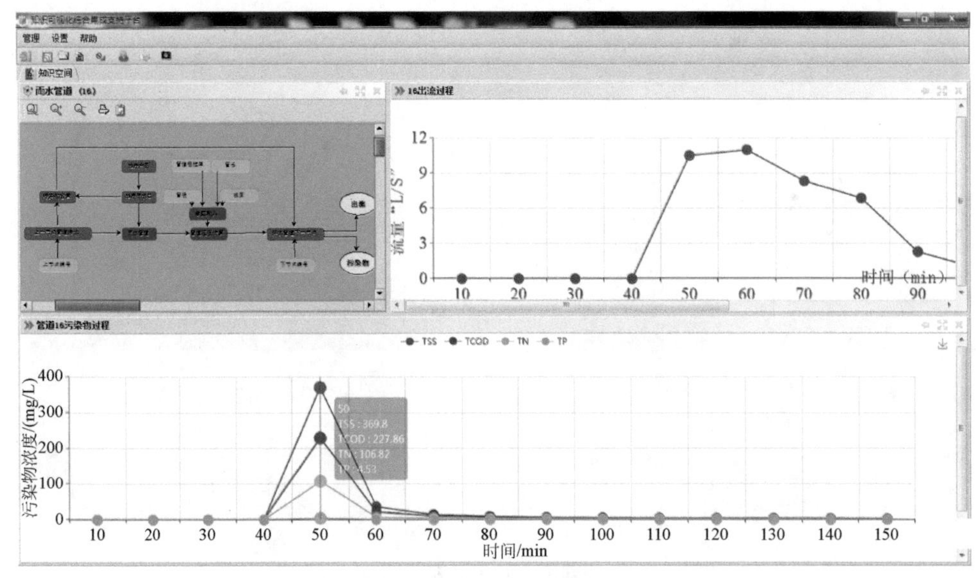

图 6-25　管道汇流模拟结果

由上述模拟结果可以直观获取该管段的水流过程、峰值，以及污染物随水流过程的变化情况。仍以 16 号排水口为例，在管道汇流的拓扑关系中单击“地表产流”，即可出现 16 号排水口的地表径流组织过程。在地表径流组织过程的拓扑关系图中，分别单击“地表产流”“污染物冲刷”“排水口溢流”等节点，即可查看相应结果，如图 6-26 所示。

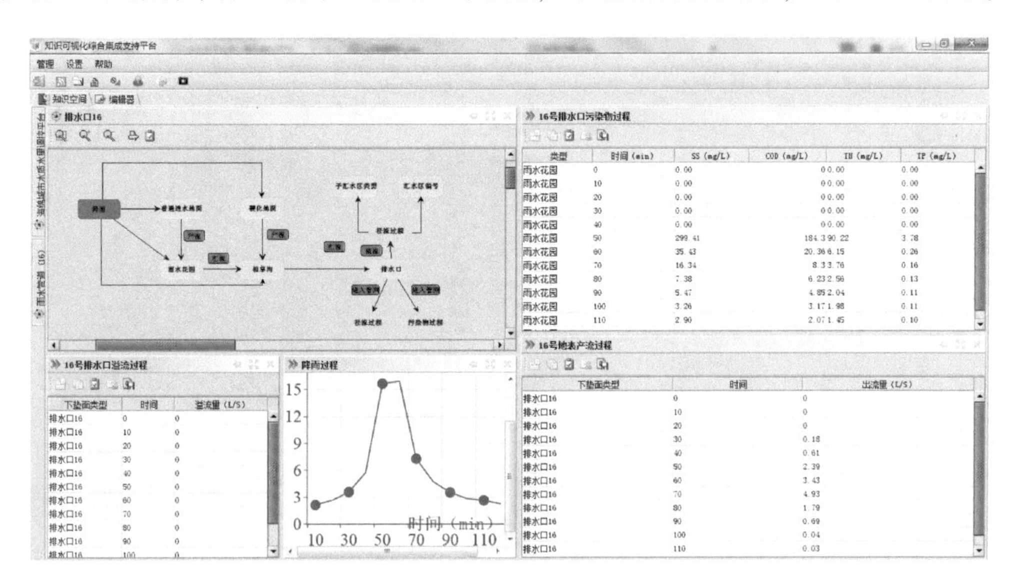

图 6-26　地表汇流模拟结果

通过图 6-26 可以获取 16 号排水口的地表径流组织过程，由上述模拟结果可以看出，在 16 号排水口的来水过程中，来水量小于排水口的排水能力，没有发生相邻汇水区之间的水量交换。在地表径流组织过程中共涉及普通透水地面、硬化道路、雨水花园、植草沟四个子汇水区。此处为以雨水花园为例，单击图 6-26 中“雨水花园”节点，即可出现雨水花园的水质水量过程拓扑关系图，在雨水花园的水质水量过程拓扑关系图中单击“参数输入”节点，查看各类参数的设置情况，单击雨水花园“种植层参数输入”后显示参数设定界面，如图 6-27 所示，图中所有参数节点的参数可以进行查看和修改。

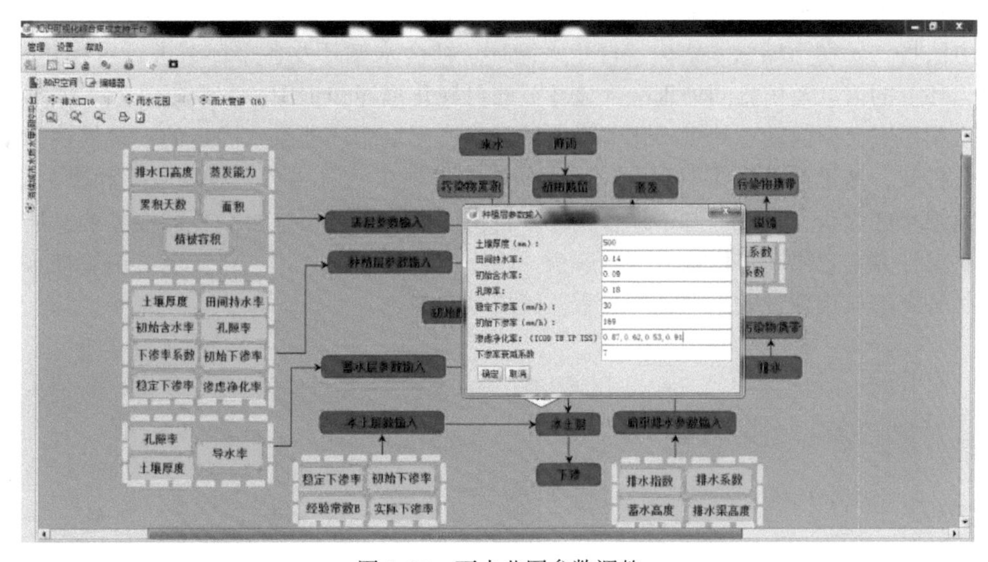

图 6-27　雨水花园参数调整

分别单击“降雨过程”、“来水过程”、“污染物累积”、“表层产流过程”和“污染物携带”节点，都可以得到具体的模拟结果，其效果如图 6-28 所示。

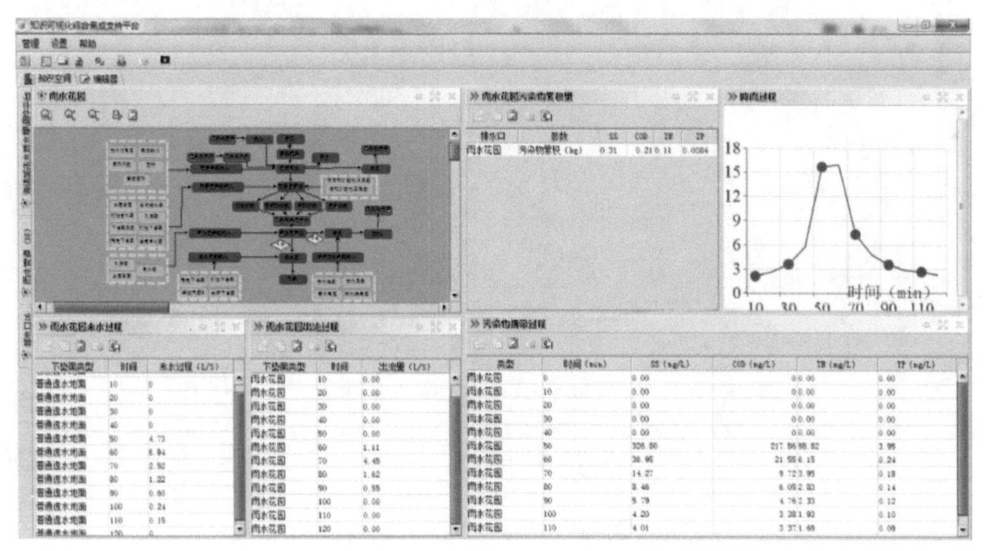

图 6-28　雨水花园模拟过程结果

由模拟结果可以看出各个土壤层的土壤初始蓄水量以及蓄水量的变化过程、本土层的下渗过程。在地表来水过程关系图中，按照上述过程可依次查看植草沟、透水地面、普通绿地水质水量模拟过程。

6.5　本章小结

本章基于二元水循环框架，在综合调控平台上利用逻辑流程图、拓扑关系图的可视化描述方法将二元水循环总体架构、自然水循环、社会水循环及各个环节进行可视化描述，将具体环节的信息及信息的处理融入该环节的可视化描述知识图中，根据二元水循环框架的层次关系嵌套形成动态的可视化关联框架，将二元水循环抽象、固定的框架描述为动态可视化框架，基于综合调控平台为二元水循环业务提供信息服务、计算服务和决策服务。以某海绵小区为研究对象，基于综合调控平台搭建海绵小区措施可视化调控系统，通过模拟多种设计方案效果确定优选方案，解析“渗、滞、蓄、净、用、排”各环节管控水量及过程，为海绵城市建设效果评估和过程监管提供参考。

第7章 京津冀水功能区纳污能力计算与考核服务

随着经济社会的快速发展，城市废污水排放、农药化肥的使用，使得河流受到严重污染，据2018年《中国水资源公报》统计，全国水功能区达标占总评价数的66.4%，全国河流水质Ⅳ~Ⅴ类、劣Ⅴ类水河长分别占评价河长的12.9%、5.5%，主要污染物是氨氮、总磷和化学需氧量。为解决我国严峻的水环境问题，2011年，国家提出实行最严格的水资源管理制度，划定了水功能区限制纳污红线，对水污染实施最严格管控。2016年，中共中央办公厅、国务院办公厅印发了《关于全面推进河长制的意见》，全面推行河长制。建立河长制是为了明确责任，加强对河湖监管，更有力地保护水资源，"强监管"成为水利改革发展的总基调。在国务院批复的全国水功能区划技术文件的基础上，对河流纳污能力的管控成为河长制及强监管业务的重要方向（王浩，2011；左其亭，2015）。河湖污染情况受自然因素与人为因素影响，不断地产生变化，如何将这一系列管理措施的过程相互关联，如何让管理适应动态变化，如何实现强监管，是当前水环境管理所面临的重要问题。因此，面对复杂的水功能区纳污问题，过程化管控模式是核心，本章基于综合调控平台提供京津冀水功能区纳污能力计算与考核服务，提升京津冀水资源管理水平。

7.1 水功能区管理现状与问题分析

京津冀关于实行最严格水资源管理制度出台相关文件，明确加强水功能区限制纳污红线管理，严格控制入河湖排污总量，确定城镇污水处理量（率）、化学需氧量和氨氮削减量、区县界考核断面水质为水功能区限制纳污红线控制指标，市水行政主管部门、环境保护行政主管部门会同相关部门将限制纳污红线控制指标分解到各区县，并且规定了相应的水功能区考核办法，水功能区达标考核成为水功能区监督管理与水资源开发利用的依据（涂敏，2009）。为实现主要江河湖泊水功能区水质明显改善、城镇供水水源地水质全面达标的目标，需要从严核定水域纳污容量，严格控制入河湖排污总量。通过建立水功能区水质达标评价体系，强化水功能区达标监督管理，把限制排污总量作为水污染防治和污染减排工作的重要依据，对排污量已超出水功能区限制排污总量的地区，限制审批新增取水和入河排污口。

为了更好地实施最严格水资源管理制度，严格执行限制纳污红线的要求，我国提出了水功能区划的管理方式，目前我国最主要的水功能区管理手段是以水质达标进行考核。目前水功能区考核工作中存在以下问题：

（1）水功能区考核实施过程中，监测频次、监测时间、评价项目、评价方法相对固定，一定程度上使得水质达标评价考核的代表性减小，难以反映时空分布特点，也难以全面反映河湖中存在的问题，从而难以达到管控效果。由于河道径流、排污等不确定因素的影响，水功能区的考核评价应该也是动态的，因此，有必要对水功能区进行在线动态考核评价，以满足纳污能力动态化管控的要求，使管理更加科学合理。

（2）我国最严格水资源管理所提出的限制纳污红线，其意义在于不破坏河流自身的功能，即需要使河流所容纳的污染物的量不超出其纳污能力。但是目前的水质达标考核方式没有与纳污能力进行对接，难以满足水功能区限制纳污红线的要求。有可能出现水质考核合格，而河流所纳污染物超出其纳污能力的情况，或者河流所纳污染物未超出其年纳污能力，但水质考核不合格的情况。如何科学地计算纳污能力是河流纳污管理中的一项重要工作。确定了河流的纳污能力后，如何制定总量控制方案也是管理部门需要解决的问题。河流动态变化的特点使得其纳污能力也是动态变化的。目前，纳污能力计算通常以年为时间尺度，计算中涉及流量的设定是有固定要求的，未考虑纳污能力年内变化，不能反映实际水资源变化对水域纳污能力的影响，也未考虑人类修复措施对纳污能力的影响。因此，仅以固定条件下的年纳污能力值作为控制标准已不能满足控制河流污染、改善河流水质状况的要求，传统的纳污能力计算方式以及总量控制方案无法适应水环境保护工作的需求。

（3）传统的水功能区考核管理方式缺少了对于考核中间环节的管控，只能看到年水质达标不达标的考核评价结果，缺少更具体的时空信息，也缺少对于中间过程的评价，导致其结果缺乏可信度，也使管理措施难以具有针对性，可操作性有待进一步提高。通过将整个水功能区考核管理过程动态化，基于综合调控平台对考核管理中的各个环节进行在线评价、过程管控，增强其实用性。

本章针对以上传统水功能区考核管理方式中存在的问题，提出了河段纳污过程化管控方式，结合信息化技术手段，基于纳污能力计算、纳污潜力分析、污染物总量分配、水功能区考核等内容的模型方法及机制，实现河流纳污过程化管理与考核，基于综合调控平台搭建京津冀水功能区纳污能量计算及考核管理系统，动态适应纳污管控中的需求变化，制定科学合理的管控方案，为京津冀纳污能力考核管理提供业务化服务。

7.2 水功能区纳污能力计算分析

目前，各地区以考核断面水质为水功能区限制纳污红线控制指标，这种静态化的考核方式过于粗放，仅水质达标率不足以反映出水功能区考核是否达标，因此，水功能区考核管理办法提出一种新的考核方式，即将纳污能力作为水功能区考核评价指标，并与水功能区限制纳污红线直接对接，通过纳污能力的动态计算实现水功能区考核的动态适应性。

水功能区纳污能力是指在一定设计水量条件下，考虑排污状况，满足水功能区水质目标要求，水功能区所能容纳某种污染物的最大数量（戴本林等，2007）。目前纳污能力计算，都是要满足该设计水量条件的，管理中需要采用纳污能力计算结果来指导排污，进行水功能区管控。水功能区纳污能力计算成果从三个方面入手，包括水质预测参数的输入、纳污能力计算模型的选取、排污口与河段的概化。

7.2.1 水质预测参数

（1）设计流量。设计流量的大小对于水功能区纳污能力有直接的影响。目前，设计流量一般采用 90% 保证率最枯月平均流量或近十年最枯月平均流量（冷荣艾和郝仁琪，2014），但这使得计算过程中来水条件与实际情况存在一定差异，所计算的纳污能力难以全面反映其真实情况。

（2）设计流速。受流量的影响，流速也是动态变化的，这也给纳污能力的计算结果带来一定影响。采用流速面积法确定设计流速，可以避免河床演变对流速流量关系的影响。

（3）污染物综合降解系数。污染物综合降解系数是反映污染物沿程变化的综合系数，它不仅体现污染物自身的变化，也体现了环境对污染物的影响（张婷婷和曹国凭，2014）。影响污染物综合降解系数变化的因素十分复杂，目前研究中多采用经验公式法和类比法，其计算过程中的取值具有一定的主观性，这对于纳污能力计算结果会造成一定影响（梁秀娟等，2006）。

（4）水质计算浓度选值。计算纳污能力需要确定水功能区的水质目标浓度 C_s 和初始断面的污染物浓度 C_0。根据《地表水环境质量标准》（GB 3838—2002）的规定，一定水质目标等级下的水质目标浓度 C_s 是一个数值范围，通常是人工进行选择的，其本身具有不确定性。

7.2.2 纳污能力计算模型

水功能区考核管理需要以纳污能力计算结果为基础，针对实时河道来水，用固定条件下的纳污能力来进行考核管理不合理，单个计算结果无法适用于动态性的水功能区管理目标，因此提出采用纳污能力计算模型对水质进行动态计算，在决策时提供模型结果的技术支撑。

一般河流的干流会有若干条支流汇入，为了满足供水、灌溉等生活及农业需求，沿河会设置若干取水口。支流的汇入和取水口取水会影响河道的水量，水体所能容纳的污染物以及自净能力会产生变化，纳污能力随之改变。因此，在计算河流纳污能力时，需要考虑取水口和支流的影响。此外，取水口、支流、排污口的位置发生变化时，也会对纳污能力结果产生影响，而以往模型，为了简化计算，大多会进行概化，这会对计算结果造成了一定误差。本书提出采用考虑支流汇入和取水口的综合计算模型计算水功能区纳污能力。

计算纳污能力时，一般以水功能区为计算单元。综合计算模型根据排污口、取水口和支流的数量与位置增加控制断面，将水功能区划分为若干段，分别计算每一个计算单元的纳污能力，最后求和得到整个水功能区的纳污能力。如图 7-1 所示，假设功能区初始断面的流量和污染物浓度分别为 Q_0 和 C_0，水功能区长度为 L，流速为 u，污染物综合降解系数为 K，功能区水质目标浓度为 C_s，n 为排污口/支流断面个数，s 为河段数。

设水功能区内取水口、排污口及支流入口共有 n 个，则功能区被划分为 n+1 个计算单

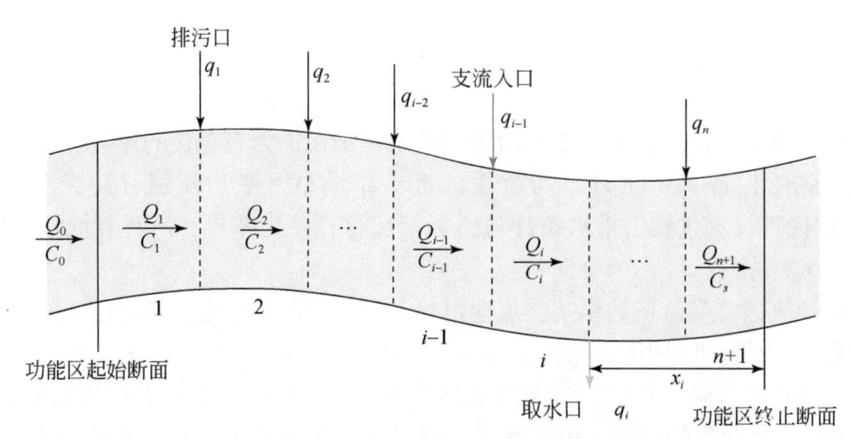

图 7-1　纳污能力综合计算模型水功能区计算单元划分示意图

元。水量与污染物在控制断面前后满足物质守恒规律。基于一维水质模型、物质平衡方程和流量平衡方程建立综合计算模型，如式（7-1）所示：

一维水质模型：

$$C_x = C_0 \exp\left(-K\frac{x}{u}\right) \tag{7-1}$$

式中，C_x为流经 x 距离后的污染物浓度，mg/L；C_0为初始断面的污染物浓度，mg/L；K 为污染物综合降解系数，1/s；x 为沿河段的纵向距离，m；u 为设计流量下河道断面的平均流速，m/s。

物质平衡方程：

$$Q_i C_i e^{-K\frac{x_{i-1}-x_i}{u}} + M_i = Q_{i+1} C_{i+1} \tag{7-2}$$

式中，Q_i为第 i 个河段的入流量，m^3/s；Q_{i+1}为第 i+1 个河段的出流量，m^3/s；C_i为第 i 个河段的初始污染物浓度，mg/L；C_{i+1}为出第 i+1 个河段的污染物浓度，mg/L；x_i为第 i 个河段的下断面距水功能区终止断面的距离，m；M_i为第 i 个河段的纳污能力，g/s；其余符号意义同前。

流量平衡方程：

$$Q_i + q_i = Q_{i+1} \tag{7-3}$$

式中，q_i为第 i 个河段排污口的排污量或支流流量或取水流量，m^3/s；假定当 q_i为第 i 个河段的排污量或支流流量时，$q_i>0$，当 q_i 为第 i 个河段的取水流量时，$q_i<0$；其余符号意义同前。

假设水功能区的终止断面控制目标为该功能区的水质目标浓度，根据上述公式可得：

第 i 个河段的纳污能力为

$$M_i = (Q_i + q_i) C_{i+1} - Q_i C_i \mathrm{e}^{-K\frac{x_{i-1}-x_i}{u}} \tag{7-4}$$

最后一个河段，即第 n+1 个河段的纳污能力为

$$M_{n+1} = Q_{n+1} C_s - Q_{n+1} C_n \mathrm{e}^{-K\frac{x_n}{u}} \tag{7-5}$$

式中，n 为排污口及支流的个数。

河流的纳污能力为各个河段的纳污能力之和。即

$$M = \sum_{i=1}^{n} (Q_{i+1}C_{i+1} - Q_i C_i \mathrm{e}^{-K\frac{x_{i-1}-x_1}{u}}) + Q_{n+1}C_s - Q_{n+1}C_n \mathrm{e}^{-K\frac{x_n}{u}}) \tag{7-6}$$

使各河段的污染物浓度 C_i 等于该水功能区的水质目标浓度 C_s，则能够实现整个水功能区段的水质达标，式（7-6）即变换为

$$M = \sum_{i=1}^{n} C_s(Q_{i+1} - Q_i \mathrm{e}^{-K\frac{x_{i-1}-x_1}{u}}) + C_s Q_{n+1}(1 - \mathrm{e}^{-K\frac{x_n}{u}}) \tag{7-7}$$

纳污能力计算可看作一个带约束的典型的多阶段连续决策问题，可以采用优化方法进行求解。根据纳污能力的定义，其目标是求得可容纳污染物的最大值，其数学模型可写为

目标函数：

$$\max M = \sum_{i=1}^{n} C_s(Q_{i+1} - Q_i \mathrm{e}^{-K\frac{x_{i-1}-x_i}{u}}) + C_s Q_{n+1}(1 - \mathrm{e}^{-K\frac{x_n}{u}}) \tag{7-8}$$

约束条件：

（1）初始污染物浓度约束。河段的初始污染的浓度 $C_{0,i}$ 需满足上一个河段的水质目标浓度值，即满足：

$$C_{0,i} = C_{s,i-1}(i=2,3,\cdots,n) \tag{7-9}$$

（2）水质目标约束。各河段水质目标浓度需满足《地表水环境质量标准》（GB 3838—2002）给出标准限值的取值范围：

$$C_{s,\min} \leqslant C_{s,i} \leqslant C_{s,\max} \tag{7-10}$$

7.2.3 纳污能力区间化表达

在开展水功能区纳污能力计算和过程化管控时，面对管控的全过程，河流是处在不断变化中的。而纳污能力的确定离不开固定的水文条件及计算方法，会受众多自然及人为因素的影响，是处于动态变化中的。这也使得在管控过程中，纳污能力的值也在动态变化。因此，固定的纳污能力计算结果不能够满足管控的需求，对此，提出纳污能力的区间化表达。在河流纳污能力过程管控的业务中，一个确定的量化值没有一个区间近似好用，区间化能够提高适应性。在表示纳污能力的计算结果时，考虑不同计算方法、不同水平年等变化情况进行组合，形成不同情景条件，其纳污能力组成的范围就形成成果区间。纳污能力区间化表达的优点是，建立成果区间，在后期指导纳污能力动态化管控时，化解由变化带来的风险，减少或规避风险，增加其适应性，在实施过程中动态适应，提升决策服务质量。

区间之间的边界是区间划分的关键，如果边界固定不能变了，就没有适应性了，边界的处理是区间化机制的关键。考虑对外界环境的动态适应性，通过人的参与和有效的手段，对初始边界进行调整实现边界的动态管理。由于边界难以精确量化，对于计算成果边界，首先采用计算模型成果的最大值和最小值作为初步区间上下界；其次决策者参与其中，结合自身经验，通过人机交互对边界进行调整。根据环境变化及信息的丰富程度，及时对计算模型进行调整，从计算模型组件库中“取”出适应变化的模型再重新划分计算成

果区间，按此过程循环往复，不断修正，适应环境的动态变化。根据变化从库中快速取出适应的模型是第一步，随着智能化水平的提升，基于计算模型组件库，根据变化结合计算时间尺度智能推送适应的模型进行组合、综合，形成计算成果区间，从而更好地适应和更有利于为决策提供服务。水功能区纳污能力区间化表达工作原理如图 7-2 所示。

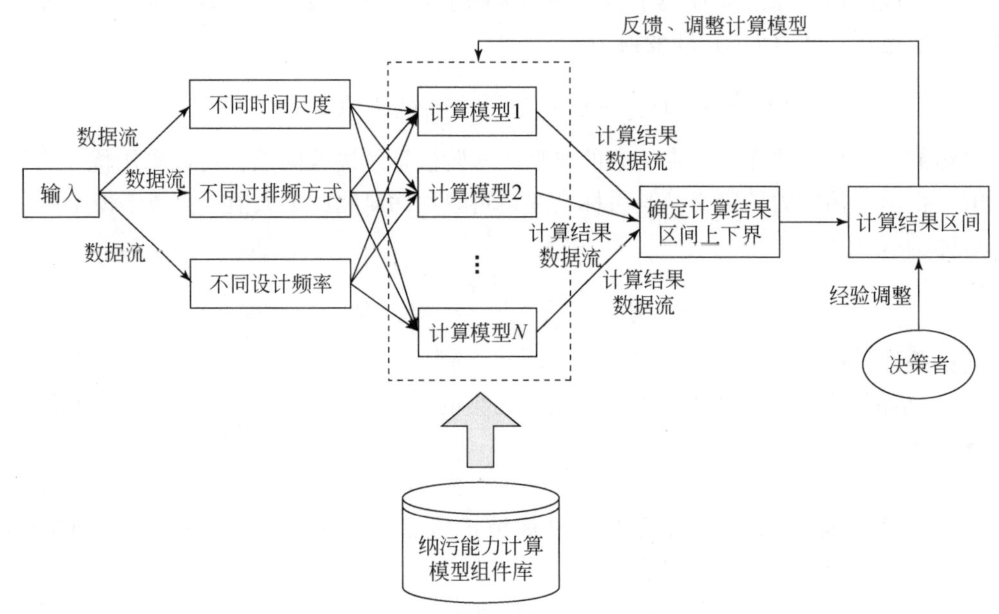

图 7-2　水功能区纳污能力区间化表达工作原理

7.3　水功能区动态考核评价设计

河流处于动态变化之中，不同的时间、不同的河段，其水质情况都是变化的，即使是在一天之中，同一个点的水质监测数值都会有所变化。目前的水功能区考核评价方式代表性较差，一年取几次样的方式随机性较大，难以真正代表河段一年之中不同位置、不同时间的水质状况。我国最严格水资源管理提出的限制纳污红线，其意义在于不破坏河流自身的功能，而需要使河流所容纳的污染物的量不超出其纳污能力。但是目前的水质达标考核方式没有与纳污能力相关联，难以满足限制纳污红线，有可能出现水质达标考核合格，而河流所纳污染物超出其纳污能力的情况，或者河流所纳污染物未超出其年纳污能力，但水质达标考核不合格的情况，水质达标考核的方式无法考核纳污能力是否达标。

7.3.1　考核指标体系构建

水功能区达标评价是水功能区考核管理中的一个重要环节，其对水功能区水质评价的方法和标准决定了水功能区考核的结果。水质类别评价标准为目前京津冀进行水功能区考核的主要方式，在此基础上结合动态纳污能力计算模式提出以水功能区纳污能力为标准的新型考核方式，使水功能区考核管理与纳污能力实现直接联系，从而实现动态化的水功能区考核。

将基于问题导向的水功能区动态考核的评价内容归类为水功能区水质评价、水功能区纳污能力评价、管控方案评价三类，首先根据这几类评价内容建立指标体系。

1. 水功能区水质评价指标

根据《地表水环境质量标准》（GB 3838—2002），地表水基本监测项目有 24 项。在线动态考核评价时，将所有的考核指标存于指标库中，用户可以根据水功能区考核的实际情况及需求选择一种或多种指标进行考核，并且当考核办法或标准发生变化时，用户可在指标库中进行调整或增加新的考核指标。水质评价所需数据来源于水功能区断面的水质监测数据。

2. 水功能区纳污能力评价指标

水功能区纳污能力评价即对纳污能力进行考核评价。对纳污能力综合计算结果进行了区间化表达，将计算结果的最大值和最小值作为初步区间上下界，然后决策者参与其中，结合自身经验，通过人机交互对边界进行调整。在进行纳污能力评价时，应在此区间的基础上考虑纳污潜力后进行动态评价。例如，某水功能区具有一定的纳污潜力，则区间上界应调整为原本的上界值加上纳污潜力的量化值，在线评价时，若纳污能力满足此调整后的区间，则评价达标。若某功能区不具有纳污潜力，则初始的区间上下界不变，评价时若纳污能力满足此调整后的区间，则评价达标。纳污潜力由来水预测结果以及污染负荷沿河数值模拟，再加上通过纳污潜力提升手段中定量化后的工程与非工程措施的提升量得到。

3. 管控方案评价指标

在进行管控方案评价时，指标建立主要考虑满足公平性与效益性原则。公平性指标包括上层分配中的各区域人口、GDP、用水量、工业产值、环保投资、纳污能力六项指标的基尼系数，以及下层分配中各污染源削减率的不均匀性。效益性指标采用上层分配中的单位污染物排放边际成本、单位污染物排放税额，以及下层分配中的各区域工业总产值三项指标。

7.3.2 评价方法库的构建

1. 评价方法

纳污过程化管控对于不同环节、不同需求需要采用对应的评价方法，这样能够更好地适应动态变化。

（1）水功能区水质评价。常见的水质评价方法有单因子评价法、内梅罗指数法、综合污染指数法、水质模糊评价法等，此处不做详细介绍。目前采用的水功能区水质评价方法为单因子评价法，但该方法评价结果不够全面，难以反映河流水质的整体情况（刘发根和郭玉银，2014）。在线评价时，可根据需要选择一种或多种评价方法来进行水功能区水质达标评价。

（2）水功能区纳污能力评价。在进行水功能区纳污能力评价时，应在纳污能力结果区间的基础上考虑纳污潜力后，与现状排污量进行对比。例如，若某水功能区纳污能力与纳污潜力之和超过了现状排污量，则评价达标；若现状排污量大于纳污能力与纳污潜力之和，表示该河段即使通过提升纳污潜力也难以满足现状排污需求，评价不达标。

（3）管控方案评价。对于管控方案评价，可采用的方法有很多。例如，模糊综合评价法、投影寻踪法、灰色关联分析法等，本书主要基于灰色关联分析的综合评价法进行管控方案评价。

2. 评价指标权重确定方法

指标权重对于评价结果有着重要的影响，权重的确定方法一般包括主观赋权法和客观赋权法两种，主观赋权法是决策者根据其认识和经验来赋权，操作简单，但是具有一定的随意性，如层次分析法。客观赋权法是决策者根据指标的评价值，结合相关方法来确定各指标的权重，其客观性强，操作过程公开透明，但是确定的权重会随评价值的变化而变化，如熵权法、变异系数法（彭张林，2015）。

变异系数法是一种基于指标评价值的客观赋权的方法，利用各项原始数据所包含的信息得到各指标的权重（刘焕军和李石君，2016）。其核心思想是通过消除不同量纲的影响，用指标的变异系数来衡量各评价值的差异程度，评价值差异越大的指标，对评价结果影响越大，越应赋予较大的权重。

7.3.3 考核评价机制设计

在线考核评价贯穿整个水功能区考核管理过程，是实现强监管的重要手段。在管控的过程中不断进行在线评价，快速发现问题，更有针对性地制定管控方案。过程化管理对比传统的水功能区水质评价要有相适应的考核评价办法，能够快速发现河段水质问题，以问题为导向，有针对性地解决问题。

1. 在线评价流程

在线评价是为了弥补传统评价模式可操作性差、难以实现动态、无法支撑决策需求等不足提出的，这是一个能够灵活面对复杂问题动态变化的全过程评价机制。在线评价以问题为导向，在解决问题的过程中，通过“调整→反馈→解决→再反馈”不断循环积累经验，循环决策，直到问题解决。在线评价就是要在问题解决的过程中不断进行评价与反馈，让决策者了解问题的解决程度，以及有无新问题产生，以便及时调整解决方案。在全过程中进行管控，随时随地进行监管，是过程化管控的优势所在。水功能区纳污能力过程化管控在线评价思路如图 7-3 所示。

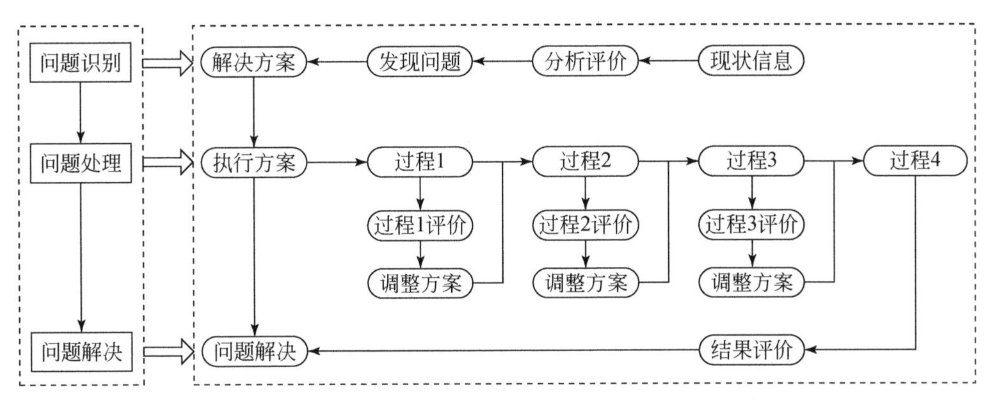

图 7-3　水功能区纳污能力过程化管控在线评价思路

水功能区纳污计算及其过程化管控是针对管控的每一个环节，获取到信息后进行分析计算、评价考核，找出相关问题，再根据问题来制定解决方案，执行方案，再次评价，了解问题解决程度，调整方案，再次执行、再评价，循环往复，直到问题得以解决。整个过程都有在线评价，可以了解问题的解决程度，并且了解有无新问题发生。

2. 问题识别

开展以问题为导向的水功能区动态考核，就需要先对现状进行分析研究，找到其属于哪一类问题，即问题识别。根据纳污过程化管控的任务要求，将基于问题导向的水功能区动态考核的问题进行归类，以便更有针对性地采取处理措施。通过水功能区水质评价以及纳污能力评价可以将主要问题归类为水功能区水质评价考核不达标、纳污能力不足、超标排污、预报水质预警四类。

具体问题是通过对现状进行分析研究来进行识别的，通过国家要求、流域区域的要求，根据水功能区的水质目标，以及获取的监测数据，采用考核评价指标库中的指标以及方法库中的数学模型方法来进行考核评价，对问题进行定性、定量分析，最终确定问题分类，并发现是由什么主要问题导致的结果。通过对管控方案进行评价，可以将问题归类为公平性不足与效益性不足两类。

3. 问题处理

通过指标与方法进行评价后发现水功能区水质评价考核不达标，识别出问题之后，进入水质评价考核不达标的处置流程，如图 7-4 所示。其中，问题识别结果即该水功能区水质评价考核不达标，并给出时间与地点，以及超标的项目等信息。接下来召集各相关单位负责人进行会商，包括政府、水务局、环保局等相关单位的负责人。会商时可以通过调整增大流量、排污口减排、改变河道形态、生态调度四项措施制定解决方案。方案制定好之后进行任务指派，各部门联动执行任务。执行后再次评价该水功能区水质，若问题未得到解决，则重新会商，重新调整方案，循环执行，直到问题得到解决。

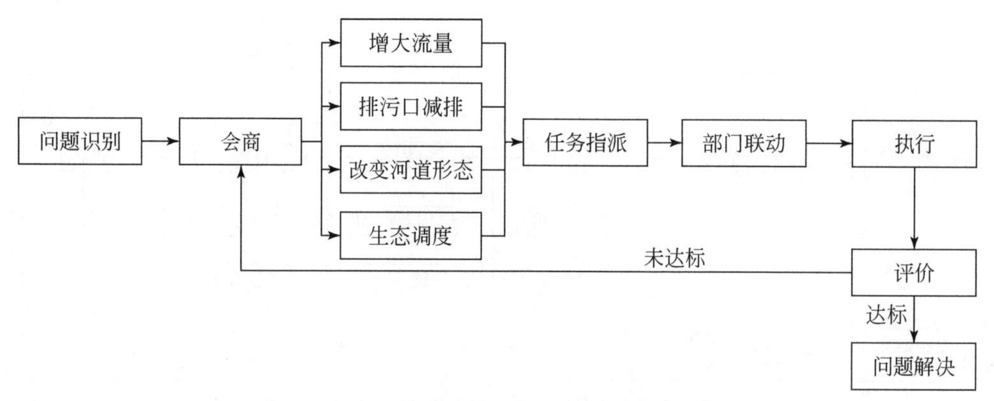

图 7-4　水功能区纳污能力问题识别和处理流程

7.4　水功能区考核管理集成应用

京津冀水功能区纳污能力计算与考核管理系统是基于综合调控平台快速、灵活搭建而成的，将河流进行概化，将业务流程化，并采用知识图技术进行可视化展现，直观地反映业务之间的相关关系。以纳污过程化管理重要环节的业务关系为主，将业务化流程通过综合集成技术进行展现（张璇，2020）。京津冀水功能区纳污能力计算及考核管理业务应用系统主界面如图 7-5 所示。界面中间为京津冀区域概化图，两边为行政区及相关水系对应的节点，单击地图上对应区域或两边相应的节点，便可进入相应行政区或水系的水功能区纳污能力计算及考核功能界面中。

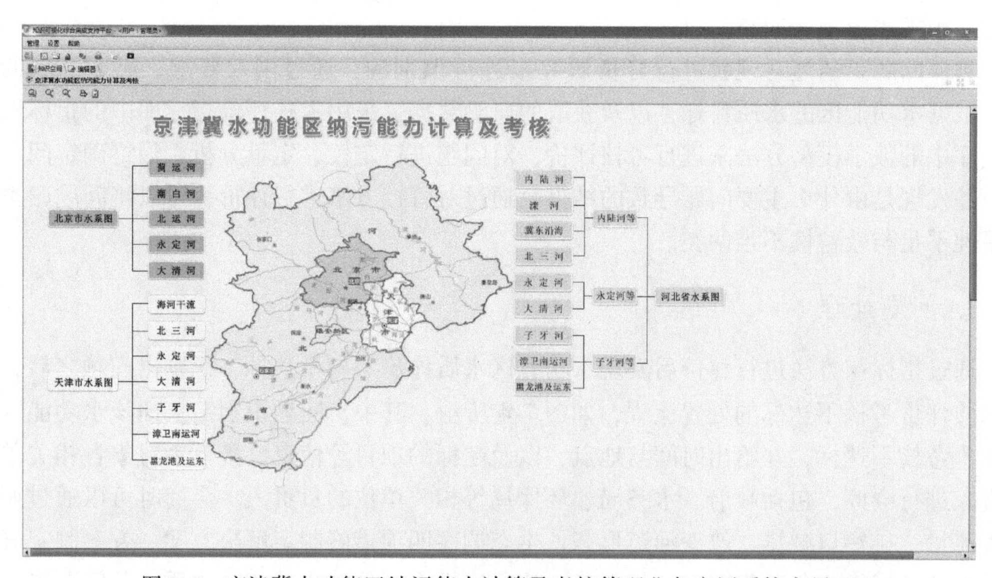

图 7-5　京津冀水功能区纳污能力计算及考核管理业务应用系统主界面

7.4.1 业务主题划分

构建系统首先需要将水功能区纳污过程化管控的业务进行分解、归类，划分业务主题，将业务流程采用知识图的形式进行表达，并且对业务组件进行划分及开发。业务主题划分需要对河段纳污过程化管控的业务进行梳理，对业务需求进行大的分类，大的主题下可划分为各自的子主题，再下层是具体的业务。例如，水功能区纳污过程化管控主题，下层按照大的业务可以分为纳污能力组合计算主题、纳污潜力动态分析主题和水功能区动态考核主题三部分，每个子主题下都包含了若干水功能区，每个水功能区都要实现各自主题下的业务。水功能区纳污能力计算与考核管理业务主题划分如图 7-6 所示。

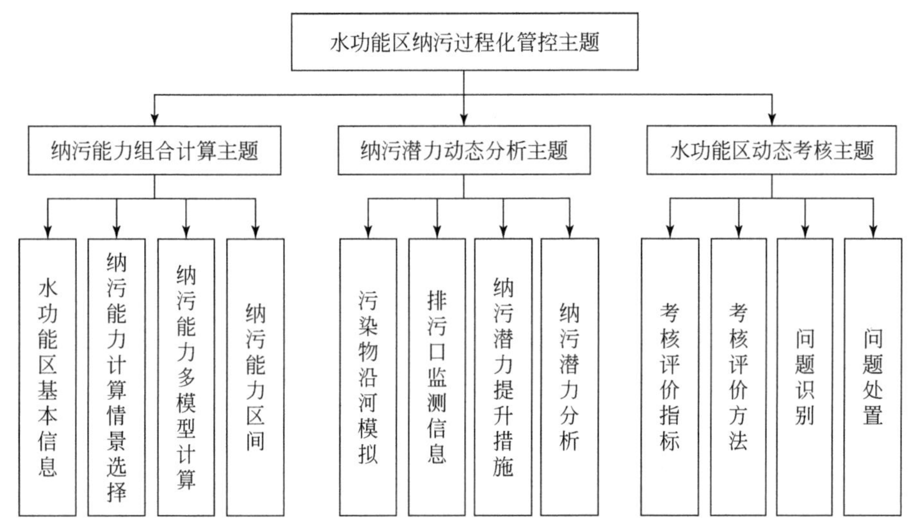

图 7-6 水功能区纳污能力计算与考核管理业务主题划分

7.4.2 纳污能力分析

本节主要以北京潮白河段水功能区为实例，对纳污能力计算分析主题进行应用描述。在京津冀水功能区纳污能力计算与考核管理系统主界面单击进入北京水系-潮白河段，进入“北京潮白河段水功能区纳污能力计算”功能界面，如图 7-7 所示。界面上方的四个节点为“监测信息对比分析”“纳污能力计算”“负荷分配计算”“水质传递影响”。下方为水功能区概化图，钟表图标为时间及水文条件选择的节点。该主题图主要实现水功能区相应的分析计算业务功能。

单击图中“监测信息对比分析”节点后，进入如图 7-8 所示的监测信息对比分析结果功能界面，该界面展示监测断面基本信息，如断面代码、名称、所在地等信息。同时还可以查看水位、流量、蒸发量、降水量等实时监测信息，并与历史信息进行对比分析，绘制当前监测信息及历史信息的对比分析图，如图 7-8 右半部分所示。

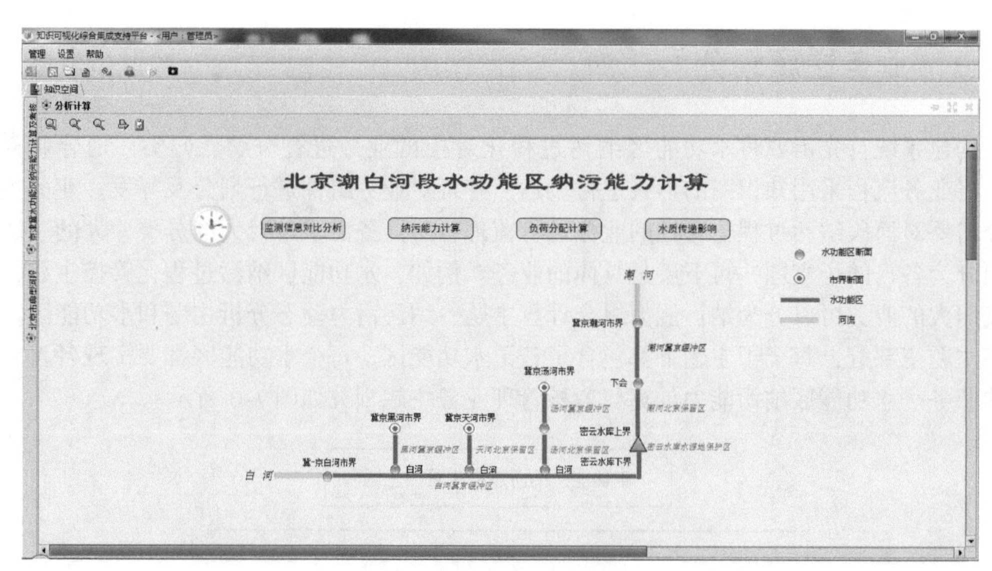

图 7-7 北京潮白河段水功能区纳污能力计算功能界面

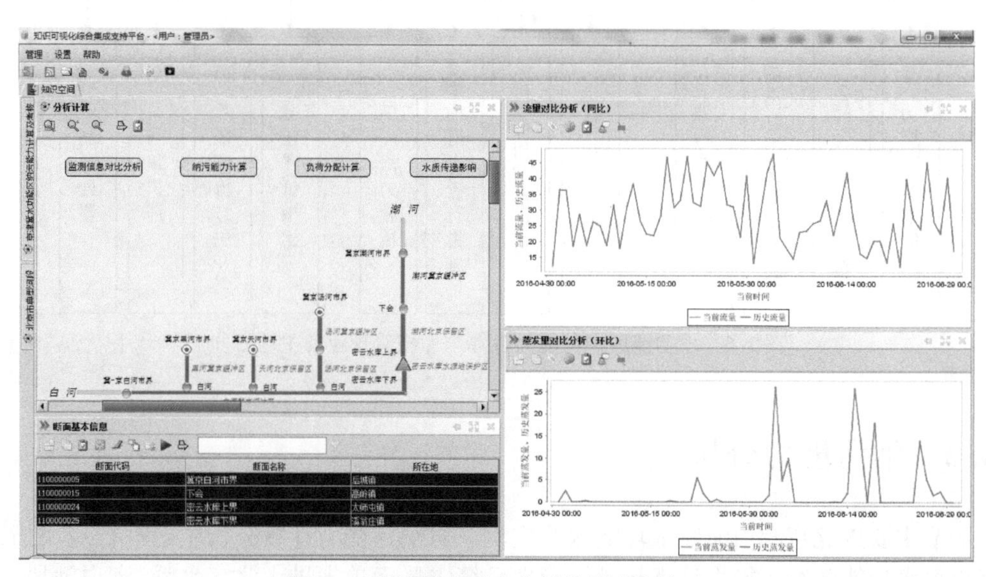

图 7-8 监测信息对比分析结果功能界面

单击图中“纳污能力计算”节点后，进入如图 7-9 所示的纳污能力计算结果功能界面，根据选择的污染物类型、纳污计算模型、频率、水文条件、时间段来计算纳污能力，并展示水功能区各段的纳污能力计算结果。单击“负荷分配计算”节点后，可对潮白河上各排污口进行污染物负荷分配计算，主要以等比例法和模糊决策法两种方法进行计算，并展示污染物负荷分配统计结果，如实际排放量、允许排放量、消减量等。

单击图 7-9 中“水质传递影响”节点后，进入如图 7-10 所示的水质传递影响计算结果功能界面。根据水功能区断面、河道计算单元名称、时间，获取其降解系数、距背景断

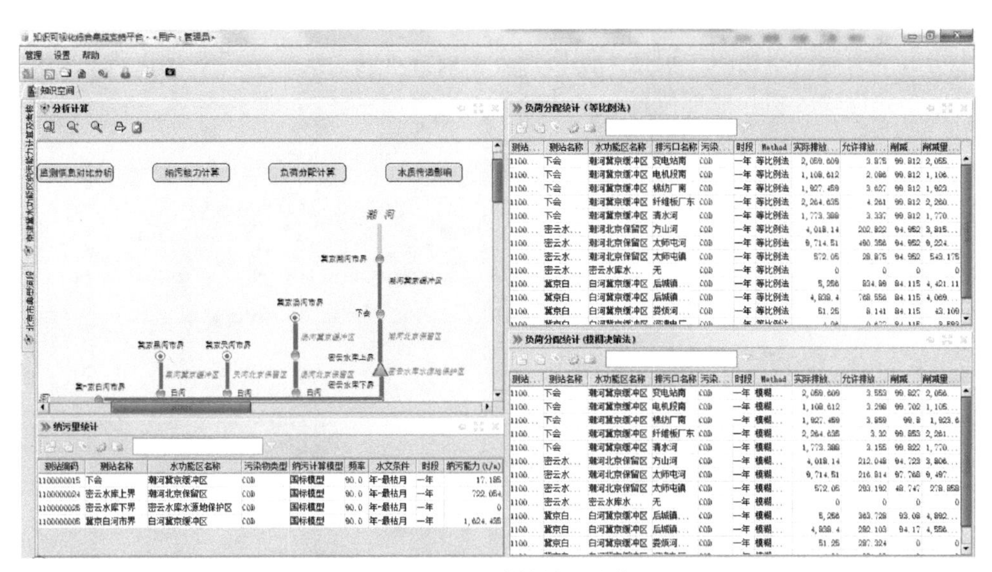

图 7-9　纳污能力计算结果功能界面

面距离等数据，通过模型计算分析水质传递影响结果，主要展示各断面污染物浓度统计、各功能区污染物贡献率统计、水质传递影响贡献率分析图及污染物沿程变化图。

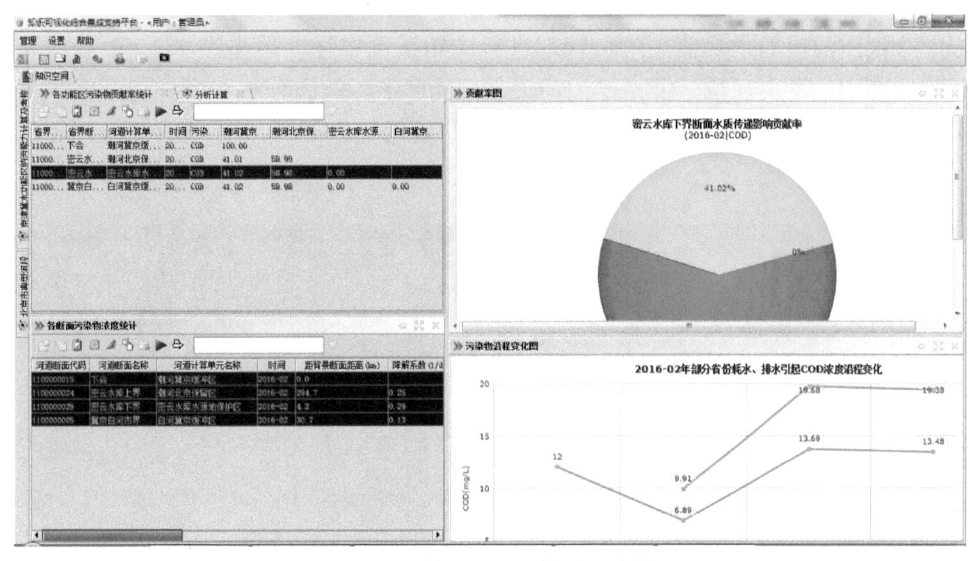

图 7-10　水质传递影响计算结果功能界面

7.4.3　动态考核管理

本节主要以北京市水功能区纳污能力计算与考核管理为实例，对动态考核管理主题进行应用描述。北京市水功能区纳污能力计算与考核管理主界面如图 7-11 所示，首先按行政区划将水功能区进行可视化表达，图中右半部分是用 GIS 方式进行可视化展现，左半部分是北京市水功能区概化图，根据不同展现方式设置不同功能，更直观地展现水功能区的地理信息，如行政区划、地理位置、水功能区长度等信息。

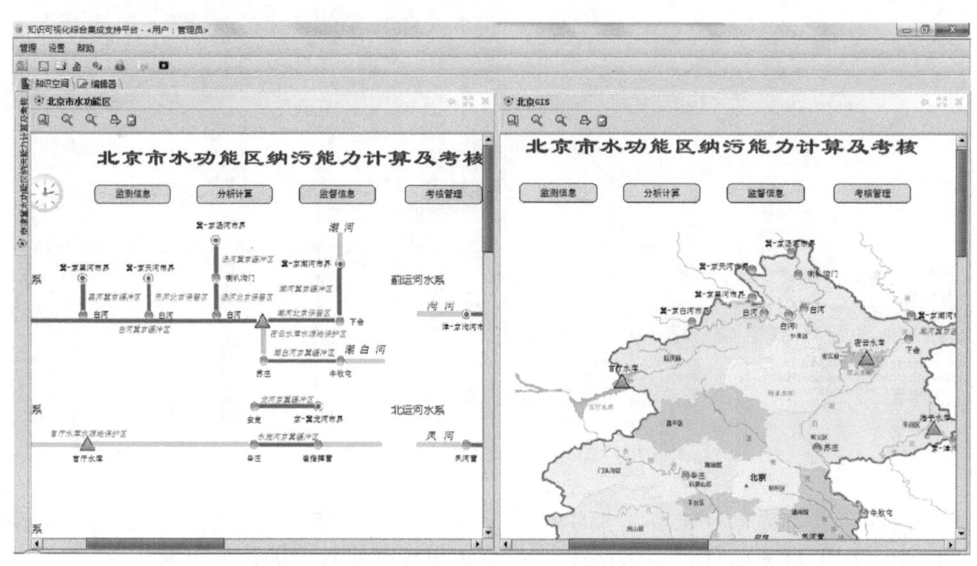

图 7-11　北京市水功能区纳污能力计算与考核管理主界面

以北京潮白河段的水功能区考核管理进行应用案例描述，单击图 7-11 中潮白河概化图或行政区图中的潮白河段，北京潮白河段水功能区纳污能力计算与考核管理结果展示如图 7-12 所示，主要实现监测信息、分析计算、监督信息以及考核管理功能，钟表图标为时间及考核指标选择的节点。

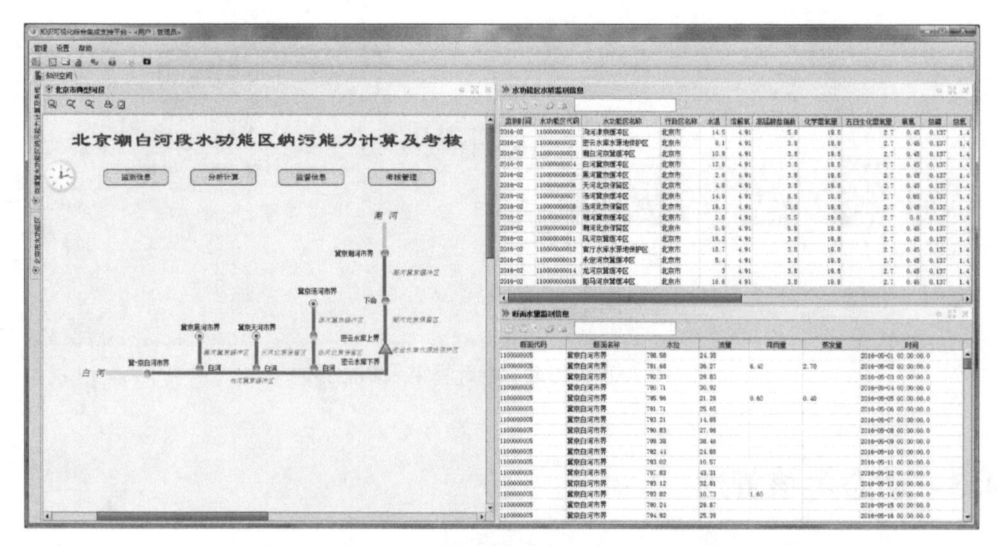

图 7-12　北京潮白河段水功能区纳污能力计算与考核管理结果展示

点击“监测信息”节点，如图 7-12 图右半部分所示，其主要展示水功能区水质监测信息，包括水温、pH、溶解氧、高锰酸钾盐指数、化学需氧量等。除此之外，还有断面水量监测信息，包括不同时间的水位、流量、降雨量和蒸发量等信息。

单击“考核管理”节点，北京潮白河段水功能区纳污能力计算与考核管理结果展示如图 7-13 所示，右上角为行政区达标考核信息展示，主要包括评价时段、考核总个数、考核达标个数、达标率、考核结论及考核得分等信息。同时，还可以展示各水功能区水质评价结果，如图 7-13 右下角所示，主要包括水质类别、水质目标、超标项目及超标量、累计不达标次数及预警信息。若累计不达标次数小于两次，则显示为蓝色，无预警信息；若累计不达标次数等于两次，则显示黄色，给出年度达标预警；若累计不达标次数大于两次，则为红色，年度考核不达标。

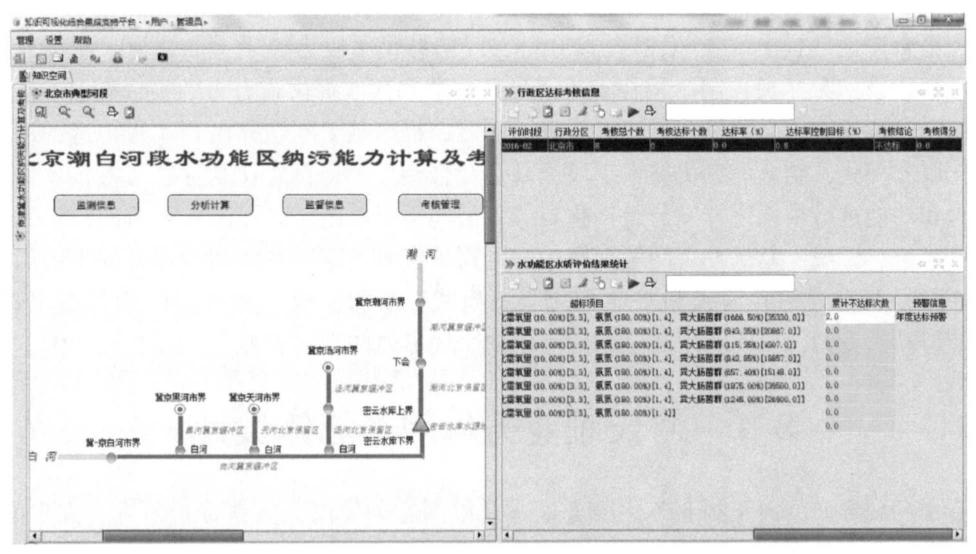

图 7-13　北京潮白河段水功能区纳污能力计算与考核管理结果展示

7.5 本章小结

针对最严格水资源管理制度以及河长制的实施要求，面向强监管以及业务化提升的迫切需求，本章聚焦京津冀水功能区纳污能力计算和考核管理，从河段纳污能力计算到潜力分析、从水功能区水质达标考核到在线评价，立足于以问题为导向的过程化动态研究。定性与定量相结合，在管理过程中，让制度具有可操作性。在时空分布上，让考核能适应动态变化。在技术手段上，从理论到实践，让过程化管控有机融入水功能区纳污能力计算与考核管理过程中。围绕京津冀水功能区问题，基于综合调控平台，以信息化手段搭建京津冀水功能区动态纳污能力计算和考核管理系统，实现具有动态适应性的水功能区纳污能力计算和考核管理服务，为最严格水资源管理和水利行业强监管提供技术支撑。

第8章 京津冀河长制管理与考核评估业务化服务

全面推行河长制，是以保护水资源、防治水污染、改善水环境、修复水生态为主要任务，全面建立省、市、县、乡、村五级河长体系，构建责任明确、协调有序、监管严格、保护有力的河湖管理保护机制，为维护河湖健康生命、实现河湖功能永续利用提供制度保障（左其亭等，2017；任敏，2015）。河长制要快速见效，需要将工作焦点落实在“信息化管理平台”的建设上（于桓飞等，2016），以信息化手段为抓手，加速河长制综合信息管理平台建设，为“河长制”的快速推进以及完善和落实提供强有力的平台支撑。本章就河长制现阶段研究成果和推行过程中暴露的问题，提出基于问题导向和流程再造的河长制业务化服务模式，结合信息化技术手段，基于综合调控平台对河长制管理与考核评估的业务流程和功能进行模块化开发与组件化封装，搭建基于问题导向和流程再造的河长制业务化服务系统，形成一套从发现问题到解决问题再到实时追踪，并强调治理过程中部门管理与指挥联动相符合的“河长制”业务化服务模式，从而实现“河长制”的常态化管理，使其能够持续发力，以此实现从全面建立走向全面见效的“河长制”（赵津，2019）。

8.1 河长制业务化服务总体设计

基于问题导向的河长制业务化服务模式是以问题为导向，确立分析研究、发现问题、制定方案、解决问题的河湖治理路线。根据河湖现状确定“什么问题、做什么、怎么做、谁来做、做得怎么样”的河湖水问题治理思路，使河长制处置过程清晰明了，呈现出步骤化、流程化的特性，避免不顾河湖现状的“结果化”治理。不同于“目标导向”，“问题导向”是从实际出发，从河湖现状存在的问题入手，进一步揭示河湖水情、水质等方面存在的问题，结合“一河一策”方案措施、因地制宜、对症下药。“问题导向”方法建立在河湖水问题复杂，不确定因素繁多，无法全方位掌控河湖事态发展趋势，且受限于地方财力、物力、人力的假设上，这样的研究注定无法面面俱到，因此只要在规定时间解决特定问题，即认为达到目标效果。该模式并不是要完全摒弃“目标导向”方法，而是要把“目标导向”作为河湖水问题识别与处置的必要前提和重要手段，以避免在河湖水问题处置过程中出现“就当前论当前”和“就问题论问题”所造成的局限性。模式要求在最开始对河湖现状进行宏观把控，建立河湖顶层治理框架，在此框架下，依据河湖的实际状况，按照重要等级将问题排序，并对重点问题优先解决（徐明，2011）。基于“问题导向”的河长制业务化服务研究思路如图8-1所示。

“流程再造”理念最先是为企业活动服务的，是指在提高企业业绩目标下，对原有工

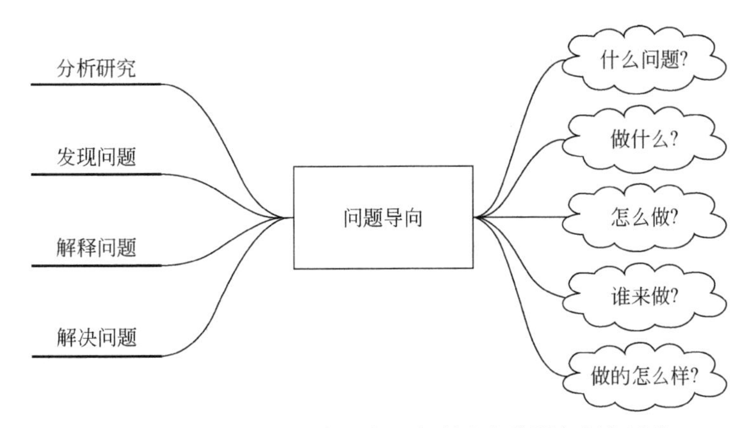

图 8-1　基于“问题导向”的河长制业务化服务研究思路

作流程的薄弱环节或不足之处进行增加、删除、改进、整合等重组工作，通过对一些重要流程的创新，可以得到更好的流程理论，从而提高资源配置效率。基于流程再造的河长制业务化服务模式的核心是确保不同部门之间的“流程合作”，强调将河长制管理业务流程作为分散的任务在不同资源包括相关责任人、部门单位之间共享，任务分工可提前商讨计划，也可以根据现有规则和资源能力由相关组织或个人实时协商，共同完成，它是两方或更多方反复进行、滚动修正的业务流程合作模式，过程中需要借助互联网信息技术，打破传统的职责分工和部门之间的层级界限，实现从计划、串行、分散、基于文档的工作模式向动态、并行、集成、信息化的工作模式的转变，建立面向发现问题和解决问题的业务服务过程模型（姜晓萍，2006）。该模式凭借信息化优势，以问题为导向，以解决问题为目标，形成联动地方政府和协调部门以及全社会力量的治理体系，打破部门壁垒，建立一种滚动循环的动态指挥联动机制。基于“流程再造”的河长制业务化服务研究思路如图 8-2 所示。

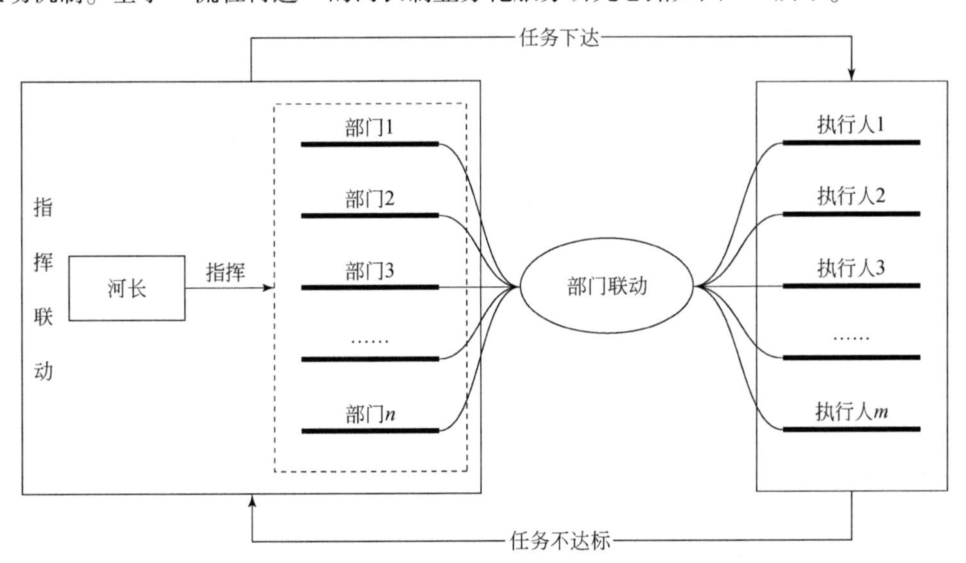

图 8-2　基于“流程再造”的河长制业务化服务研究思路

针对现状问题，以“问题导向”和“流程再造”两个基本理念为指导，研究以现代信息化技术手段为支撑的河长制信息化管理平台建设方案，聚焦顺应河湖变化趋势的动态“问题导向”模式研究、责权利明晰的横纵向“指挥联动”体系研究和贯穿整个河长制管理过程的“考核评估”机制研究。以“问题导向”为主要发力点，借力于“流程再造”下的横向和纵向部门间的指挥联动新模式，同时配备长效的在线考核评估体系，建立一套能够加速推进河长制政策落地的业务化应用系统。

8.1.1 流程化设计

服务于河长制的问题导向式流程化管理模式应从实际出发，立足于每一河湖对象，建立从获取数据信息到识别河湖问题，然后联动部门解决问题，并进行在线评价以反馈问题的流程化处置模式。不但要依据固定站点监测信息，更要依据实时变化的移动站点巡测信息以及社会群众监督信息获取河湖动态信息，并通过一系列标准模型方法识别河湖存在问题并找到相关负责人，负责人协同相关部门会商并拟定问题的解决方案，然后将任务进行分解，落实到具体的个人并付诸行动，实时评价和行动反馈体系应贯穿始终，同时建立新问题识别机制并对考核不达标项继续考核评估，以此循环往复，直至河湖问题解决，因此这是一个流程化、滚动性的管理过程。流程化管理模式设计如图 8-3 所示。

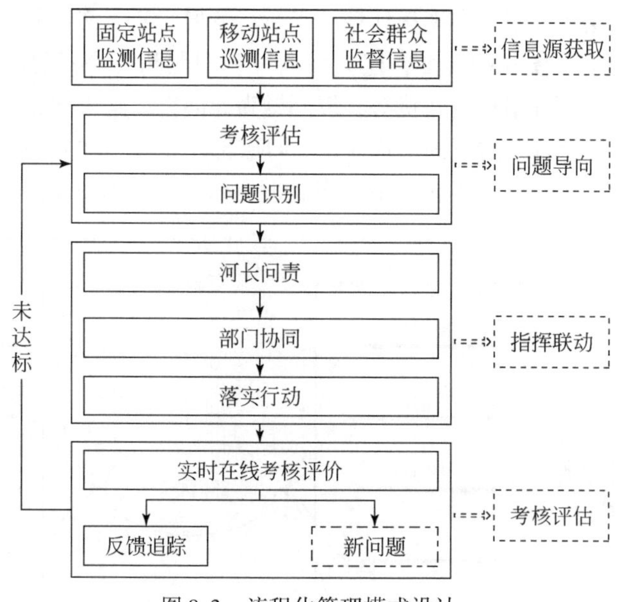

图 8-3　流程化管理模式设计

1. 信息源获取

服务于河长制的问题导向式流程化管理模式的信息按照数据来源分为固定站点监测信息、移动站点巡测信息和社会群众监督信息。按任务类别分为水资源信息、水域岸线信息、水污染信息、水环境信息、水生态信息。按照数据类型分为数字信息、图片信息和视频信息。管理模式研究的关键在于厘清信息数据的类别，通过与之对应的计算机系统识别技术和数据处理方法整合并分析数据，以此识别相应的河湖问题。

2. 问题导向

问题导向环节是本设计的核心，基于上述分类好的统计信息数据，最后落脚于相关责任人的具体任务。具体做法是建立河湖“通用问题库”和河湖“个性化问题库”，同时建立与之相对应的任务库、措施库和责任库，形成解决水问题的实例库。通过在后台编辑对应信息数据的模型算法，并与国家标准、地方标准进行对比分析，识别出河湖水问题。利用实例库匹配相同或相似案例，通过联动会商修改后再下达任务指令，对于河湖新问题，智能化生成方案，相关部门联动会商修改后下达任务要求。

3. 指挥联动

指挥联动就是要将任务具体化、精细化，打破上下级、左右部门之间的关系壁垒，以“流程再造”为指导思想，建立一种新的指挥联动方式，将治理与管保责任落实到具体的个人。部门之间有相互监督的责任，上下级之间也存在监督与反馈的义务。需要借助在线会商平台制定河湖治理实施方案，同时将方案措施分解成不同实施阶段需要完成的具体任务，任务分配到相应的治理位置并落实到具体的个人，使个人与任务相互牵动。问题导向的设计模式以任务为导向，解决河湖实际问题，是一种将智慧联动渗透到问题导向流程的管理模式。

4. 考核评估

考核评估是贯穿整个河长制管理过程的长线。在问题导向式流程设计中，要基于国家标准、地方标准、行业标准等，通过相应模型算法制定河湖水问题考核标准和体系。在联动过程中，需要借助对个人任务完成情况的考核来促进个人对河湖的监管，更要对河湖治理成效进行实时跟踪与反馈，实现过程化管理目标。需要借助考核评估体系在线识别河湖新问题，基于“问题导向”和“流程再造”的河长制业务化服务的整个研究过程需要在线考核评估。

8.1.2 动态化管理

动态化管理是指立足于生产实际，顺应河湖动态变化趋势，实时监测和掌握河湖水资源、水域岸线、水污染、水环境、水生态等动态信息，摸清河流问题，在建立河流基础数据库、静态数据库、动态数据库以及空间数据库的同时，建立水质水量相关评价模型，定量研究和分析当前河湖水问题，对河湖现状能否满足国家和地方要求做出评价。还要实时监测河湖状况并更新问题，借鉴“流程再造”研究思路，充分发挥河长和部门之间的指挥联动作用，实时调整和完善实施方案，并对实施情况进行有效的监测与评价，改变以往的静态信息服务与信息展示的河长制管理形式，以实时发现问题、在线分析问题、调整解决方案、阶段性评价追踪的动态化服务模式为出发点，建立一个河长制信息服务与动态化管理的长效机制。动态化服务模式特点如图 8-4 所示。

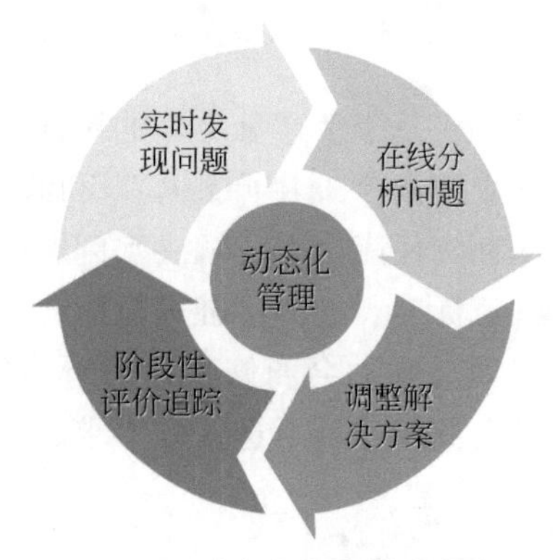

图 8-4　动态化服务模式特点

1. 实时发现问题

信息数据是河湖状况最直接的反映，在专业仪器监测、专业人员巡测以及公众群体监督的形式下，在信息化技术手段的支持下，该模式使信息数据获取呈现多元化特征，信息数据的更新与传递呈现出很高的时效性。在这样的管理模式下，管理人员与部门就能够实时掌握河湖水情，实时发现河湖问题。

2. 在线分析问题

基于国家标准、地方标准和行业标准，该模式可以借助信息化手段，在线提供分析数据、处理数据的模型方法和技术支撑。在相应的方法和技术下，数据的动态变化使得问题的分析呈现出不同的结果，实现了问题的在线分析、动态编制和调整。

3. 调整解决方案

问题的确定是方案制定的基础，实例库存档的方案可为部门制定具体实施方案提供参考。对于相同问题可直接使用存档，对于相似问题提供线上会商平台调整实时方案，对于新问题提供智能化生成的方案与线上会商平台，调整和确定方案。水问题治理的实时评价与反馈也是对方案可行性与适应性的反应，线上会商平台也针对反馈结果调整方案至最佳状态，以保证问题解决的时效性。

4. 阶段性评价追踪

评价追踪体系是河长制见成效的关键。评价贯穿于河长制管理的整个过程，通过在线监测、实时评价、反馈追踪的滚动模式，河长制管理呈现过程化治理的优越性。掌握河湖状况的动态变化特征和水问题治理成效，有利于改进和完善实施方案，增强部门协作，提高河湖治理效率。

8.1.3 信息化支撑

全面贯彻落实好河长制，要始终以“问题导向”为指导，注入“流程再造”基本理念，全面掌控河长制管理重点与难点，充分利用现代科学技术和信息技术，落实河湖水问题管理的各项工作任务。精准整合水利、环保、水文、农业等各监测点的基础信息，利用网络计算机技术对其进行传输与存储；基于大数据理念、数学模型算法、人工智能模型，采用计算机汇编语言对数据信息进行智能分析以及实时动态管理，确保能发现、解决、监督并反馈水环境治理中存在的突出问题。要根据现实需求不断优化和完善河长制信息化平台系统，及时更新河湖新老问题，同时建立河长制反馈追踪体系，健全河长制快速反应机制，运用信息化手段加速推进河长制管理工作，使河长制能够实时高效发挥作用。

因此，河长制业务化服务系统建设是使河长制见大成效的重要抓手，是保障河湖水问题得以解决的有力手段，有利于推进河湖治理体系和治理能力现代化的发展，从而实现河湖强监管。河长制信息化管理平台的建设与应用，能够有效防范河湖突发水问题，督促各级河长履行职责，以达到维护河湖水生态健康和改善河湖环境的目的。“互联网+河长制”的服务模式能让现代信息技术发挥作用，改变单一信息获取与信息展示的河长制管理局面，建立一种“面向动态化管理过程的决策服务”的机制。河长制业务应用系统的关键技术如图 8-5 所示。

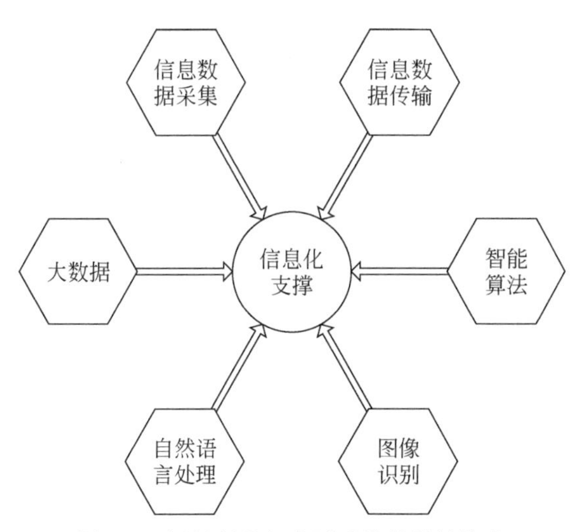

图 8-5　河长制业务应用系统的关键技术

8.1.4 业务化服务

基于“问题导向”和“流程再造”的河长制业务化是在以往“信息服务”的基础上，

融入计算服务、决策服务以及流程服务以确保河长制能够高效开展，所以在建设河长制业务化服务系统时，应摒弃从前单一的信息化服务模式，强化河湖水问题的过程化治理，以问题为导向，以部门协作为基础，以解决问题为目标，在此背景下，分析河长制业务化服务系统业务功能，依靠先进的信息技术手段，概化业务流程和组织逻辑，在过程化治理的要求下，以问题为导向，借助信息服务获取最新的数据资源，借助计算服务发现河湖水问题，借助决策服务处置河湖水问题，借助流程服务形成一个从发现问题到处置问题，再到反馈问题，进而有可能伴随新的问题发生、处置与反馈的一个闭环。河长制业务化服务内容如图 8-6 所示。

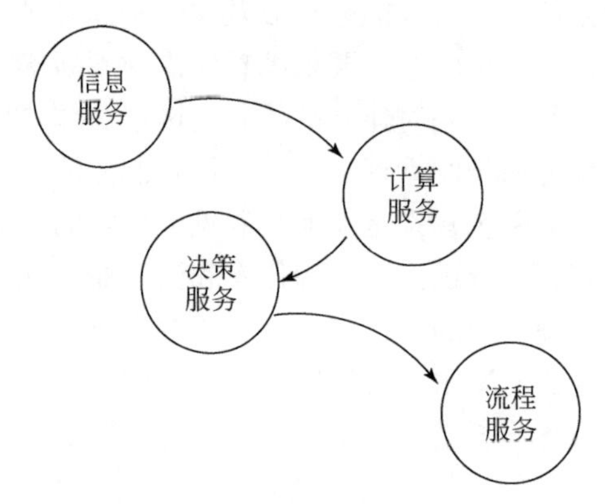

图 8-6　河长制业务化服务内容

1. 信息服务

该模式的信息服务是指对通过监测、巡测、监督获取到的水资源、水域岸线、水污染、水环境、水生态等方面的数据信息、文字信息、图片信息、视频信息等在河长制业务化服务系统上进行在线展示，使管理者和决策者能够实时获取相关信息。

2. 计算服务

该模式的计算服务是在系统后台编辑好相应的模型算法，如数学方法、水文模型、图像识别方法、自然语言处理方法等，对信息服务中获取的数据进行计算，识别河湖存在问题。通过一系列计算服务智能判断与识别问题，是河长制管理问题导向的关键环节。

3. 决策服务

该模式的决策服务是指为河长和相关责任部门提供线上会商平台，通过对问题的识别，能迅速建立线上会商机制对问题的处置做出响应，改变以往部门弱联动性的现象，在“河长”这个管理者和组织者的协调下，各部门都是决策者，都有权利也有义务对河湖水问题的处置提供解决思路和解决方案。

4. 流程服务

该模式的流程服务是指在流程化设计下针对“问题是什么”“需要做什么”“需要怎么做”“由谁来做”“做得怎么样”确立了分析研究、发现问题、解释问题、解决问题和反馈问题，然后又进入新一轮的问题处置，形成一个滚动修正的闭环。该模式是一个任务明确、步骤明晰的步骤化、流程化模式。基于“问题导向”和“流程再造”的河长制业务化服务流程如图 8-7 所示。

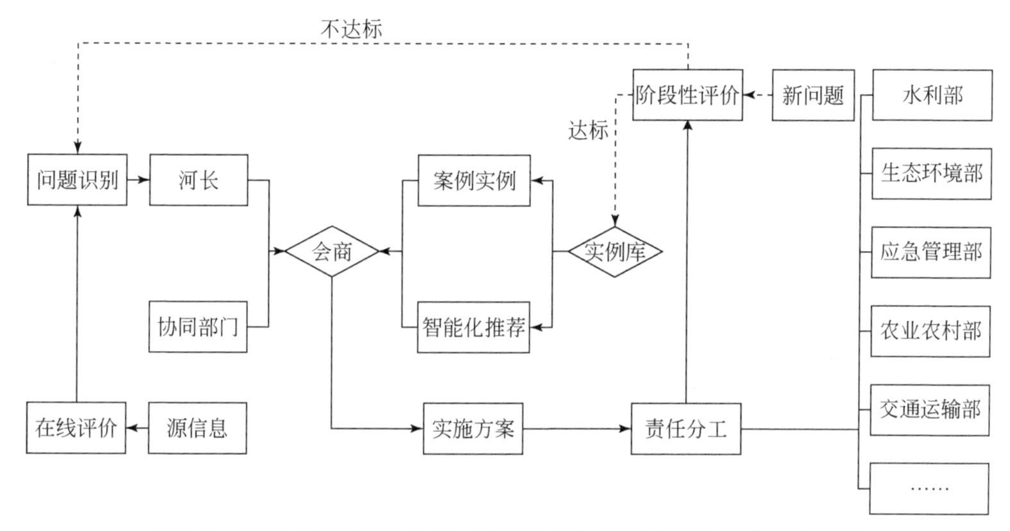

图 8-7 基于“问题导向”和“流程再造”的河长制业务化服务流程

8.2 河长制问题导向流程设计

“问题导向”是河长制核心工作之一，要求不断强化找问题、识别问题、解决问题的意识，突出“发现问题、解决问题”这一主线。“问题导向”方法的步骤可以归纳如下。

（1）建立河湖问题导向管理体系。基于国家规定、地方规定或流域治理要求，确定河湖治理目标，结合目标建立完善的指标评价体系。目标和指标的确定，以近期为重点，在满足流域管理目标的前提下，充分考虑该河流治理目标是否可完成，同时对河湖整体现状进行梳理并提取相关信息。

（2）运用调研数据、数学模型、图像识别技术等对河湖现状信息进行定性和定量研究，摸查河湖管理存在问题，并进行系统归类整理。从设计和规划的角度来寻找现状问题，问题的选择不是漫无目的，必须在治理目标和指标评价体系的控制下，问题的摸查包括水资源、水域岸线、水污染、水环境和水生态五个方面。

（3）识别河湖存在的问题后，要特别注重问题的原因分析，然后针对具体的问题参考历史成功的河湖治理经验，制定详细解决方案，方案应因地制宜，依据不同河湖状况的实际情况有所侧重，并有轻重缓急之分，对重点问题进行优先处理。

（4）方案制定完毕后，顺应流程化设计，将任务下达到具体的部门甚至个人。需要将各大问题对应的任务进行分解，聚焦到河湖各分段、分片以及支流入干流河口断面，形成纵向协调机制，确定下级单位甚至个人的具体任务，明晰权责利。“问题导向”研究流程如图 8-8 所示。

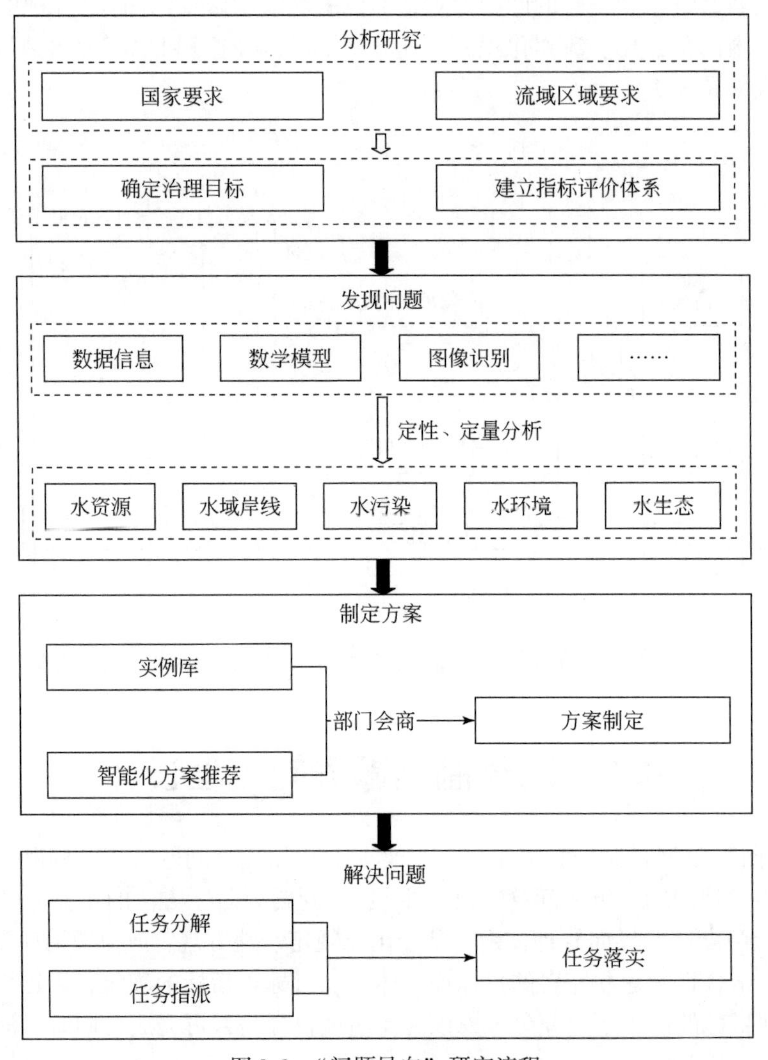

图 8-8 “问题导向”研究流程

8.2.1 方案搜集与整理

1. 方案搜集

目前，国家和地方尚未建立一套完善的解决河长制水问题的方案库，对河流治理方案的制定采用自主编制与招标形式。自主编制时缺少参考性文件与案例，导致任务落实成为“摸石头过河”的探索形式。因此，应从实例和预案两方面入手，建立河长制管理方案库。

（1）实例。通过搜集与整理历史上河湖治理成功案例，为河湖管制方案的制定提供参考，保障任务落实的时效性。

（2）预案。以国家和地方编制的静态“一河一策”方案作为河湖治理的指导性文件，为建立基于“问题导向”和“流程再造”的河长制业务化服务系统的预案编制工作提供参考。

2. 方案整理

搜集好的方案按其通用性可以划分为通用化方案和个性化方案。

（1）通用化方案。通用化方案的建设依据是我国所有河湖在管保中都要保障的相应红线，如水质、水量、垃圾漂浮物、水体富营养化、生态基流等。通用化方案的建立减少了方案编制中的重复工作，方案中多元化的问题呈现形式为方案库的完善提供参考。

（2）个性化方案。个性化方案是依据国家或地方对每一条河湖功能需求与管保任务提出的要求以及历史上该河湖发生的特殊水问题治理案例而制定的。例如，生态环境脆弱、敏感的自然保护区，对河湖的水温、pH、生态需氧量等提出不一样的要求。个性化方案不仅是保障方案库的重要组成部分，更是实现“一河一策”的重要保障。河湖治理方案库建设过程如图 8-9 所示。

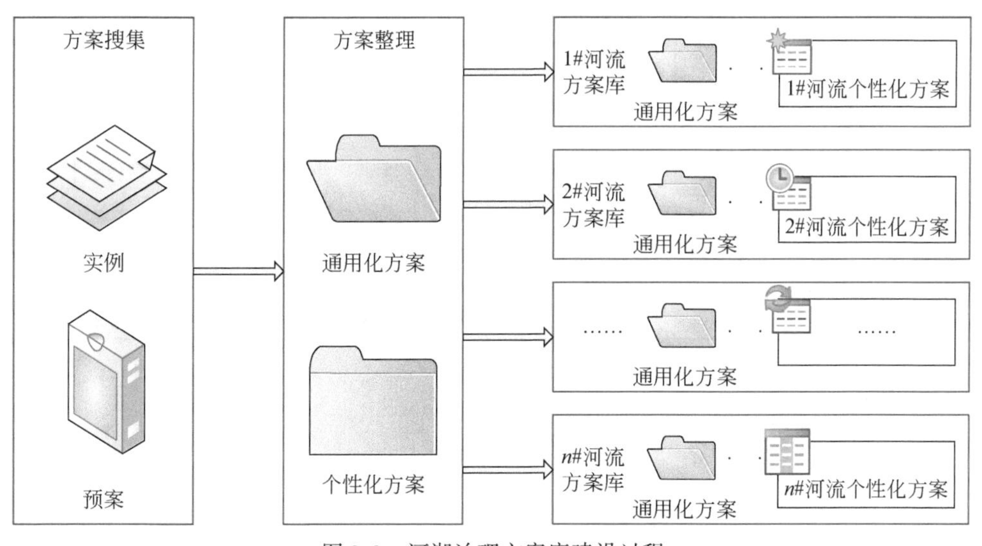

图 8-9　河湖治理方案库建设过程

8.2.2　问题描述与分类

河湖水问题治理方案搜集完毕后需要对各方案对应的问题进行特征因素提取、描述和分类，建立问题特征库表结构，包括问题类型所属类别、问题名称、问题编码、问题描述、问题成因、发生位置和发生时间等各类组成该问题的基本要素，并按河长制管理的水资源保护、水域岸线管理保护、水污染防治、水环境治理、水生态修复五方面的任务进行分类上传到数据库，以便后续识别到问题后能迅速匹配到相关案例，为决策者提供决策支持。基于特征因素分类的数字化问题数据库表结构如表 8-1 所示。

表 8-1　基于特征因素分类的数字化问题数据库表结构

问题类型所属类别	问题名称	问题编码	问题描述	问题成因	发生位置	发生时间
水资源保护						
水域岸线管理保护						
水污染防治						
水环境治理						
水生态修复						

基于特征因素分类的数字化问题数据库表结构设计如表 8-2 所示。

表 8-2　基于特征因素分类的数字化问题数据库表结构

序号	字段名	标识符	类型及长度	有无空值	计量单位	主键	外键	索引序号
1	问题类别	CS_NM	VC（256）					
2	类别编码	CS_CD	C（6）					
3	问题名称	PR_NM	VC（256）					
4	问题编码	PR_CD	C（6）	N		Y		
5	问题描述	PR_DC	VC（256）					
6	问题成因	PR_RS	VC（256）					
7	发生位置	AD_NM	VC（256）					
8	发生时间	TS	Time					
9	备注	NT	VC（256）					

8.2.3　方案制定与实施

实施方案的过程制定涉及部门的“流程再造”，纵向各级河长与横向相关责任部门应充分发挥联动作为，在“河长”这个领导者和组织者的带领下，共同制定方案协同处理河湖水问题。因为河长制管理中的水问题处理所涉及的责任部门繁多，纵向上以各级河长为管保范围内的第一领导人和负责人。横向上联动了水利、生态环境、应急管理、农业农村、交通运输等管理部门，消息指令的传达与任务的派发不仅要在纵向实现上下交互，还要在横向进行互通，因此在水问题研究与处理上，部门的协调合作有利于指令和任务的下达和反馈。

该服务模式下的实施方案编制是以实例库为参考，依据河湖问题类别进行匹配或推荐，若识别到的问题在方案库中有相同或相似的案例，河长需要协同部门对方案进行抽取与完善，再将方案下发。若识别到的问题在方案库中没有相同或相似的案例，需要借助人工智能训练方案库中的特征参数，智能化生成方案，河长协同部门对方案进行补充与完善后方可下发指令，以使实施方案适用于解决当前问题。实施方案制定过程如图8-10所示。

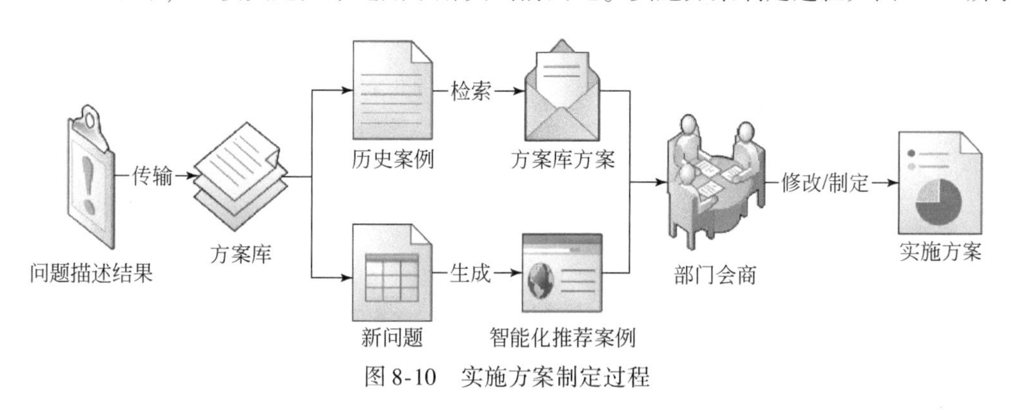

图8-10　实施方案制定过程

方案的制定不仅与河湖水问题的个性化特征有关，更是人为参与和管理的重要过程化体现，个体的主观能动性与相关责任部门的协调在方案制定与责任落实中发挥了巨大作用，因此实施方案制定的过程其实是各级河长与相关责任部门之间的“指挥联动”过程，好的协调与联动机制是治理见成效的关键。

8.3　河长制指挥联动流程设计

河长制指挥管理中的“指挥联动”是以河长作为领导者和组织者，调动各相关责任部门共同处理河湖问题。联动过程是通过方案库检索或推荐的方案，建立线上和线下会商平台，明确处置机制以及部门责任分工并将任务分解到各执行人员。处置过程中利用信息化系统对治理成效进行在线考核与反馈，从而不断调整改进实施方案，以确保河湖治理工作能够高效开展。“指挥联动”流程如图8-11所示。

8.3.1　线上会商与协调

1. 协调机制

河长制管理是以各级河长为中心，协同相关责任部门对河湖水问题进行治理。整个管理过程以问题为导向，强调以人为本，通过对人的管制与约束，建立人对河湖问题的监督管保机制，达到保障河湖健康的目的。在河长制管理中，以各级河长为领导层，组织建立了纵向协调机制；以各相关责任部门为参与层，建立了横向协调机制，二者共同管理和保护河湖。河长制管理协调机制如图8-12所示。

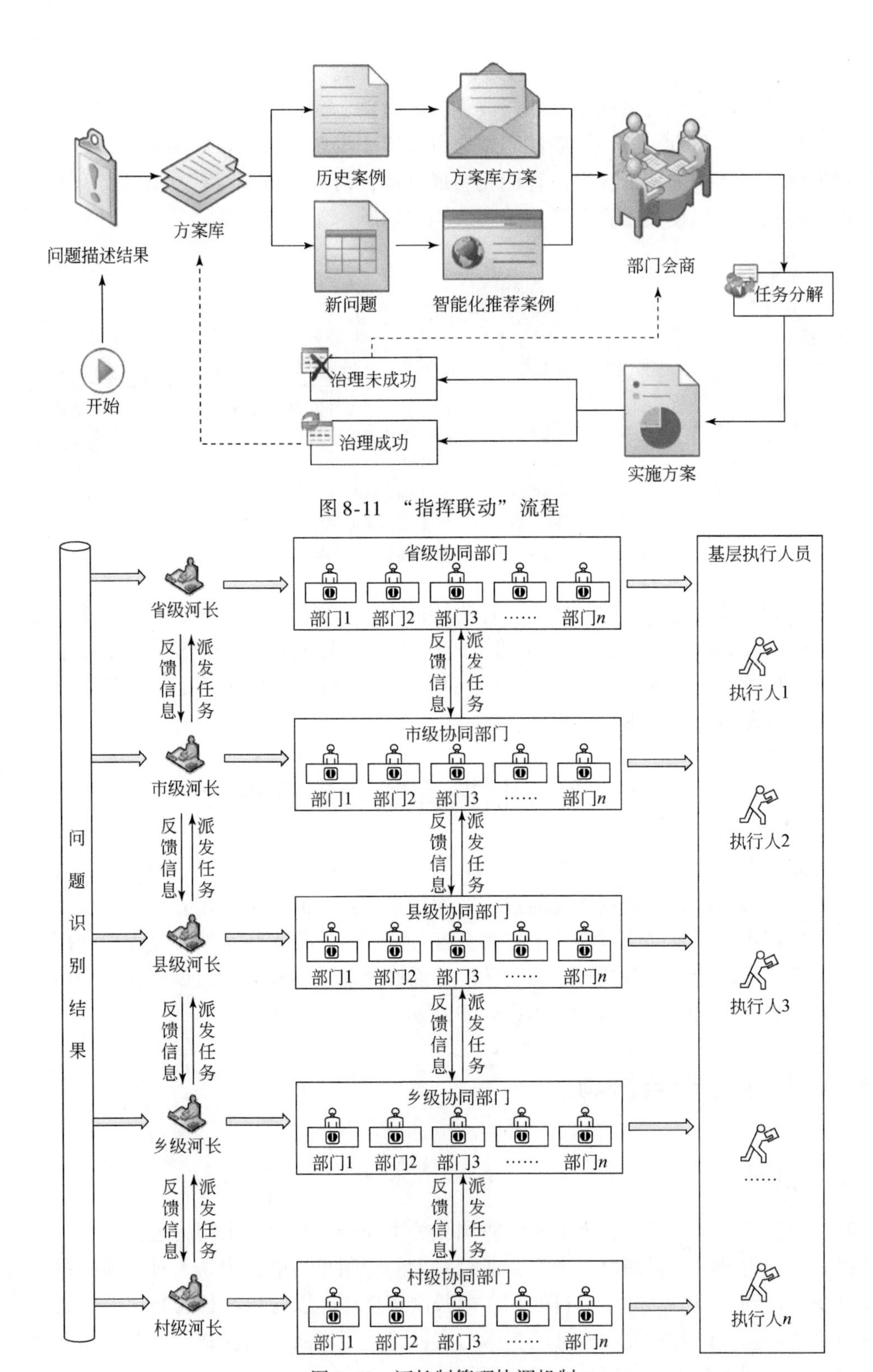

图 8-11 “指挥联动”流程

图 8-12 河长制管理协调机制

（1）纵向协调机制。“纵向协调”强调以人为本，省、市、县、乡、村五级管理，形成上下联动机制，上至省级单位、下至乡镇领导，信息均可迅速且有效地传递。面对突发事件，各级河长能直接汇报至上级领导并迅速做出反应，同时，上下级管理关系有利于监督考核各级河长的工作状况，结合群众的有效监督，从而促进河湖保护与治理。“协调”强调对人力、物力的整合，让“河长制”变成了真正统一部署、共同实施的系统协同。

（2）横向协调机制。横向协调机制立足于河湖问题，搭建起左右互动的“桥梁”。以河长为第一领导人和负责人，协同水利、生态环境、应急管理、农业农村、交通运输等核心部门和监察等监督部门管理河湖，解决了谁来管和听谁管的问题，避免了多部门管理无人沟通、多地方政府管理无人协调的现象。河长在整个管理工作中承担领导与组织的责任，协调并让解决问题的任务能够分解到位，使各相关部门在问题解决的过程中有了相应的责任分工与任务。

2. 线上会商中心建立

由于河长制管理涉及部门繁多，组织结构体系庞杂，各级河长之间、河长与部门之间、部门与部门之间面对面的沟通与联系受制于地域的局限性，而河流的管保又是需要各级河长与部门协同合作、共同出力的过程，河湖水问题特别是突发水问题出现时，分散的组织机构设置与部门间的弱联动会导致信息传达与流通的滞后性，从而使水问题处理延时，甚至会对水生态环境、居民生产生活乃至人身安全造成严重的影响。因此，建立河长制线上会商中心能够弥补和完善线下会商的缺陷，利用信息化优势，改善各部门之间的弱联动性，提高问题处置的协作能力，保证河湖管治的时效性。

本章提供的线上会商平台基于京津冀河长制业务化服务系统，采用视频会议模式，以问题为导向，在识别并描述相关问题后，河长可召集相关责任部门对问题处置方案的制定进行会商，会商平台可直观显示各相关责任部门，单击平台左侧蓝色部门列表可查看部门负责人、联系方式、部门管保责任等信息。河长与部门负责人通过扫描二维码的方式进入线上会商中心。

8.3.2 方案检索与管理

1. 方案库建立

方案库存储的历史治理河湖实例经验，能反映治水的翔实过程信息和人员布设安排，同时提供的“一河一策”方案编制能为现状问题的实施方案编制提供依据。在方案库建设过程中，可参考“一河一策”方案编制经验，建立包括主要问题、问题编码、管保目标、管保指标等内容的库表结构，将每个问题对应的治理目标、任务安排、人员布设意义对应起来，使得部门乃至个人与具体的任务相关联，使每一项任务都有具体的牵头人员。方案库建设数据库表结构如表 8-3 所示。

表 8-3　方案库建设数据库表结构

主要问题	问题编码	管保目标	管保指标值	阶段 1 目标	阶段 1 任务	阶段 1 措施	阶段 1 责任	阶段 1 负责人	……
问题 1									……
问题 2									……
问题 3									……
问题 4									……
……	……	……	……	……	……	……	……	……	……
问题 n									

2. 方案库管理

方案库建立是一个持续不断积累的过程，不仅包括前期整理的实例和预案，在成功治理河湖问题后，制定的方案就是成功的河湖管治经验，经过后台识别与判断，按照表 8-3 的库表结构规范自动存入数据库，以此不断更新、补充和完善方案库，方案库建立是一个知识叠加、数据积累的过程。

3. 方案库检索体系

方案检索方式分为智能推送和专家检索两种方式。智能推送是指利用机器学习算法提取问题描述信息的特征关键词并通过 word2vec 将其转换为文本向量，然后运用大数据、云计算等技术手段通过由方案库中案例数据训练得到的模型进行匹配，从而自动推送与待解决问题相同或相似的案例，最后自动关联方案库中对应案例的解决方案。专家检索是在获取问题描述信息后，河长联动责任部门会商时基于专家经验，通过人工输入关键词的方式进行方案检索，从而缩小检索的范围。智能推送的局限性在于需要一定量级的训练数据，即成功治理河湖水问题的案例，训练数据不足将会降低模型的泛化能力进而导致推送方案与待解决问题不匹配。而专家检索恰好能弥补这样的不足，其操作简单、快捷，检索过程中充分结合了人的主观能动性和历史经验，且不需要庞大数据支撑。同时，河长与各部门会在谈论中集思广益，这有利于促进部门间的协作。但是专家检索费时、费力，检索过程比较分散且具有一定的盲目性，因此也需要智能推送功能的辅助，两种方式相辅相成，共同构成了服务于河长制的问题导向式流程设计模式的方案库检索体系。其中智能推荐将针对历史已有问题和新问题两方面进行介绍，专家检索开发了精确查询结合模糊查询的检索方式。

4. 专家检索体系

专家检索用于弥补智能推送的不足，是指系统后台在识别到河湖问题并对其进行规范化描述后，传输给河流第一负责人即河长，河长在联动相关责任部门会商时，依据问题识别结果，凭借以往河湖治理经验，利用关键字查询方式，匹配到方案库中的相关案例。专家检索方式是运用精确查询结合模糊查询的检索方式进行开发。

（1）精确查询。精确查询是指用户输入需要检索的关键字，系统自动从后台规划好的检索区域中对包含该关键字的字段进行查询、提取并输出。用户输入关键字“水”，问题描述中的“水质状况恶化”“工业用水量超标”“水土流失严重”等含有水的方案均能被检索出来。

（2）模糊查询。模糊查询是与精准查询相反的一个概念，即同义词检索。用户通过“检索管理”中的“同义词典”进行配置。用户在检索页面中输入配置好的同义词中任意一个词进行检索时，选中“查询”复选框，该关键词的所有同义词信息均能被检索出来，从而得出较多的检索结果。例如，系统后台配置了“水质”与“氨氮”为同义词后，检索“水质”，包含“氨氮”的问题描述也会出现在检索结果中。

8.3.3 方案制定与派发

在获取到推荐的参考方案后，河长与相关联动部门需要针对识别到的河湖水问题的特性，对推荐的方案进行修改、完善后再派发，方案制定过程是保障问题能够精准处置的体现，也是对“一河一策”号召的大力响应。实施方案的制定结果对河湖的管保起着决定性作用，好的、有针对性的、责任分工明确的实施方案是河湖水问题能够高效解决的关键，实施方案的制定要注意以下几个方面的问题。

1. 问题分轻重

问题的解决与否取决于河长与各部门之间的协调合作，同时受限于人力、物力和财力，因此，以问题为导向的河长制管理实施方案的制定，要针对河湖水问题的轻重缓急对识别到的问题群进行分级划分后再处理。

（1）重要且紧急的水问题。此类问题要启动最高优先级，尽快处置，否则会造成重大影响，其往往是涉及生命财产安全的重大问题，一般具有不可预见性。例如，饮水水源出现严重的突发污染事件。

（2）重要但不紧急的水问题。对于这类水问题一般是启动预防型工作，并不需要处置人员搁置手头工作马上去解决，但如果没处置好，有可能导致严重的后果。例如，岸界边坡不稳定在暴雨状况下可能带来严重水土流失甚至泥石流现象。

（3）紧急但不重要的水问题。此类问题指不会对河湖健康带来影响的水问题，但需要部门紧急处理的事件，针对此类问题，可采用封闭式管理模式，尽可能回避，或安排、委托其他人来处置。

（4）不紧急也不重要的水问题。此类问题在时间分配、人员布设等充裕的情况下，可以考虑进行处置，若时间、人力、物力、财力不充裕，可搁置不予解决。

问题轻重的划分体现的是决策者的管理与组织能力，因此在此过程中，尽可能听取更多协同部门的意见，共同对问题的处置级别进行划分，便于执行人员采取相应行动。不同级别问题采取的应对手段如表 8-4 所示。

表 8-4 不同级别问题采取的应对手段

等级划分	应对手段
重要且紧急的水问题	启动最高优先级，尽快处置
重要但不紧急的水问题	启动预防型工作，并不需要处置人员搁置手头工作马上去解决
紧急但不重要的水问题	尽可能回避，或安排、委托其他人来处置
不紧急也不重要的水问题	可考虑搁置不予解决

2. 任务分阶段

河长制管理是管理人员、执行人员与河湖水问题之间的长线“拉锯战”，绝大部分水问题的处置，都不是短期能完成的任务目标，是需要各部门共同出力的长线工作。因此，在制定实施方案时，应以推送方案的任务阶段定制为参考，划分任务的处置的阶段性目标，拟定预计时间内期望达到的处置目标值。任务分阶段要注意以下几点。

（1）参考治理方案。任务的制定以推送方案为参考，在设计方案库内容时，就对成功河湖治理经验的任务执行阶段有明确的划分，因此匹配到的案例为任务划分提供有力的决策支撑。

（2）深入认识问题。任务的划分是以问题为导向的，因此要对问题有清晰和深入的认识，结合河湖自身特点以及问题的紧迫性和重要性，划分适合该河湖水问题治理的切实可行的阶段性目标。

（3）认清资源现状。任务的阶段划分不能一味参考经验和盲目寻求时效，还要考虑协调部门与执行人员资源现状，结合负责人的时间、人力、物力、财力等资源现状，提出适应现状资源条件下最适宜的阶段任务划分。

（4）统一指挥中心。河长制任务执行涉及横向协调部门与纵向协调部门，庞杂的部门体系需要一个统一的指挥中心来进行组织与管理，才有利于指令、消息和任务的准确、及时下达，才有助于任务分阶段的顺利实施。

对任务进行阶段性划分符合河湖水问题处置的特点，同时处置阶段的划分还是一个需要不断完善与调整的动态过程，实施阶段中不断对问题处置的进度与效果进行反馈，然后不断规范、补充和完善阶段性任务要求。

3. 处置分河段

河长制管理在纵向上规定了各级河长的管理区域范围并给予公示，在处理河湖水问题时，上级河长确定的目标与任务层层分解到相应的下级河长的管保河段，明确属地的处置责任。各级河长作为规定管保段的组织者和领导者，再协调部门进行会商处置。分河段处置如图 8-13 所示。

4. 责任分部门

河长制管理坚持责任明晰的原则，强调对部门分工的精细化管理。对任务进行阶段性

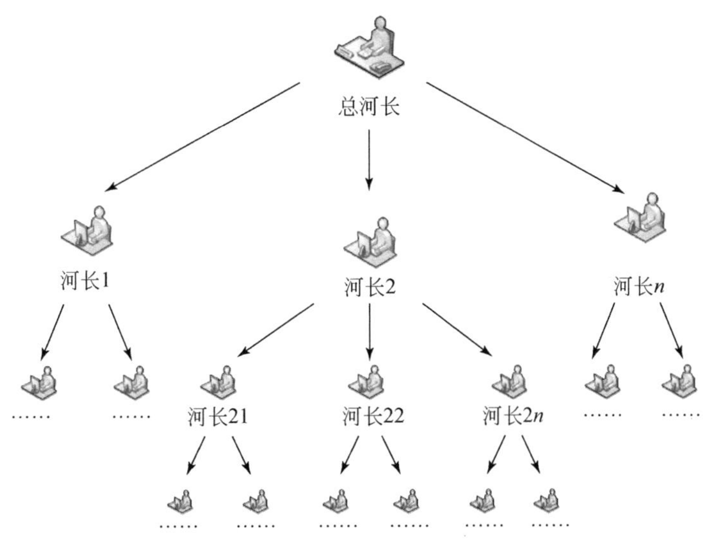

图 8-13　分河段处置

分解后，河长需要联动管保区域内的相关责任部门对每一阶段的任务执行进行细化分工，河湖水问题处置不是一个部门的单独行动，而是各部门协同合作的过程，精细化的分工可以进一步明晰责权利，因此，需要明确各项任务的牵头单位和配合部门，然后各部门再将治理任务逐一落实，细化到每个执行人员，做到治理过程可监测、可监督、可考核。

"指挥联动"流程设计下的部门责任分工如图 8-14 所示。

8.3.4　在线反馈与评价

治理任务的落实是河长制过程化管理的重要体现。在方案实施阶段，人的参与显得尤为重要，整个治理过程需要不断强化部门协作能力，以保证河湖水问题能够顺利解决。执行层的管理者需要向上级实时反馈治理的进度、效果以及治理过程可能伴随的新问题，决策者在接收到相关反馈信息后需要再次联动部门会商，并对反馈结果做出响应，不断对实施方案进行调整与完善，这是个不断滚动循环修复的过程。

1. 治理成效反馈

治理成效反馈分为两种形式，一种形式是借助综合调控平台的实时在线监控系统，其使得数据信息在平台系统得以实时更新，系统在流程化的处置状态下进入新一轮的问题识别阶段，并自动识别和反馈问题处置的结果以及河湖可能伴随的新问题；另一种形式是通过执行层的管理者对任务执行进程以及治理效果及识别到的新问题进行阶段性反馈，相关管理者及责任部门将信息层层上报至最高管理层。

"指挥联动"流程设计下的治理成效反馈过程如图 8-15 所示。

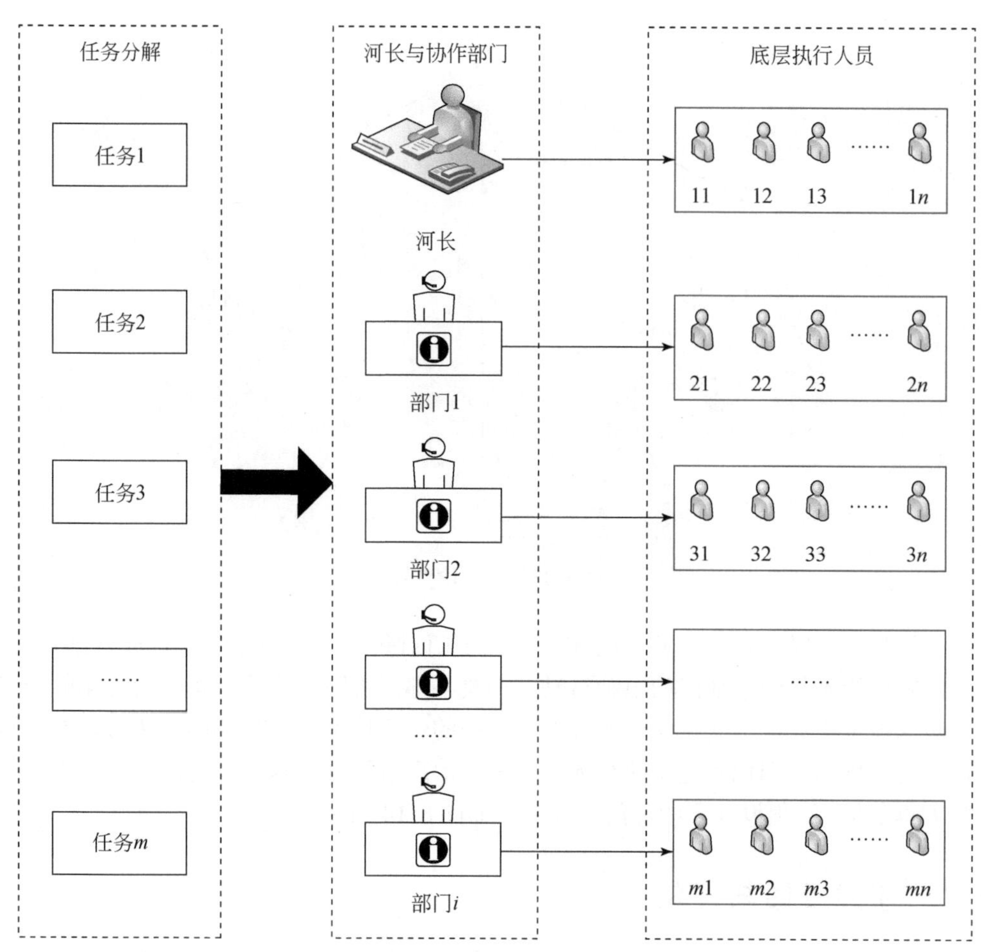

图 8-14 “指挥联动”流程设计下的部门责任分工

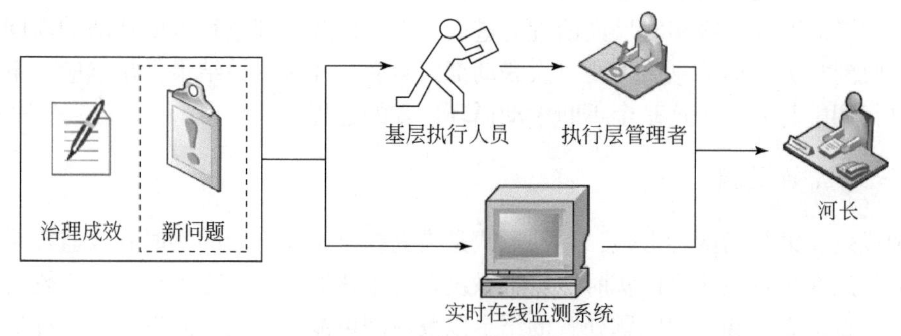

图 8-15 “指挥联动”流程设计下的治理成效反馈过程

2. 方案调整与完善

方案的调整是基于问题处置成效进行的。河长与联动部门接收到河湖治理的反馈信息后，可进入新一轮的会商模式，重复上述“线上会商”“方案库检索”等流程步骤，对平台系统识别到的本次处置效果与当前部门反馈的信息数据进行再分析，过程中可能伴随着河湖动态变化趋势下识别到的新问题，然后对方案进行再编制，不断调整和完善治理，以确保河长和执行层能够及时采取行动，快速解决问题。方案的不断调整与完善，是各级河长与相关责任部门、上层管理者与基层执行者强监督、高关联的过程。成效反馈过程和方案改进过程离不开高度发达的计算机系统，其中在线考核评估体系是确保两者有效发力的关键。

“指挥联动”流程设计的过程化治理如图 8-16 所示。

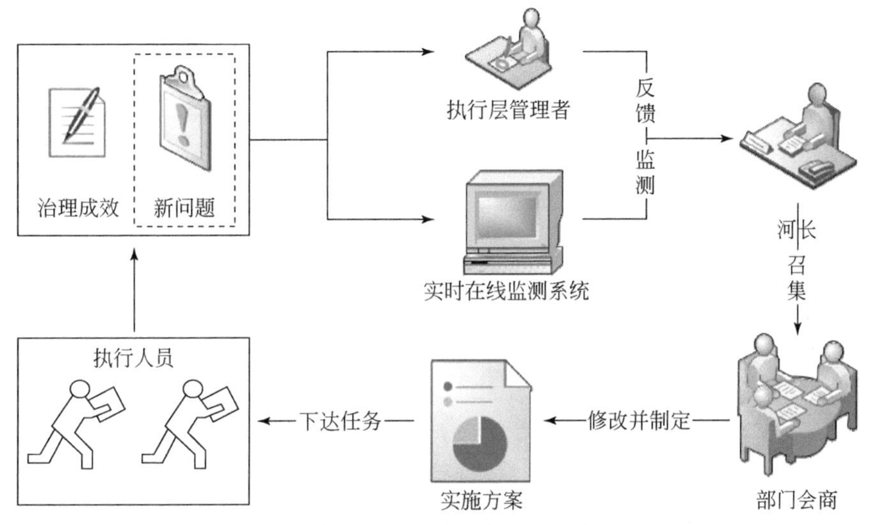

图 8-16 “指挥联动”流程设计的过程化治理

8.4 河长制考核评估流程设计

服务于河长制的问题导向式流程设计模式强调过程化治理，而过程化治理离不开在线考核评估体系的建设。在线考核评估体系是基于实时在线监测系统建设的，贯穿河长制管理的整个过程，是保障“问题导向”流程能顺利进行的关键，也是确保“指挥联动”过程能有效进行的核心。

根据考核对象的不同，分为“实时在线指标评价机制”和“实时在线绩效考核机制”。前者强调通过对河湖水信息数据的实时采集和传输，利用数学方法、水文模型、计算机技术对数据信息进行处理，评价河湖存在的现状问题；后者是通过实时在线监测系统，考核执行者对河湖水问题处理的效果，从而实现对人和管理的考核。考核评估体系使河湖水问题治理过程可监测、可监督、可考核，将河湖治理与人的绩效考核连接起来，实现人监管、治理河湖，河湖反映人执行力的双向评估体系。河长制管理“考核评估”体系如图 8-17 所示。

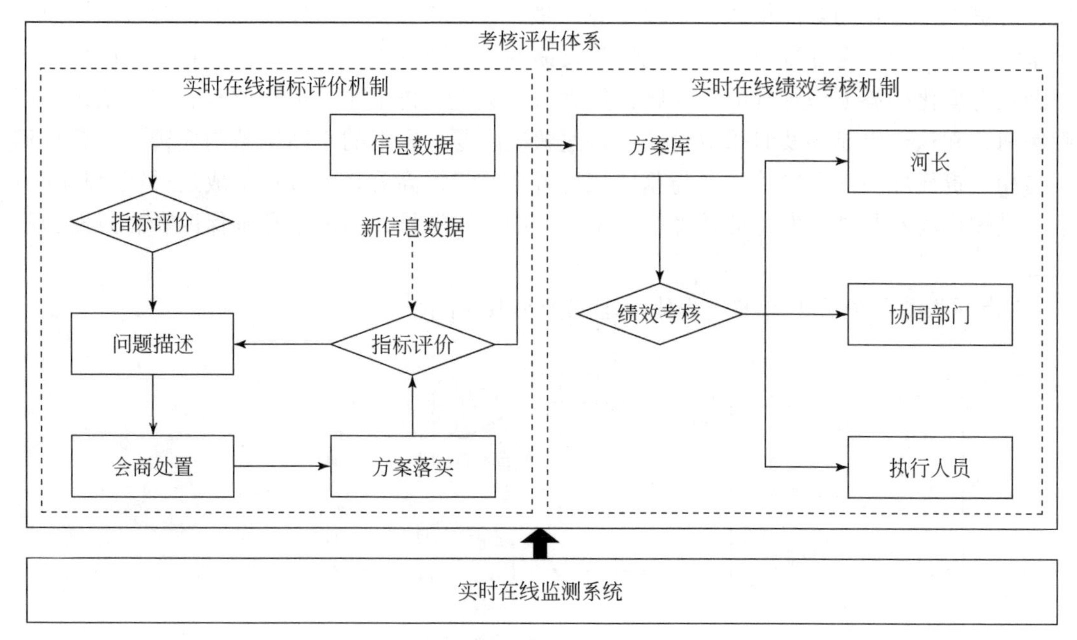

图 8-17　河长制管理“考核评估”体系

8.4.1　在线指标评价体系

通过对河湖水质、水情在线监测，建立了在线指标评价体系，把接收到的数据信息转化成“问题描述”呈现给管理层，管理层迅速做出决策与任务指令。在任务执行过程中，在线指标评价体系持续不断对治理过程的信息数据进行采集与传输，继续转化为相应的“问题描述”，形成一个滚动的闭环流程化决策服务。在线指标评价体系流程如图 8-18 所示。

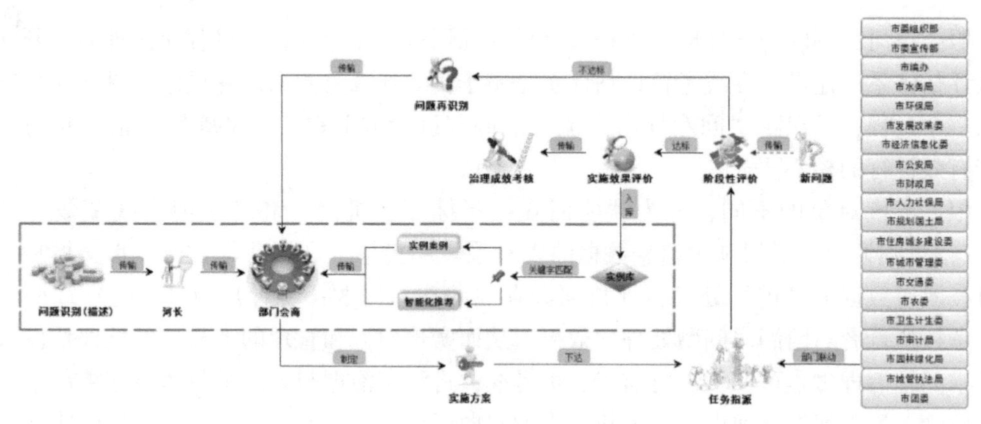

图 8-18　在线指标评价体系流程

1. “问题导向”流程中的指标评价

“问题导向”过程中的在线评价机制就是借助计算机手段，对河湖信息进行实时监控和采集，结合河湖管理保护目标与任务，借助计算机后台数据信息、数学算法、水文模型等对河湖现状进行实时识别，判断其存在的问题，以此提高工作效率。

2. “指挥联动”流程中的指标评价

在河湖问题处理过程中，利用“滚动评价”模式的优势，实时反馈行动方的处置结果，相关责任部门也可以实时跟进处置过程，这种机制是一种过程化的治理机制，与此同时，借助在线指标评价体系，实时更新问题，避免了处置过程中忽视新事件、新问题发生的情况。对于阶段性评价的达标结果，及时入库存档，以作为将来部门会商时的参考方案。对于阶段性评价的不达标结果，进行问题再识别，再次进行部门会商，制定实施方案，下达任务指派，实时跟进再评价，循环往复，直至问题解决。这样不仅可以阶段性考核评价治理实施效果，也可以实时更新该河湖流域的新事件、新问题，及时做出响应处理。

8.4.2 在线绩效考核评价体系

“考核评估”流程同时还建立了在线绩效考核评价体系，将河湖管保成效与管理者和执行者的绩效联系起来，通过对人的约束推动对河湖的管理保护，达到保护河湖持续健康的目的。治理过程中，河长、协同部门和执行者若认真履职，则可促进河流、湖泊、水库、水域岸线等的常态化管理；若不认真履职，河长制将形同虚设，存在的问题仍然难以解决。因此，建立在线绩效考核评价体系能促进“河长制”的全面实施和快速见效。

1. 河长制组织结构

河长制是由省、市、县、乡、村五级河长建立的组织体系。各省（自治区、直辖市）设立总河长，由党委或政府主要负责同志担任；各省（自治区、直辖市）行政区域内主要河湖设立河长，由省级负责同志担任；各河湖所在市、县、乡均分级分段设立河长，由同级负责同志担任。县级及以上河长设置相应的河长制办公室，具体组成由各地根据实际确定。本级河长有权组织协同部门处置河湖水问题并将问题层层上报，同时对下级河湖管保有监督和考核作用，同时社会公众有义务对各个管理层和执行层开展的治理工作进行监督。河长制组织结构如图8-19所示。

2. 考核评价体系建立

基于“问题导向”和“流程再造”的河长制业务化服务研究的绩效考核按照河长制服务的五个行政区划级别，从村级、乡级河长到县级河长，再到市级河长，最后到省级河长，将考核结果层层上报直到河长制工作领导小组。每一个行政级别的河长制小组，都增

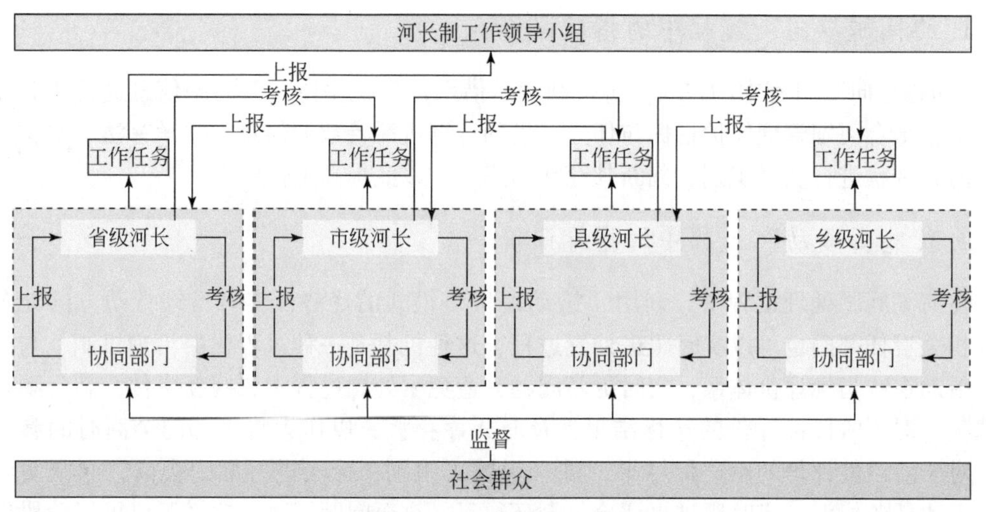

图 8-19　河长制组织结构

加了群众监督举报的功能，着重强调了群众反馈对河流治理成效考核的作用。五个级别的河长制小组都要根据考核结果生成工作报告，并统一录入河长制工作资料库，同时可以从河长制工作资料库中查询数据。河长制在线绩效考核评价体系如图 8-20 所示。

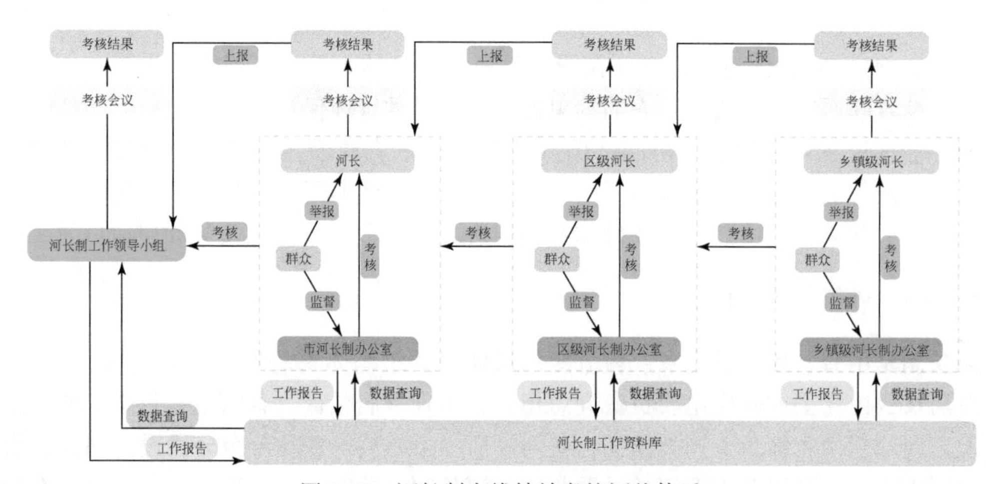

图 8-20　河长制在线绩效考核评价体系

8.5　河长制考核管理集成应用

根据基于“问题导向”和“流程再造”的河长制业务化服务研究，开发了京津冀河长制业务化服务系统，重点解决“河长制”权、责、利不明确，数据采集任务繁重等问题，运用信息化手段，在线考核河长制工作进度，并实现群众的举报监督功能，使河长制效益得到充分发挥（朱玫，2017）。京津冀河长制业务化服务系统包括两大业务模块，分别是“河流治理”模块和“绩效考核”模块。“河流治理”模块的重点在于对河流的管理，“绩效考核”模块的重点在于对河长或者相关部门的考核，两模块相互独立又紧密联系。处理好河长制工作的考核，能有效地推动河流治理，绩效考核是“河流治理”模块的基础，河流治理的成功是河长制的必然追求，最终目的是把河流管理好。京津冀河长制业务化服务系统主界面如图 8-21 所示。

图 8-21 京津冀河长制业务化服务系统主界面

1. “信息源获取”模块

京津冀河长制业务化服务系统的数据信息源于三方面，归于五大类，包括固定或移动式站点的监测信息、人工巡测信息、河长管辖河流范围内社会群众的监督信息。其中，监测信息以列表形式展现，监督信息以图片形式展现，包括水资源信息、水域岸线信息、水污染信息、水环境信息、水生态信息。将获取到的信息存入后台数据库，单击相应模块以一定的方式进行信息展示。单击图 8-21 “河流治理”模块，进入信息源获取主界面，如图 8-22 所示，以某河流为例进行详细说明。

单击图 8-22 左侧流程图中的方形文字节点“河流基本信息”即可以列表形式查看河流基本信息，点击右侧方形图片节点即可展示各类信息的详细情况，如河流名称、流域名称、所属河长信息等，还可以查看该河流的实景考察图片，各类信息详细情况如图 8-23 所示。

2. 问题识别模块

单击图 8-22 “信息源获取主界面”中“下一步”按钮，页面跳转到问题识别主界面，如图 8-24 所示。主要功能为识别水资源考核、水域岸线考核、水污染考核、水环境考核、

图 8-22 信息源获取主界面

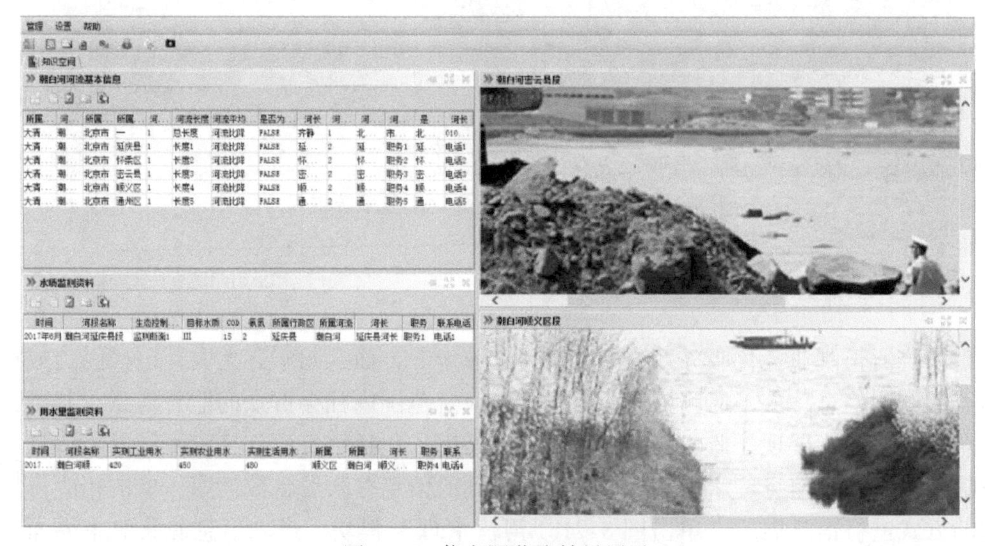

图 8-23 信息源获取结果展示

水生态考核过程中存在的问题。单击不同模块按钮可以分别进入该模块进行问题识别。

把由三方面获取到的五大类信息与后台设置好的预期标准值进行对比计算，并将其结果以规范化列表形式传入各考核模块中，将考核后的不达标指标放入“存在问题”模块，便于查阅，对突出问题优先解决。问题识别结果如图 8-25 所示。

3. 联动处置模块

单击图 8-24“问题识别主界面”中的“下一步”按钮，页面跳转到联动处置主界面，联动处置是河湖管理的关键环节，是连接问题识别与方案执行的桥梁。联动处置主界面如

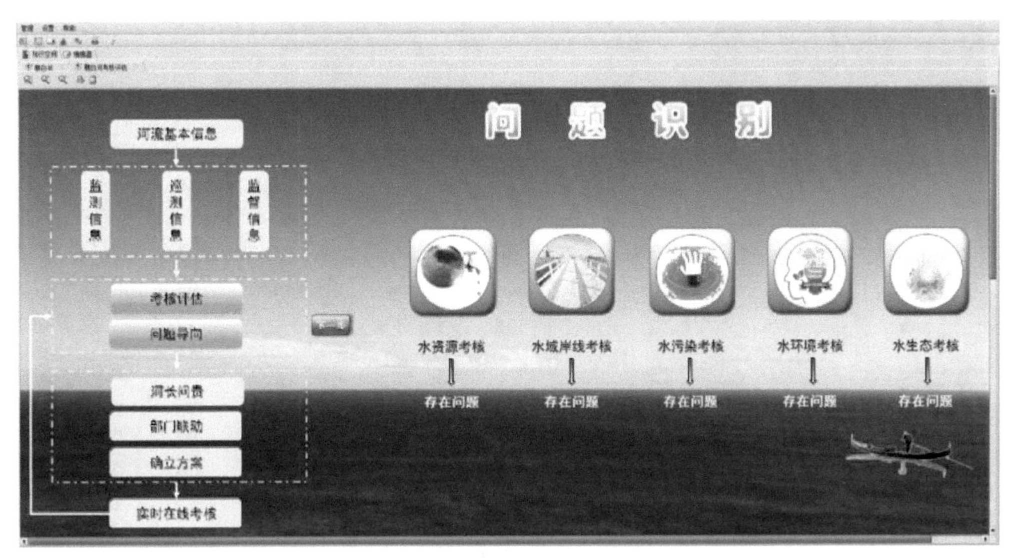

图 8-24　问题识别主界面

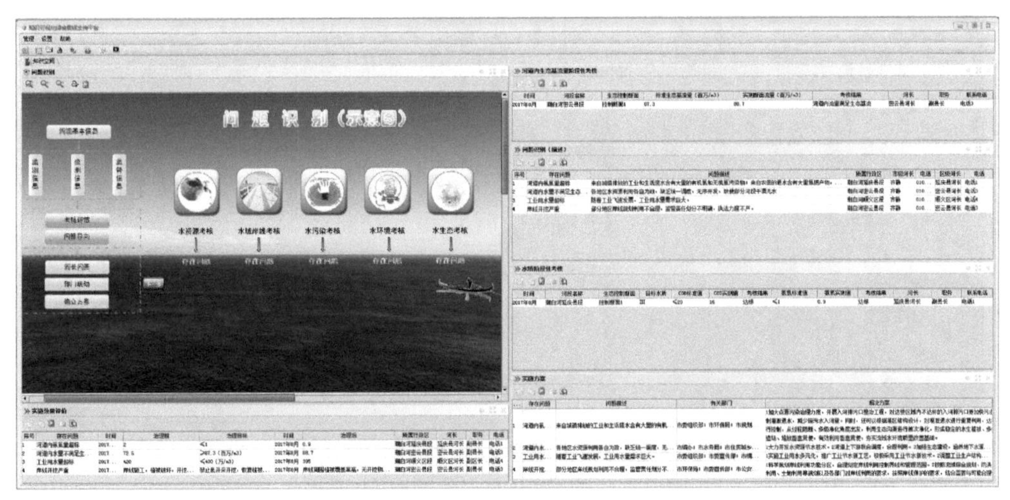

图 8-25　问题识别结果

图 8-26 所示。

根据识别到的河湖水问题，河长联动相关部门进行会商。系统首先对问题进行汇总。会商过程中，从由历史问题及其配套解决方案和事先准备的各种预案组成的方案库中调取参考方案，在此基础上修改生成实施方案，然后根据各部门责任分工指派任务，责任落实到对应的基层执行人员，如图 8-27 所示。

处理过程中，行动方实时反馈到各部门，系统根据反馈信息考核评估治理结果是否达标，并记录当下治理进度及效果，不断接收该河湖的新问题并反馈给河长，与此同时将评价达标项以及行动方案入库存档，自动更新方案库。对于阶段性评价的不达标结果，系统

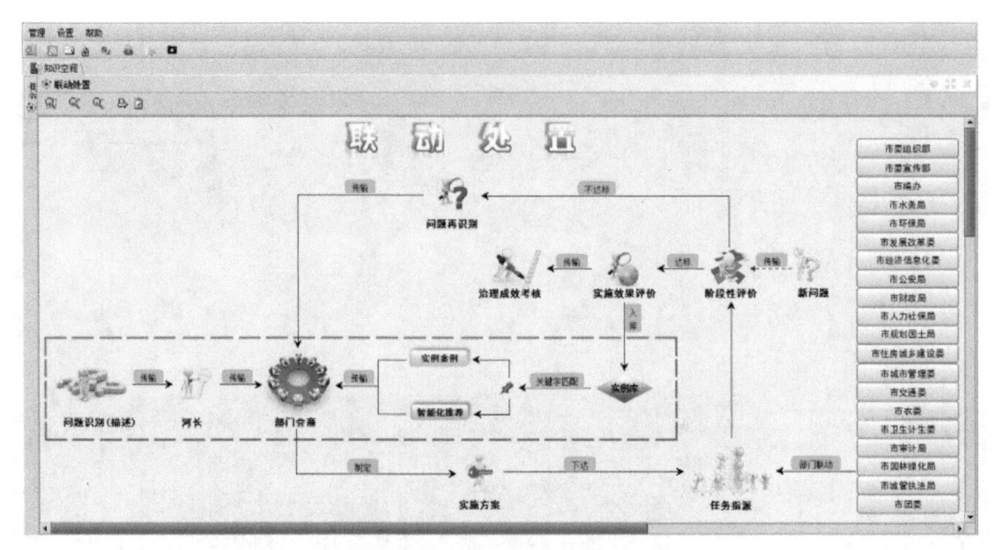

图 8-26　联动处置主界面

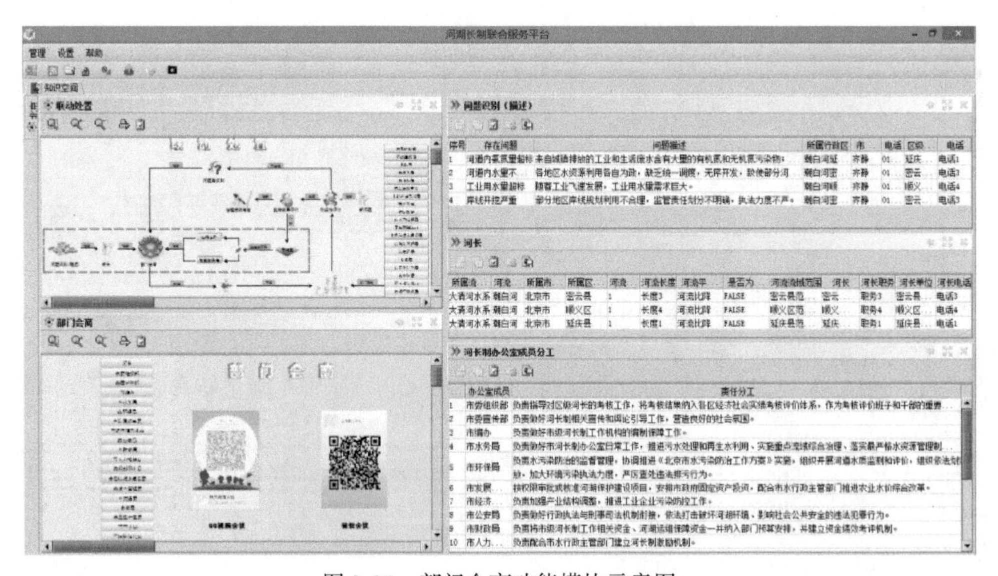

图 8-27　部门会商功能模块示意图

会进行问题再识别，而后反馈给河长，河长联动部门再次会商制定实施方案，循环往复，直至问题解决。联动处置功能模块如图 8-28 所示。

4. 在线评价模块

点击图 8-26“联动处置主界面”中的“阶段性评价”节点，可实时显示评价结果，并对可能加入的新问题进行识别，并将不达标项与新问题反馈给相关部门，最后上报至河长，河长组织部门进行新一轮的联动处置。同时，将任务达标连同行动方案入库存档，自

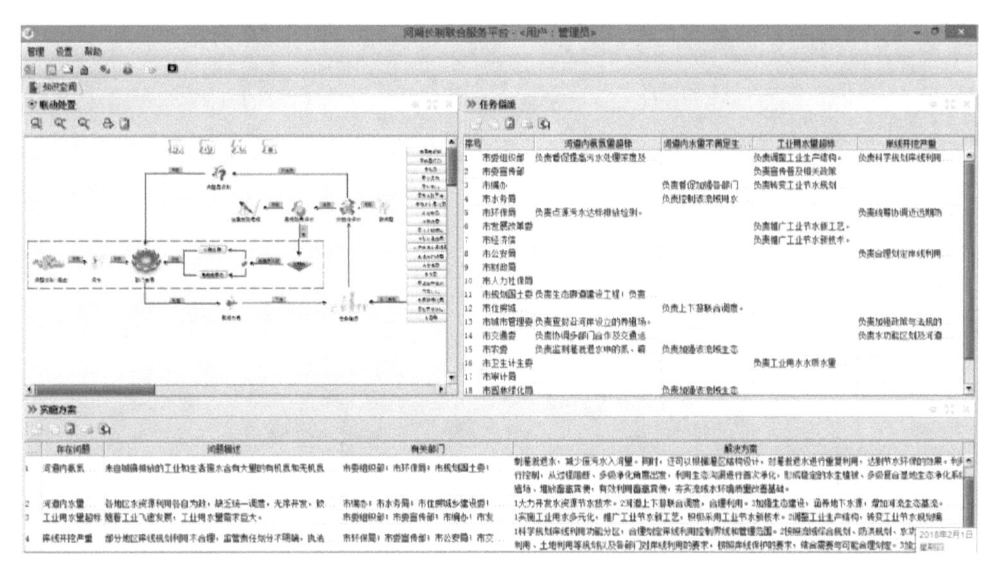

图 8-28　联动处置功能模块

动更新方案库。阶段性评价即新一轮的问题识别。阶段性评价结果如图 8-29 所示。

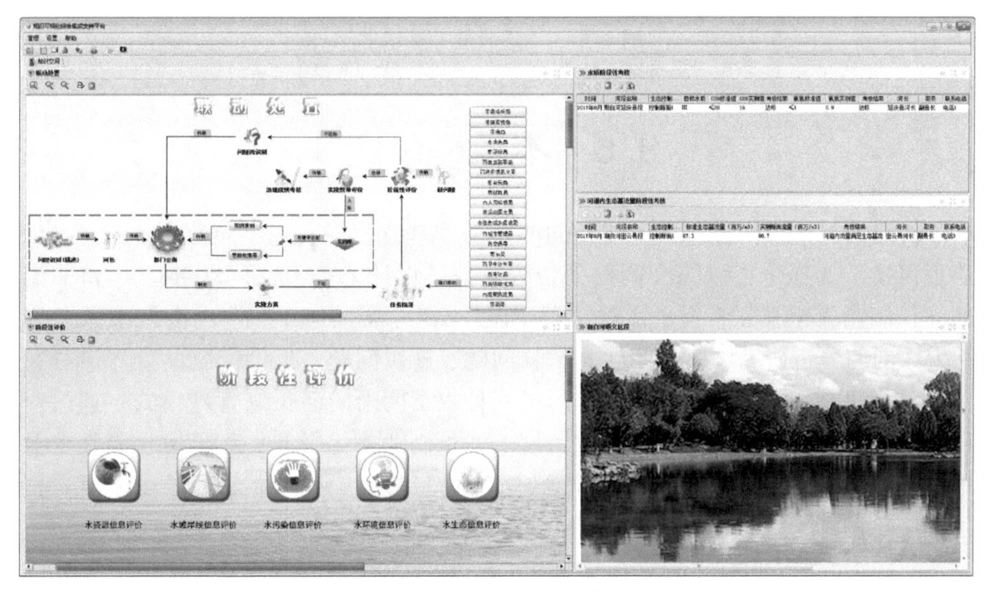

图 8-29　阶段性评价结果

5. “绩效考核”模块

单击图 8-21“京津冀河长制业务化服务系统主界面”中的“绩效考核”图形节点页面可跳转至治理成效模块主界面，单击图中“河长制工作领导小组”文字节点，治理成效考核结果将以列表形式展示。图 8-30 为治理成效考核结果。

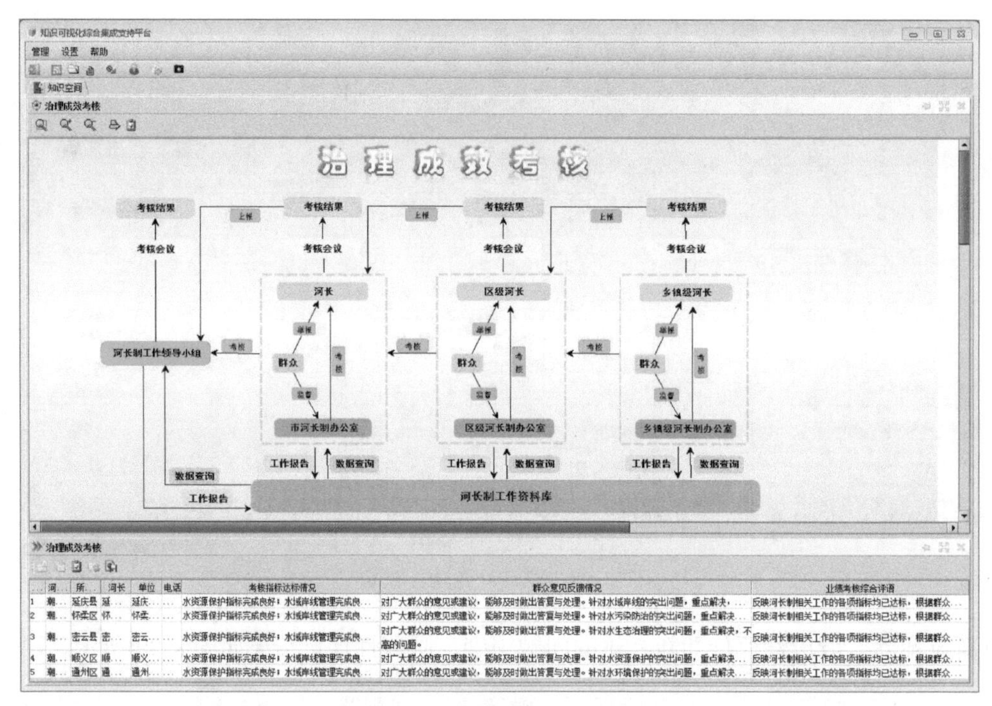

图 8-30　治理成效考核结果

8.6　本章小结

本章从河长制信息化管理服务建设的两个基本理念出发，以“问题导向”为出发点，以“流程再造”为抓手，以综合调控平台为支撑，设计了基于“问题导向”和“流程再造”的河长制业务化服务流程。针对“需要做什么”“需要怎么做”“由谁来做”确立了以问题为导向的分析研究、发现问题、解释问题、解决问题、反馈问题的处置流程，搭建实时反馈、滚动修正的闭环服务系统，形成一种权责明晰的河长制管理模式，通过对人的管制和约束，达到对河湖水问题的高效治理。河长制业务化服务贯穿于河长制整个管理过程，形成一种权责利分明的河长制管理模式，从而建立“面向动态化管理过程的决策服务”河长制机制。

第9章　京津冀水权交易与社会化节水业务化服务

近年来，水权水市场布局加速，利用市场机制来提高水资源利用效率日益受到重视。我国已经出台多部推进水权制度发展的政策法规，同时在全国各地积极开展水权水市场试点工作，目前初始框架已形成并逐渐完善。习近平总书记提出了“节水优先、空间均衡、系统治理、两手发力”的治水思路，将节水放在首位，这是针对我国国情、水情，总结世界各国发展经验，着眼中华民族永续发展做出的关键选择，是新时期治水工作必须始终遵循的根本方针。无论是水权交易体制还是节水服务，从具体实践来看，现阶段发展仍旧相对缓慢。本章基于综合调控平台进行水权交易服务，对动态确权过程和交易过程进行可视化描述，提供水权确权登记、交易流转、合约管理的在线处理和动态管理等服务，以满足动态确权和交易过程中的需求。通过建立并完善节水服务网站，以人为本，为用户提供个性化的节水服务，为节水服务的社会化普及提供参考。

9.1　交易现状与问题分析

9.1.1　水权交易现状

目前，从水权水市场的研究进展来看，近几年我国的水权水市场建设已经取得明显成效。首先在制度建设方面，不同用水管理部门相继出台了多项相应的政策和制度，以促进地区水权水市场的发展。在相应理论研究方面，从初始水权分配到水权交易，诸多研究学者提出了多种初始水权分配方法以及水权交易模型，同时，积极引进国外典型的交易手段以及交易方法，为领导决策提供支持。在具体实施过程中，全国已经在多地开展了水权交易试点工作，并且取得了良好的成效。但同时也暴露了水权交易实施过程中存在的许多问题，以京津冀为例，现有的水权交易大部分为区域间的水权交易，没有将水权交易落实到用水户层面，难以发挥其最初的目的（潘二恒，2018）。

（1）大多由政府主导操作，市场机制不明显。较多的水权交易仅是在政府主导下的一次性水权交易，市场的调节作用没有得到很好发挥，而水权交易的关键恰好在于利用市场的调节能力对水资源进行优化配置。同时，政府以及相关用水管理部门出台了大量的政策和制度，虽然目的在于规范水权水市场，但由于约束过多，一定程度上限制了水权水市场发展，无法达到水权交易最初目的。

（2）缺乏有效的水权交易运行机制。水权水市场严格意义上来说是一个“准市场”，不是完全意义上的自由市场。需要市场主体、市场客体、交易平台、交易规则、市场监督以及政府监督等多个组成因素共同发力，才能真正实现水权水市场的建设，如何协调多个组成因素以及多个监管部门是水权水市场建设的核心问题，而目前的水权水市场缺乏一套有效的运作体系来保证其正常的发展，以京津冀为例，水权水市场需要一套完整有效的运行机制。

（3）市场监督体系不健全。水权水市场作为准市场，监督体系对其显得格外重要，交易主体和监督主体是水权水市场的重要组成部分，水权水市场不仅需要政府监督，更加需要市场监督和社会监督。而京津冀目前的水权水市场建设更多的是交易制度的建设以及实施方法的研究，监督体系有待进一步完善，这导致水权交易过程中容易出现一些无法预知的问题且这些问题无法得到有效解决，阻碍了水权水市场的发展。

9.1.2 现状问题分析

对上述京津冀水权水市场建设中出现的问题进行深入剖析发现，传统的交易方式包括股权交易或者商品交易无法适应动态的确权过程以及交易过程，首先是确权过程的动态性，在初始水权分配过程中，不同的交易主体，在不同的时间节点下，其初始水权不应该是一个固定不变的值，需要根据不同的情景、不同的政策需求以及不同的市场需求动态实时地确定初始水权。例如，当来水足够的情况下应该为用水户分配更多的初始水权，相反应该更少。其次是交易过程的动态性，包括交易过程中存在诸多不确定性，以及交易边界条件的不确定性。例如，用水户的水源类型不同、取水地点的不同或者第三方效应的不同，均会直接或间接影响交易过程。

水权确权过程和交易过程中存在诸多动态变化特征，管理部门需要不停地颁布法律法规，导致现有的水权水市场大多由政府主导，市场机制有待进一步完善。现有政策制度难以完全支撑动态的交易过程，导致现有的运行机制无法正常运行，经常出现为了弥补存在的问题而出台另一项政策，进而又出现其余的更多问题的现象。对水权水市场的监管根本应该从自身监管出发，公众及其他监管应该仅是一种辅助手段。因此，本书认为要解决监管问题，应该采用重视市场合约的监管方式，从交易主体自身的角度去约束，健全水权交易合约体系，将自身监管与公众监管结合起来才能从根本上保证交易过程的科学合理、公平公正。

9.2 确权管理与合约管理

水资源确权是水权交易和制定交易合约的基础，水权交易的对象是水资源使用权，交易的前提是用户需要拥有水权，而确权的目的便是将有限的水资源使用权科学、合理、公平地分配给用水户，为水权交易提供服务。交易合约是水权交易的保障，水权水市场拥有市场的规则，要保证水权水市场的科学与可持续发展，要求交易主体遵守相应的市场规则，而要求的手段便是以合约的方式去约束交易主体，水资源确权与水权交易合约均需要服务于水权交易。

结合京津冀特点，分析水权交易过程，初始水权分配为交易前提，只有做好初始水权分配，水权交易才存在可能，水权交易需要以初始水权分配为基础，同时分配是否合理直接决定水权交易能否正常运转。交易流转为水权交易的核心，交易合约作为保障，维护水权交易的公平、公正、科学、合理。

9.2.1 初始水权分配流程

对于初始水权的分配，首先进行一次初始分配，其次根据不同需求进行维护调整，建立动态可调整的初始水权分配规制。初始水权分配的影响因素是动态变化的，因此需要做到既公平、公正又科学、合理，静态的分配方法和固定的分配结果不能满足要求，需要定义出动态可变的初始水权，并且在实际的分配过程中管理的作用大于分配，初始分配只是给出一个初始水权的初始值。在初始水权动态化管理环节，通过规制的杠杆作用来动态调整初始水权的分配结果，使其最终满足各项分配原则。

初始水权分配主要在于定性分析，将初始水权按照相应属性进行分割，分成可变部分与不可变部分，再对可变部分进行区间划分，避免极端情况出现，并方便后期管理。维护管理主要在于定量计算，水资源所有权归国家所有，政府代替国家执行初始水权分配的权利，为保证公平性，采用规制的方式进行约定，以规制作为管理依据，根据规制经济学理论，合理的规制可以促进资源的合理配置。将规制进行模型化概括，并通过计算机编程实现，以规制作为调整依据，实现初始水权的动态化管理。

由于初始水权存在一个变化范围，考虑其合理性，一方面从用水户角度来考虑，要做到合理性，初始水权必须满足保证用水户正常生产的最低用水量；另一方面从分配者角度来考虑，结合最严格水资源管理制度，其分配总量不能超过该地区的用水总量红线。

结合定额法，对于用水户生产的每一种耗水产品，均存在一个满足其正常生产的最低用水量，结合整个分配地区的用水户的所有耗水产品的产量，可以确定出用水户初始水权的区间下限，即各个用水户的基本水权；结合用水总量红线，扣除预留水权，再去掉基本水权，然后按照用水户基本水权将其等比分配给各用水户，用水户的这部分水权为可变水权，基本水权加上可变水权即为用水户初始水权的区间上限。可变水权再通过规制的杠杆作用进行动态调整，以此保证初始水权分配的科学合理性。水资源确权管理流程如图 9-1 所示。

9.2.2 水权交易流转流程

水权交易流转以水资源确权登记为基础，管理者对用水户进行开户，并为用水户提供默认账号以及密码，用水户通过此账号密码可以进入京津冀水权交易业务服务系统，进行个人的水权交易业务。要完成一次交易，需要用水户提交交易申请，申请通过交易中心审核之后直接进入挂牌展示阶段，下一步进入挂牌交易界面，与有交易意向的用水户联系进行协商，在此过程中，用水户可以随时撤销自己的挂牌信息。双方进行交易协商，一旦达成协议便可以在系统中进行交易授权申请，由交易中心对其交易信息进行审核，审核通过之后系统根据交易信息形成交易合约，最后由买方、卖方以及交易中心同时签订三方合

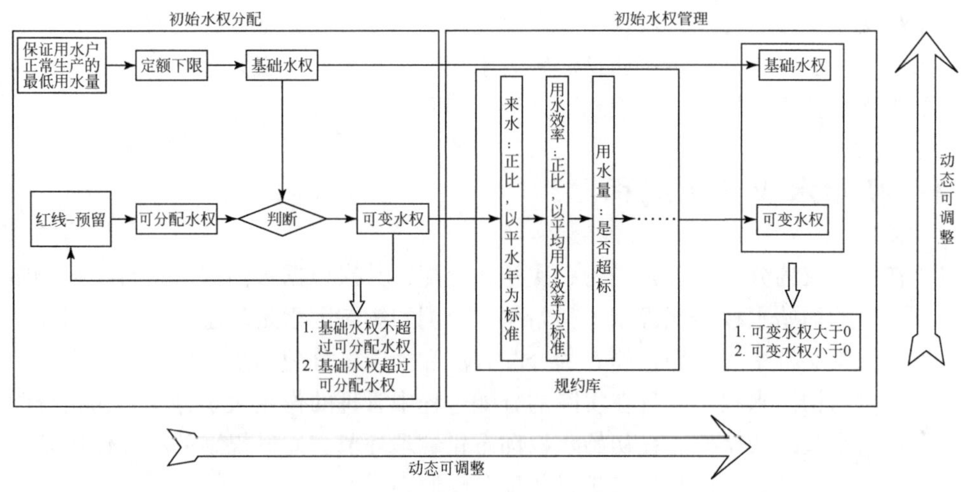

图 9-1　水资源确权管理流程

约，整个交易达成。水权交易流程如图 9-2 所示。

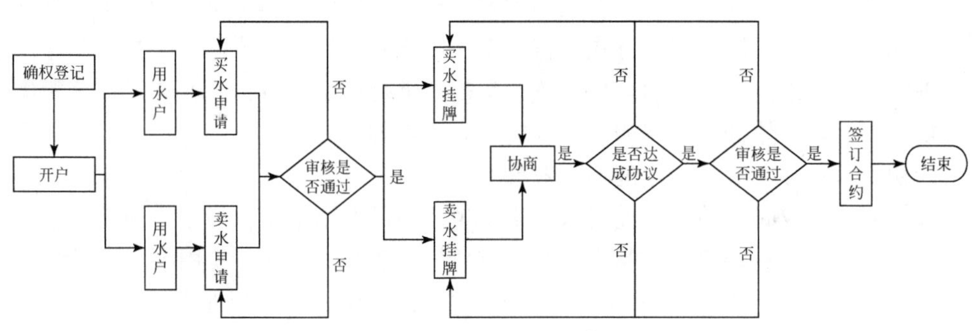

图 9-2　水权交易流程

9.2.3　合约管理流程

合约管理以交易流转过程中交易审核通过为基础，审核通过之后，系统根据交易订单查询相关基本交易信息，包括交易的水量、水价、期限等信息，然后由这些基本信息确定基本协议，再由基本协议生成基础合约。为维护合约的科学合理，最终达到保证整个合约合理进行的目的，需要补充附加协议，附加协议是为了保证交易过程中出现的特殊情况能够得到妥善处理而提出的，附加协议根据基本协议的内容通过规制的调整形成。例如，为推进水权由农业向工业的流转，提高用水效益，对交易主体设定相关规制，在基本协议中判断，如果水权交易是由农业向工业的转移，则增加相关奖励的协议，这样便可以促进水权从农业向工业的流转。以此种方式动态生成附加协议，再生成相关附加合约，附加合约和基础合约统一作用于买方、卖方以及交易中心，以此来保障水权交易过程的正常运转。合约管理流程如图 9-3 所示。

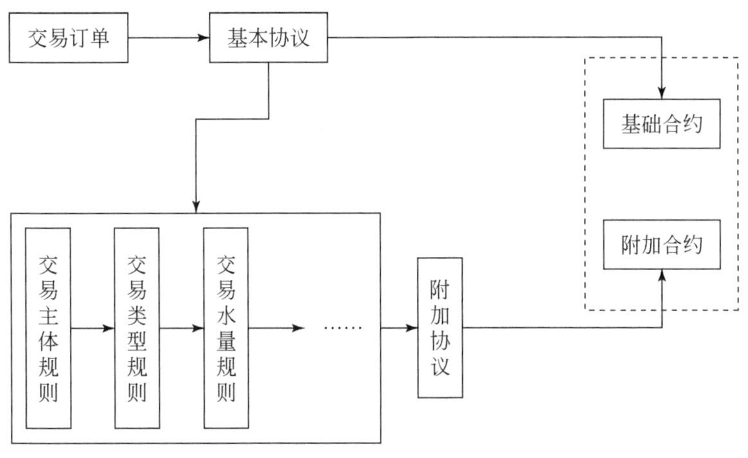

图9-3 合约管理流程

9.3 水权交易过程化实现

水权交易过程化实现的总体结构是通过建立总的和区域的交易中心来进行区域和用水户的水权交易。采用分层管理的系统体系结构，以需求为导向，针对不同的使用对象，搭建京津冀水权交易业务服务系统和公众服务系统，实现动态化的水权交易过程。

9.3.1 系统总体结构

分析京津冀水资源状况以及用水户的用水情况，京津冀主要存在区域水权交易和用水户水权交易两种交易类型，为了保证交易过程的正常流转，对整个京津冀进行区域划分，以每一个市级行政区作为一个交易分中心，交易分中心主要管理该市范围内的水权交易相关业务，管理的交易类型为用水户水权交易；同时京津冀设立一个总交易中心，总交易中心主要管理各交易分中心之间的水权交易业务，管理的交易类型为区域水权交易。因此，整体交易布局为金字塔式布局，区域水权交易由京津冀总交易中心管理，用水户水权交易由各交易分中心管理。京津冀水权交易业务服务系统总体结构如图9-4所示。

9.3.2 系统体系结构

对京津冀水权交易业务服务系统体系进行分层管理，底层为数据层，包括水资源确权数据、取水许可数据、水权规则文件数据、交易数据以及审批数据等数据均由数据库进行管理，并向业务层提供服务。中间层为业务层，业务层基于数据层并结合交易过程形成各种业务模块，包括确权管理、交易流转以及合约管理等业务，这些业务模块由知识图和组件进行集成管理，并向应用层提供服务。最上层为应用层，以业务层的业务模块为基础，基于综合

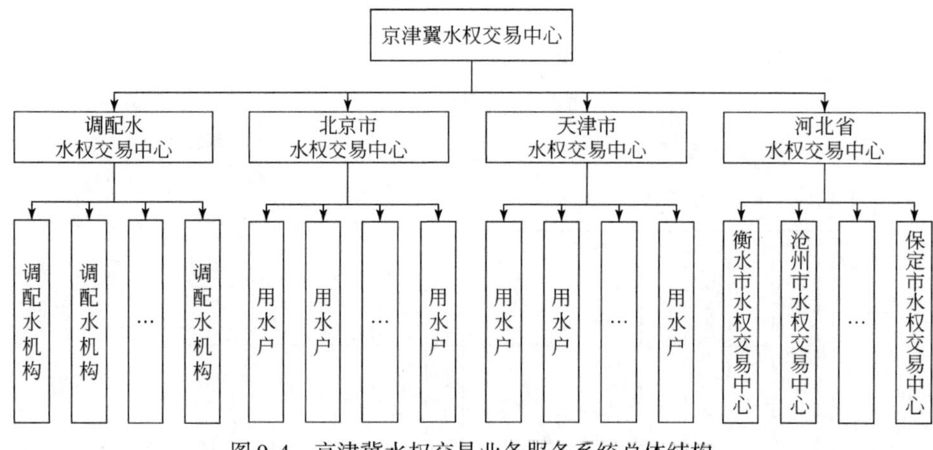

图 9-4　京津冀水权交易业务服务系统总体结构

调控平台以及 Web 开发技术实现并组装业务层业务模块系统，并由综合调控平台和 Web 服务器统一管理，形成直接面向用水户的应用层。京津冀水权交易业务服务系统体系结构如图 9-5所示。

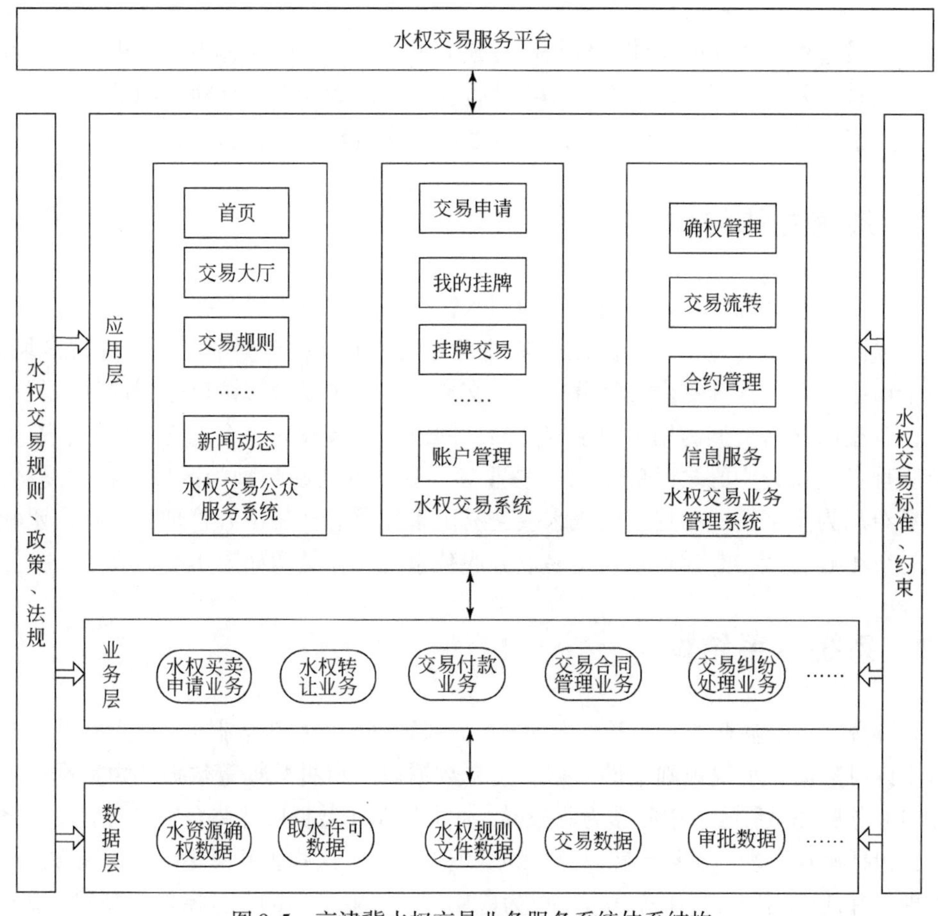

图 9-5　京津冀水权交易业务服务系统体系结构

9.3.3 系统功能结构

整个系统按照功能进行划分，可以分为业务管理系统和业务服务系统。业务管理系统主要面向管理人员，由水权交易业务和信息服务两部分组成，水权交易业务包括确权管理、交易审核、合约管理等业务，信息服务提供基础数据管理、交易档案管理、用户信息管理等服务。业务服务系统由面向公众的门户网站和面向个人的业务处理两部分组成，门户网站主要向社会公众提供信息服务，业务处理主要服务于个体，主要用于处理用水户的水权交易业务。水权交易业务服务系统功能模块如图 9-6 所示。

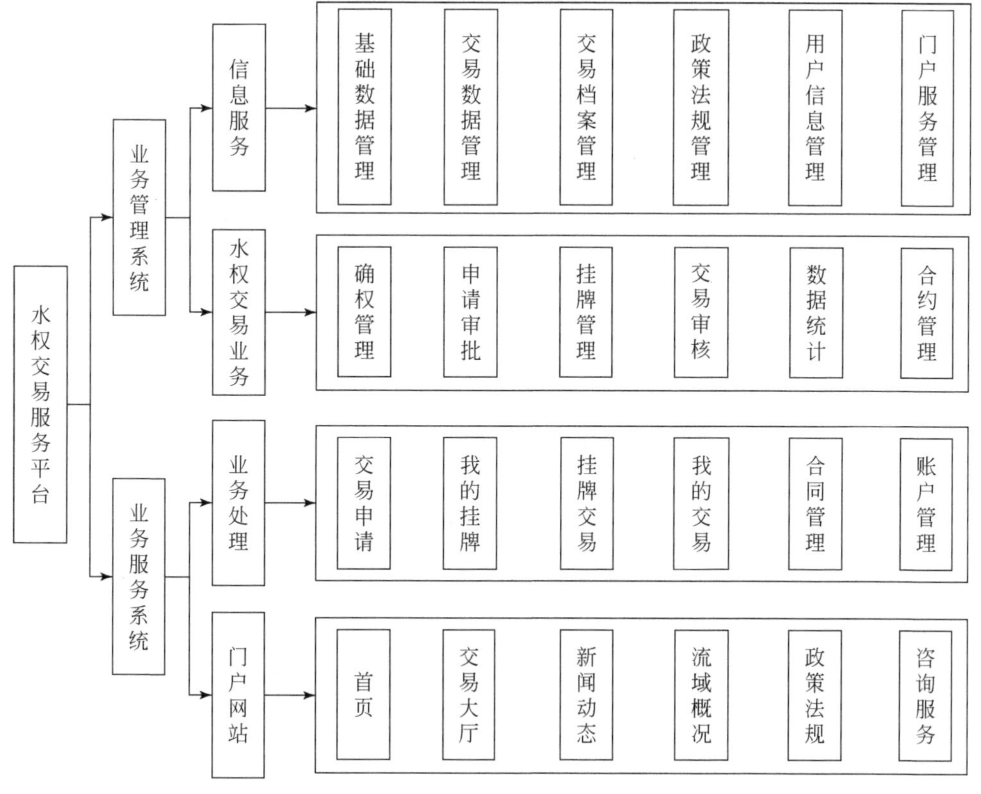

图 9-6　水权交易业务服务系统功能模块

9.4 水权交易业务化服务

京津冀水权交易业务服务系统由面向业务人员的水权交易业务服务系统、面向社会公众的水权交易公众服务系统和面向个人的水权交易系统组成，实现了水权确权登记、交易流转、合约管理的在线处理和动态管理。

9.4.1 面向业务人员的水权交易业务服务系统

水权交易业务服务系统主要面向水权交易业务管理人员，主要由确权管理、交易流转、合约管理以及信息服务组成。京津冀水权交易业务服务系统界面如图 9-7 所示。

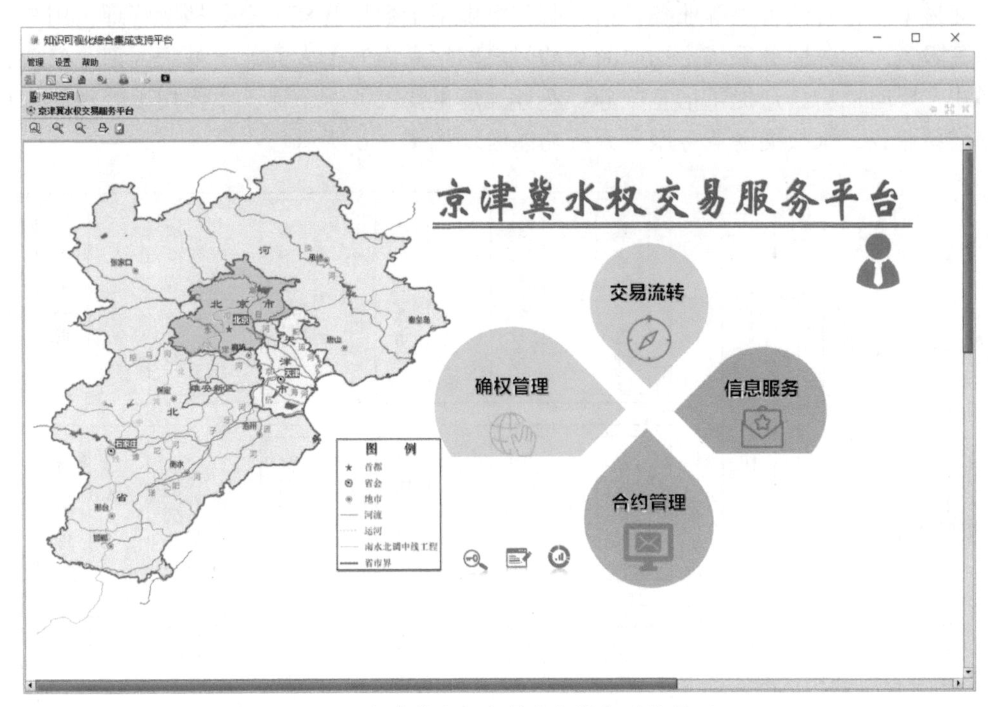

图 9-7 京津冀水权交易业务服务系统界面

1. 确权管理

确权管理模块主要面向管理人员，通过流程化管理，利用规制动态调整水权分配，达到合理分配水权、合理利用水资源的目的。确权管理界面如图 9-8 所示。

2. 交易流转

交易流转模块包括交易申请、交易挂牌、交易审核以及成交信息四个业务模块。

交易申请主要面向管理人员，主要实现了对用水户提交的买方交易申请以及卖方交易申请的查询、审批功能，对于管理人员，审核用水户提交的交易申请信息的真实性以及可交易性，系统会将审核通过的交易申请直接生成挂牌信息并对外发布。

交易挂牌主要面向管理人员，主要实现对用水户的买方以及卖方挂牌信息的查询和撤销功能，挂牌信息可以根据具体情况手动撤销，也可以根据系统设定时间自动撤销。

交易审核主要面向管理人员，主要实现对交易双方提交的交易信息以及交易合同的查看下载以及对其交易信息的审核，审核通过交易才算完成。

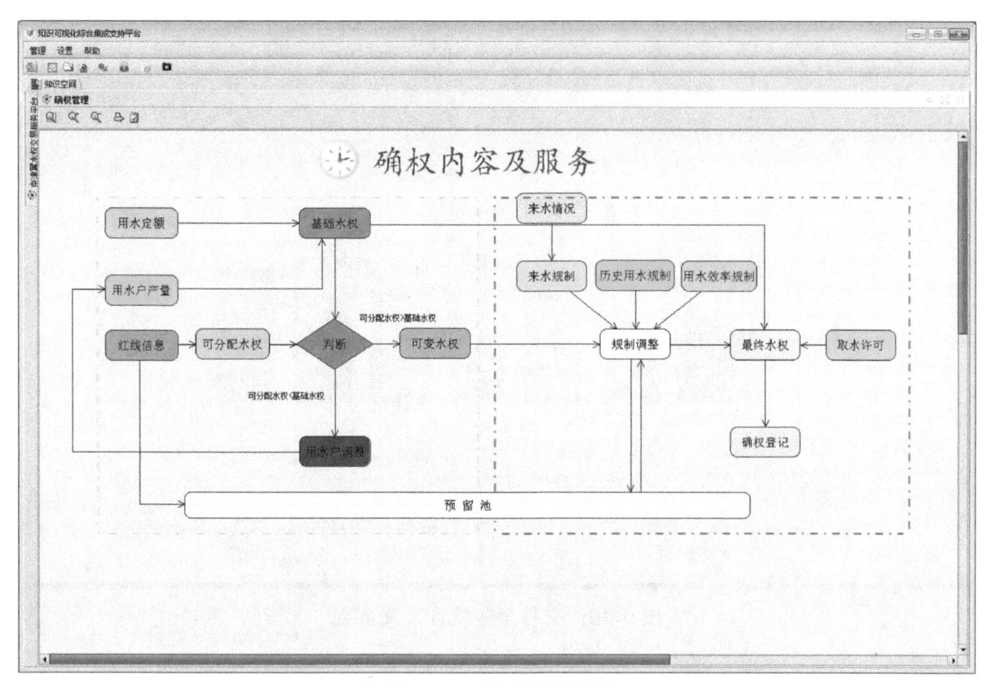

图 9-8 确权管理界面

成交信息主要面向管理人员，主要实现对已经成交的交易信息的查询、统计功能，包括交易信息查询、交易金额统计、交易水量统计等，统计信息采用表格与图表两种方式展现，可以更加直观地看出各个团场的具体交易情况。交易流转主界面如图 9-9 所示，交易金额统计功能界面如图 9-10 所示。

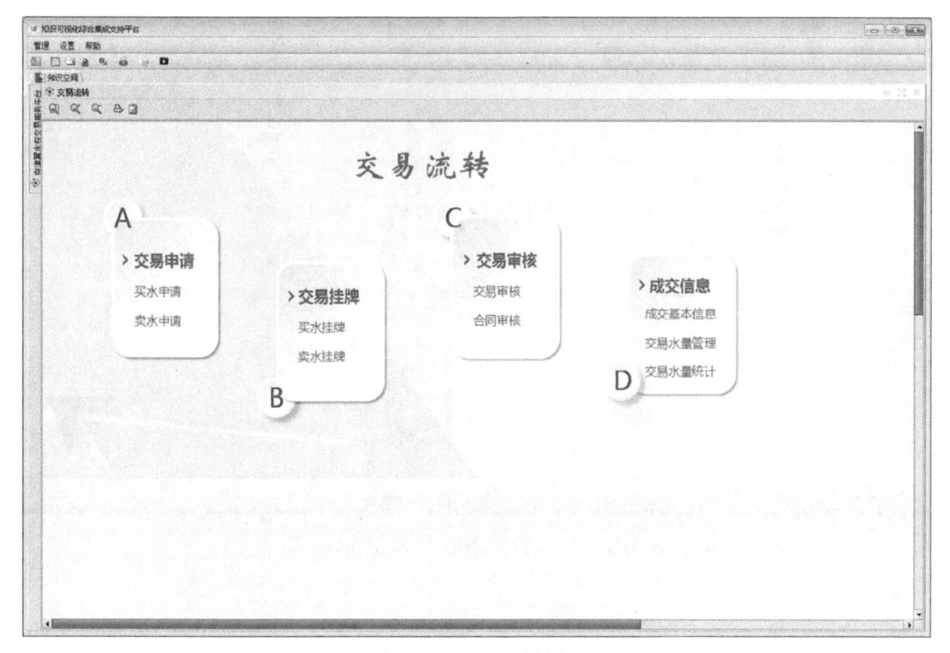

图 9-9 交易流转界面

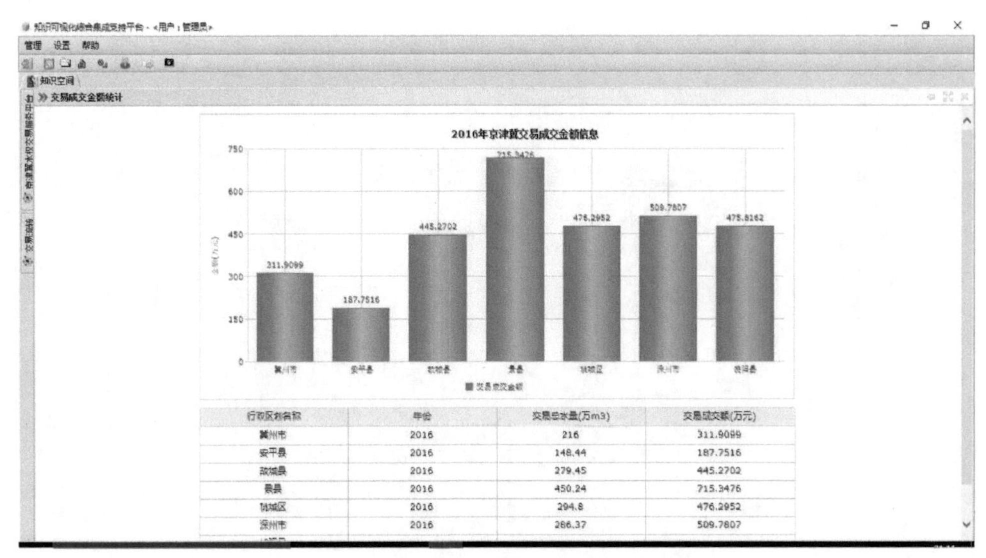

图 9-10　交易金额统计功能界面

3. 合约管理

合约管理模块，通过成交信息，确定基本协议，通过交易水量规则、交易类型规则等规制化方式，将动态管理形成附加协议，最终把基本合约和附加合约合成最终合约。合约内容及服务界面如图 9-11 所示。

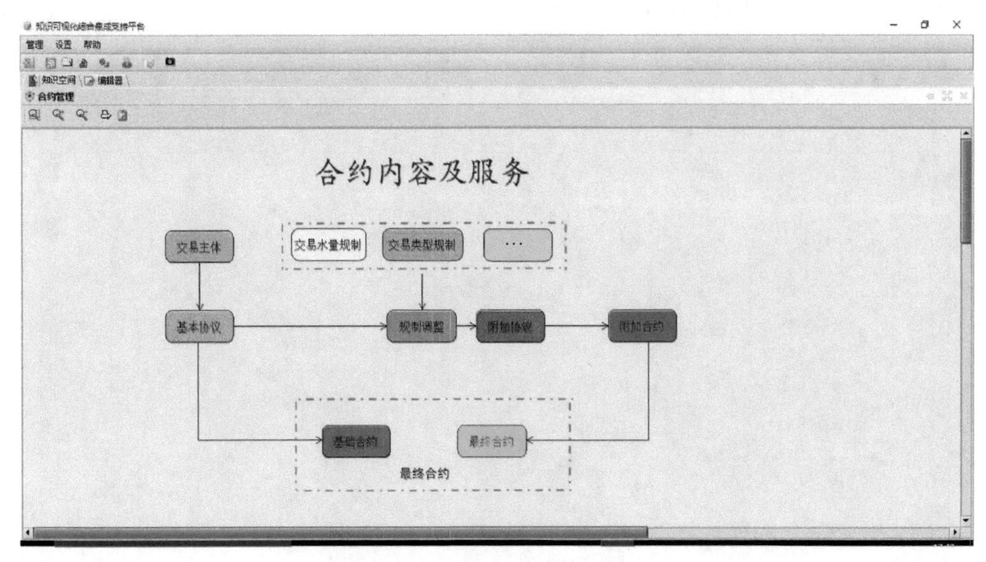

图 9-11　合约内容及服务界面

4. 信息服务

信息服务模块包括基础数据管理、交易档案管理、门户服务管理以及用户信息管理四个业务模块。

信息服务主要面向管理人员，主要实现对京津冀内的基础信息的管理，包括流域信息、河流信息、红线信息以及用水户信息的查询、编辑以及批量导入功能。交易档案管理主要面向管理人员，主要实现合同模板的查询下载以及交易档案查询下载等功能。门户服务管理主要面向管理人员提供政策法规服务，主要实现对政策法规文件的查看、编辑、上传以及下载功能。用户信息管理主要面向管理人员，主要功能包括账户管理和开户管理，账户管理主要实现对系统用户信息的查询编辑功能，开户管理主要实现以土地使用权为基础的农业用水户和工业用水户的水权证管理、用水户管理、系统开户等功能。信息服务界面如图 9-12 所示，水权证管理界面如图 9-13 所示。

图 9-12　信息服务界面

9.4.2　面向社会公众的水权交易公众服务系统

水权交易信息服务系统主要面向社会公众，以信息服务为主，主要包括“首页”“交易大厅”“交易规则”“交易区划”“新闻动态”“流域概况”“政策法规”“咨询服务”“关于我们”九个模块，通过这九个模块，社会公众对京津冀水权交易工作有了深入了解。水权交易公众服务界面如图 9-14 所示。

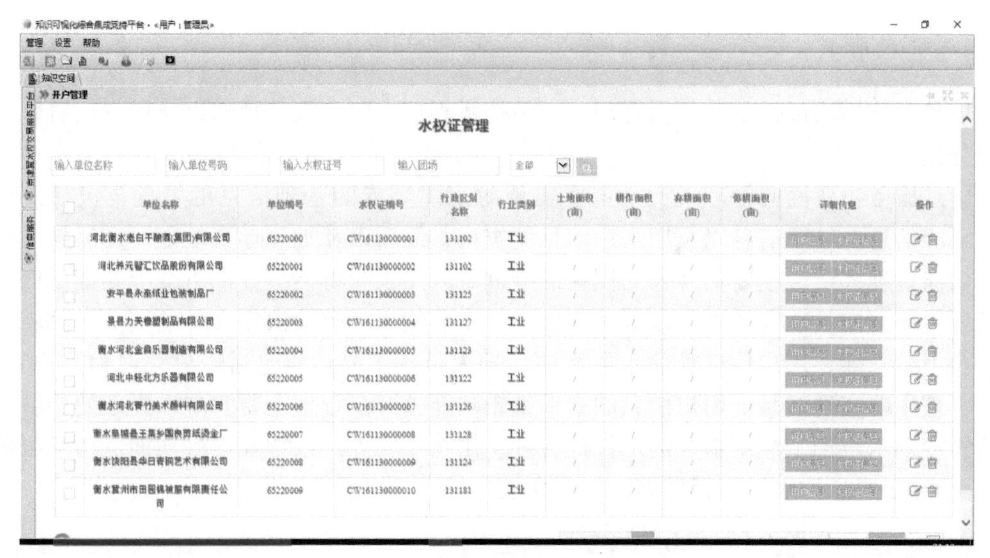

图 9-13　水权证管理界面

图 9-14　水权交易公众服务界面

（1）“首页”主要介绍了京津冀水权交易业务服务系统的相关信息，网页采用流式布局，提供进入交易大厅的快捷入口，还包括新闻动态、交易动态、挂牌信息等头条信息的展示。

（2）“交易大厅”主要是对近期在系统上完成的交易信息的展示查询，以及当前正在交易平台上进行挂牌的挂牌信息的展示查询。

（3）“交易规则”包括交易规则和交易流程，交易规则展示交易过程中的各种规章制度以及向公共介绍如何在交易平台上进行水权交易操作，交易流程用图片的形式展示了整个交易过程从开始到结束的具体过程。

（4）“交易区划”是对京津冀的地下水和地表水的交易有效区域的划分介绍，供用户查询自己所在的交易区划的功能。

（5）“新闻动态”以列表的方式展示与水权交易相关的新闻动态。

（6）“流域概况”主要是对京津冀所在流域基本信息的介绍，以及水资源状况和水系的介绍。该模块主要提供让公众了解京津冀的地理、水文知识。

（7）“政策法规”主要是对与水权交易相关的国家颁布和地方颁布的文件以及相关规范性文件的介绍，使得社会公众对水权交易的相关法律知识有一定的了解。

（8）“咨询服务”主要为用户提供问答服务，用户在公众咨询界面提出问题或者疑难，服务主体给出建议或者解决方案，以“问题–回答”的方式实现服务主体与用户的交互。

（9）“关于我们”以简洁的语言介绍了建立京津冀水权交易公众服务系统的目的、宗旨以及发展目标、联系方式等内容。

9.4.3 面向个人的水权交易系统

水权交易系统主要面向个体用水户，主要包括“登录界面”“交易申请”“我的挂牌”“挂牌交易”“我的交易”“合同管理”“账号管理”七个功能模块，主要针对与交易主体相关的交易流转业务，以及辅助完成其业务的一些其他功能。

（1）“登录界面”是嵌套在水权交易公众服务系统之中的一个登录页面，用户通过此页面的验证，可以跳转进入水权交易系统。系统登录界面如图9-15所示，交易申请界面如图9-16所示。

图9-15 系统登录界面

图 9-16　交易申请界面

（2）“交易申请”面向交易主体，有交易意向的交易主体可以通过此模块填写相应交易信息，提交交易申请，以及查看当前账户的交易申请记录。用户挂牌界面如图 9-17 所示。

图 9-17　用户挂牌界面

（3）“我的挂牌”主要面向交易主体，对已经审核通过的交易申请，系统会生成相应挂牌信息，并将其信息公布给其他用户，系统用户可以在此模块查看自己账户下已发布的挂牌信息，并根据自己情况随时撤销当前账户下的挂牌信息。

（4）“挂牌交易”主要面向所有交易主体，在此模块下，系统用户可以看到该用户所在交易区划内的所有交易挂牌信息以及挂牌者的联系方式，并且系统会根据当前账户的实际情况，优先推荐与此账户更可能达成交易的挂牌信息，当交易主体对某条挂牌信息具有交易意向时，可以在系统上通知对方，为进一步的交易协商提供手段，促进双方达成交易。用户交易界面如图 9-18 所示。

图 9-18 用户交易界面

(5)“我的交易”可以查看所有与当前账户相关的有效的或者无效的交易订单，并可以查看订单的当前执行状态，以及订单的整个执行过程。合约下载界面如图 9-19 所示。

图 9-19 合约下载界面

(6)“合同管理”主要提供合同模板下载以及合同上传功能，合同模板下载为用户提供直接下载和系统动态生成合同两种不同的方式，对于已经完成的交易合同可以在系统上在线提交，以供管理人员进行审核，审核通过的合同方具有有效性。个人账户管理界面如图 9-20 所示。

图 9-20　个人账户管理界面

（7）“账号管理”主要提供对系统当前账户信息的查看编辑功能，包括用户基本信息和用户水权信息以及对账户密码的修改。

9.5　节水社会化服务现状

节水社会化服务就是要让全社会都参与到节水的进程中来，为全社会提供节水服务，节水服务是一种知识服务，指导全社会不同个体，提高全社会的节水意识。目前，国内外利用互联网开展节水服务，在节水宣传工作中已经有相当多的实践，但是节水社会化服务相关研究及实践相对较少。通过对已有的节水宣传网站的服务效果来看，这种单一的宣传形式很难提供让公众满意的服务（景康，2019）。现有节水宣传服务主要存在以下问题。

（1）内容缺乏本地化的内容，不贴近公众生活。节水宣传教育，从内容上来看，普遍只关注国内外大事件、大新闻、指导性的政策制度本身。一是缺乏对公众身处的周边环境或者范围的节水知识信息；二是节水相关的法律、制度、政策的相关内容较为抽象，未能很好地贴合公众生活。

（2）内容更新周期较长。绝大多数的节水网站内容都是在引用诸如中国节水网等相关网站的内容，以国内外节水新闻为主。从内容更新时间来看，部分内容长时间未进行更新，内容时效性相对较差。

（3）节水知识的内容和形式不相匹配，节水知识的表现力不强。从现有节水网站的内容来看，内容的形式以大篇幅的文字为主，配以少量的图片。这种形式表现出来的节水内容表现力不够，不能引起公众的兴趣及关注，未能达到预期的节水宣传效果。

(4) 节水论坛形同虚设，并没有很好地起到让公众进行交流的作用。多数节水网站都设有节水论坛这个版块，但是由于论坛交流方式的限制及缺乏明确的主题指导，公众对于在节水论坛应该讨论什么、交流什么并不明确，其在节水论坛中的交流并不活跃，节水论坛的作用未能很好发挥。

(5) 节水网站虽然形式上运用了互联网的手段，但是节水知识的传播只是依靠单一网站宣传并不能够达到预期。用户不一定能够动态获取节水网站上的内容，使得仅仅通过网站这一单一方式，不能给用户提供持续的节水知识服务。

9.6 节水社会化服务建立

利用互联网进行节水社会化服务是目前普遍运用的推广方式之一。节水社会化服务网站的构建，不是要全盘推翻现有的节水宣传网站，而是要解决现有节水宣传网站出现的问题。在网站的内容上，基于构建的节水知识云服务，不需要网站建设者和管理者去做内容的相关工作。在服务的对象上，服务具有不同特征的群体，只提供用户关注的、相关的节水知识服务。在服务的形式上，做到多种服务方式同时发力，以检索服务配合知识推荐、微信公众号订阅推送节水知识、对知识需求通过知识图方式的快速定制，能够更有针对性地服务用户。

节水社会化服务网站包括行业新闻、法律法规、节水科普、水情地图、节水论坛五个主要功能模块。节水知识服务集成在节水社会化服务网站中，但作为一个与其他模块功能有所区别的重要模块，节水服务模块单独列出，将会在节水社会化服务网站的服务流程中进行详述。节水社会化服务网站的功能模块如图 9-21 所示。

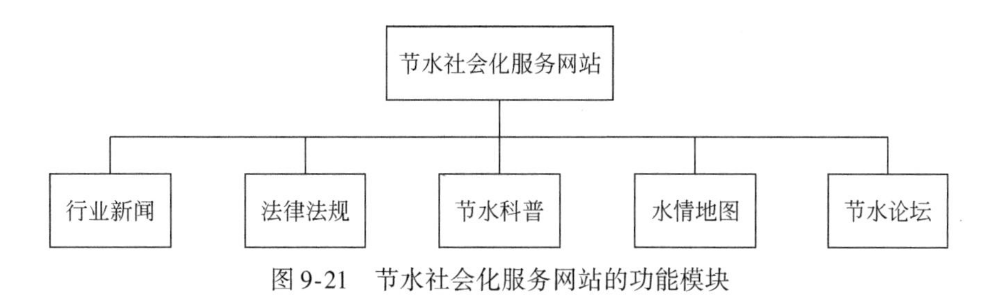

图 9-21　节水社会化服务网站的功能模块

1. 首页

首页为节水社会化服务网站的门户，包含其他模块的入口，集成了其他模块的简略信息。图 9-22 为节水社会化服务网站首页。

2. 行业新闻

行业新闻介绍节水相关的新闻，包括中央新闻、新闻解读和地方新闻三个模块。图 9-23为行业新闻主界面。

图 9-22　节水社会化服务网站首页

图 9-23　行业新闻主界面

3. 法律法规

本模块普及介绍国家节水相关政策、法规、制度、文件等，以及对这些政策法规的解读，具体包括最新出台、节水法律、节水条例、行业定额和政策解读五个模块。图 9-24 为法律法规主界面。

图 9-24　法律法规主界面

4. 节水科普

本模块一方面可以为公众普及与自身相关的生活节水的技巧及节水器具，针对日常生活中用水场景提出合理建议，同时对个体家中的用水设施和器具进行评估，提出可参考的节水器具普及意见。另一方面可以为需要节水技术的相关人员介绍工业节水、农业节水等相关科普知识。图 9-25 为节水科普模块主界面。

5. 水情地图

本模块在二维 GIS 基础上，收集污染源信息、流域水情信息、饮用水水源地信息、地表水水质、地下水水质、饮用水水质信息等相关的水情信息，并将这些信息直观地反映在二维 GIS 上。通过定位个体的位置，为个体普及身边的水资源情况，让个体对身边的水环境状况有一定的了解。图 9-26 为水情地图主界面。

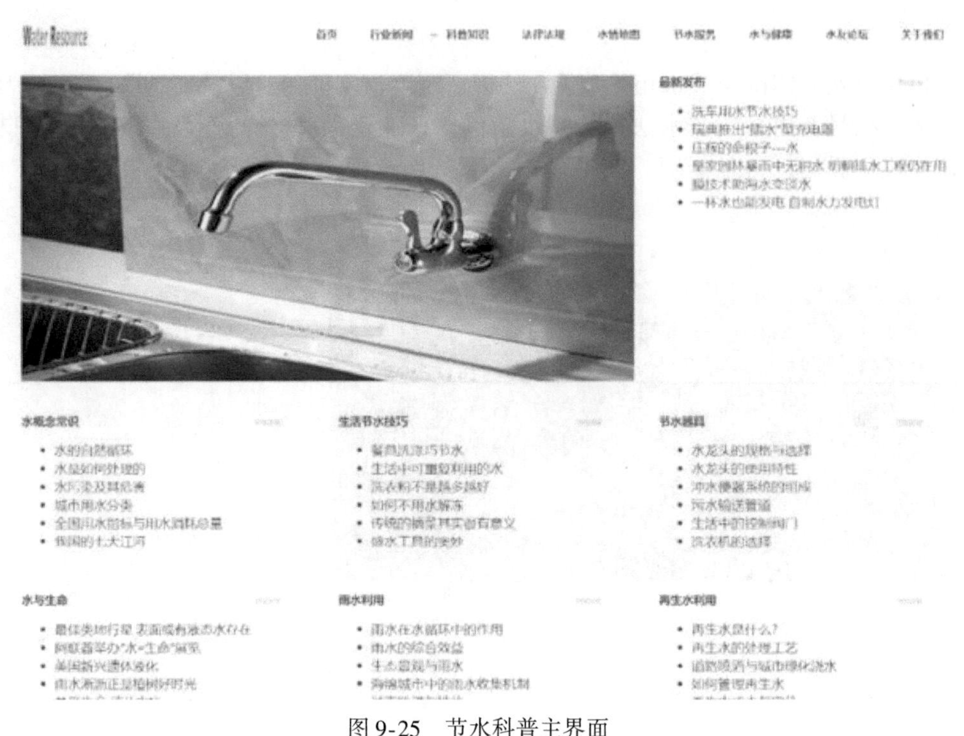

图 9-25　节水科普主界面

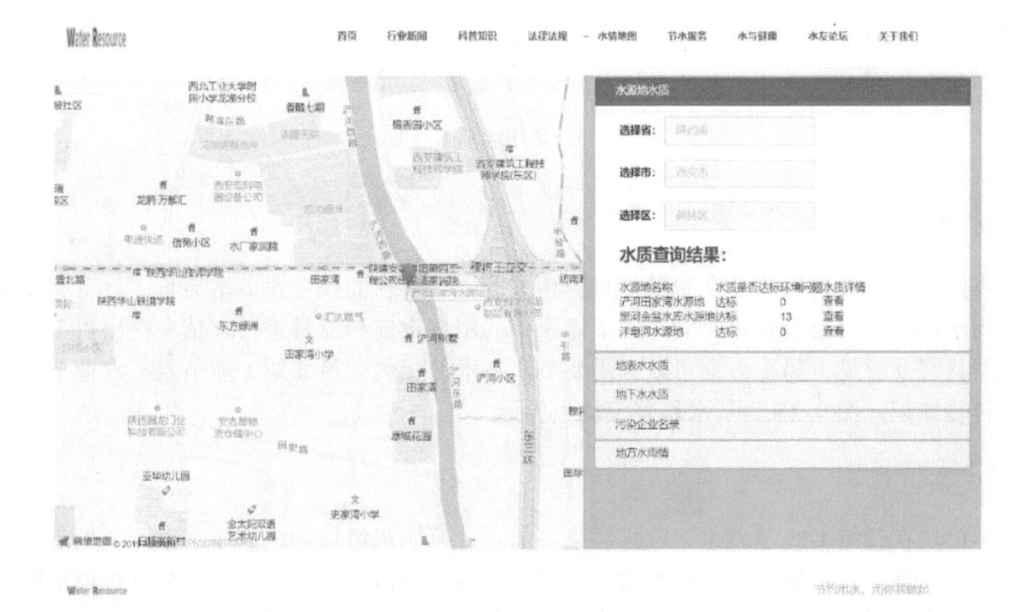

图 9-26　水情地图主界面

6. 节水论坛

本模块为公众提供节水交流平台，该模块中，公众可以交流节水用水经验，进行黑臭河举报及整改监督、专家答疑等。具体包括生活节水交流、水环境监督、专家问答和节水技术交流四个主题。图 9-27 为节水论坛主界面。

图 9-27　节水论坛主界面

9.7 本章小结

本章主要包括水权管理和社会化节水服务两个内容。在水权管理方面，对动态确权过程和交易过程进行描述，分析了水权交易现状及存在的问题。通过对确权和交易的过程进行描述，分析其动态变化过程，结合确权和合约均服务于水权交易的关系，确定合约内容并保证合约可以适应确权和交易的变化过程。将初始水权进行合理分配，对交易合约进行管理，确保水权交易公平公正、科学合理进行。基于综合调控平台搭建京津冀水权交易业务服务系统，并在系统中实现了水权确权登记、交易流转、合约管理的在线处理和动态管理。在社会化节水服务方面，分析了传统节水宣传网站的问题，提出节水社会化网站的构建思路，基于综合调控平台建立个性化的节水社会化服务网站，面向不同群体提供多种形式的节水知识服务。

第10章 京津冀水资源安全事件应急管理主题服务

中国是灾害多发、频发的国家之一，灾害应急管理水平直接反映出了政府决策管理能力。2018年3月，第十三届全国人民代表大会第一次会议批准成立应急管理部，明确表明要着力解决应急应对难的问题，建立具有中国特色的应急管理体制。水安全事件一直都是突发事件应对的焦点与难点，灾害发生时，能够对事件准确定位，快速出台适应性的应对方案，是应急管理工作的决胜之机。事件的快速有效应对是减少损失的根本，防灾减灾是过程化的决策服务，做决策就需要用现代信息化的手段来支撑。对传统应急管理工作中暴露的问题进行分析发现，应急管理全过程需要统一的"应急管理平台"支撑，基于综合调控平台提供高质量的过程化决策服务，以水安全事件为研究对象，以问题为导向，把水安全事件涉及的各个环节问题解决好。

10.1 应急管理现状与问题分析

水安全事件频发、广发、损失大，是各级政府和公众关注热点。水安全事件的突发性、不确定性，以及事态发展变化快等特点增加了应急管理难度。目前，我国应急管理能力得到很大程度提升，然而水安全事件的快速处置还不能满足实际应用要求，2018年成立的应急管理部凸显了应急管理平台的重要性。

应急管理平台要面向管理的全过程。事前准备以预防为主，事发前做好预警预报，事中按照问题导向从预案到方案、指挥联动、事态发展在线评估，事后总结评价、吸取教训，全过程的集成管理需要统一的平台支撑，在规范化应急管理平台体系下，将信息、方法、模型，与应急处置业务相融合。

突发水安全事件应急管理平台难度较大，预报不准，预测不可信，环境在变，事态在发展。所有的准备工作都是动态变化的，没有一个系统或者平台能够用一个"模型"来完成突发事件的应急管理工作。突发事件的快速应对是减少损失的根本，防灾减灾是过程化的决策服务。决策服务需要一个综合调控平台来支撑，在数字水网上对信息服务进行可视化展示，基于综合调控平台为水安全事件应急管理工作提供业务化服务。对应各个阶段的应急工作，为相关应急工作人员提供信息化服务，可以在每个环节明确各自职责，落实责任，确保应急管理工作有效开展，提高应急工作的效率和质量。

10.2 应急管理平台标准及模式

10.2.1 应急管理平台标准

通过调研发现，现有各类“应急管理平台”以信息查询、分析、展示等信息服务为主，很难围绕眼前事件开始线上、线下相结合的会商，更难在事态变化情景下指挥联动到人。要发挥现代信息技术在问题处置中应有的效能，简单的数据展示是不够的，需要把事件主题涉及的方方面面厘清，对各种数据资源进行有效整合，以问题为导向开展业务化服务。基于业务化服务模式和综合调控平台设计水安全事件“应急管理平台”。面向管理者、业务人员、普通用户等不同对象，采用一个业务化管理平台作为底层支撑，围绕水安全事件应急管理主题快速提供应急管理服务。结合前期开展的水安全事件应急管理研究与实践，归纳了应急管理平台建设的五类需求和四个关键点。

1. 应急管理平台需要满足的五类需求

(1) 重视与决策服务的对接。重视决策服务而非传统的信息服务，是因为在决策过程中，需要能看到更多的不同时空尺度的数据和信息，且能进行融合、挖潜和对比。重视与决策过程的对接，让决策者参与，把信息服务与决策融合在一起协同发挥作用，才能让应急管理业务落地应用。

(2) 满足预案变方案的可能性。应急预案是应急管理工作的重点，然而事态变化快且复杂，有限的预案无法适应可能出现的无限情景，所以需要发挥“预案库”的作用，找到相关预案，快速修改为针对眼前事件的行动方案才能快速有效应对（姜仁贵等，2018）。

(3) 在决策过程中要时刻在线评价。要明确过程中不同阶段的正确方向，对各方案进行动态评价。需要明确评价的指标、发展的后果、下一步对策、预案变方案、充分的参考依据等内容。

(4) 参照前人的做法和经验，可以快速对比、选择。过去相关的水安全事件应急处置的经验和教训可以为应急管理决策会商提供参考。

(5) 能通过问题导向，落实具体任务。应急管理平台最大的作用是环境支撑，在平台上有丰富的软件应用，能实现人机交互，面向不同的问题有相应的技术及时提供服务，才是平台的价值所在。

2. 应急管理平台建设面临的四大难题

(1) 问题导向。问题导向不是口号，是实实在在的决策过程，用过程化适应动态变化。从汇集问题到发现问题，进而分析问题、描述问题、解决问题，最后进行评价和总结。

（2）指挥联动。问题导向，让问题有解决方案，针对方案中的内容及任务，多部门联动、分工合作完成指派的任务，并及时反馈执行结果。能够实现平台上的指挥联动，提高应急管理工作效率。

（3）滚动修正。在任务执行过程中，发现新问题，不断修正，针对新问题提出新的解决方案，滚动出新任务，大家协同完成，责、权、利明晰。水安全事件事态在变化，应急管理平台服务功能也要随之变化（解建仓等，2019）。

（4）在线评价。在解决问题的每一个环节，都有执行效果的评价，用评价修正问题解决方案，形成科学决策过程。用过程化适应动态变化。

10.2.2 应急管理服务模式

1. 传统的应急管理模式存在的问题

传统的应急管理模式主要存在以下问题：①应急预案可用性较低，可操作性有待提高。模式应用所需要的数据和信息的完备性比较高。②应急管理多为制度性的，指令下发效率较低，信息沟通不够流畅，文档冗繁，尚未形成快速有效的应对机制。③现有应急管理系统，以数据和信息的统计、查询为主，以菜单方式组织功能，以表格和图形形式展示信息，不能满足综合分析与决策支持等复杂应用的要求。

应急管理和决策过程涉及大量的信息、数据、模型、方法、知识和其他未知因素，需要决策者、专家组等共同参与完成。在这种情况下，决策过程中的主题定义、流程设计、意见整合、生成决策报告等要求就很难办到。同时，主题应用的不确定性、时间地域的不确定性、决策人员和专家组成员的不确定性以及决策过程的复杂性等，使得决策问题变得异常复杂，传统的应急管理模式难以支撑变化环境下复杂的应急管理决策过程。

2. 基于平台的过程化应急管理

水安全事件的快速应对需要覆盖事件全过程，防灾减灾是过程化的决策服务。要想做好水安全应急管理，必须注重对人、对事的全过程及过程化管理。用流程化、过程化使应急管理步骤清晰化、过程透明化。通过“问题导向”，建立突发事件问题识别机制，以问题为导向，会商获得问题解决的初步方案。通过“指挥联动”，从初步方案中分解任务并指派到人，以部门及人员所指派的任务，联动、协同指挥，以发挥人的主观能动性去完成任务并解决问题。通过“滚动修正”和“实时评价”，识别应急管理过程中出现的新问题，通过实时反馈、跟踪，循环往复，把评价及考核分解到问题处理的过程中，让“过程化管理”落实到应急管理的每个环节。基于综合调控平台的水安全事件过程化管理模式如图 10-1 所示。

3. 以流程化服务实现过程化管理

过程化管理强调在过程中对问题解决、任务执行的监管，是业务在过程上的动态集

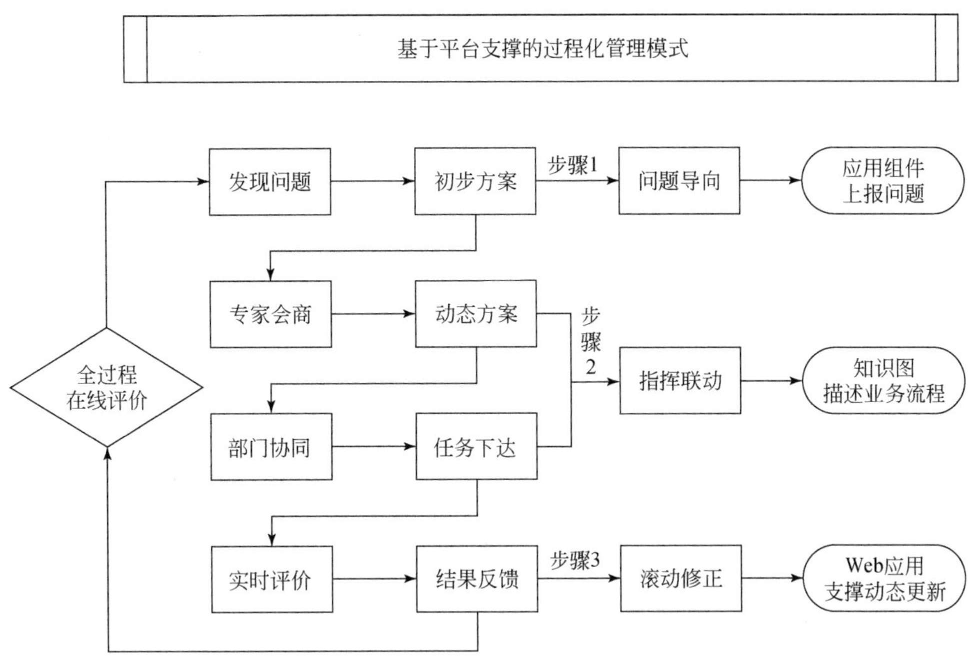

图 10-1　基于综合调控平台的水安全事件过程化管理模式

成，用流程表述过程，在过程化的流程上把管理业务衔接起来，并且一定是按照流程节点、过程中的各个环节，融入具体业务。流程节点、过程中的各个环节看上去是事先表述好的，是静态的、规范的，但这仅仅是流程化过程化模式的基础。靠服务把过程化管理变“活”，一方面流程节点上的业务内容是“活”的，另一方面流程节点的多少、流程关联关系也可以进行修改。目前，这些修改要靠服务快速响应来实现。靠服务实现流程及业务的动态化、靠服务适应问题及过程的变化、靠服务获得紧跟问题变化的问题解决方案。用过程化流程把管理业务衔接起来，按照流程，在过程中融入具体业务，过程化服务流程如图 10-2 所示。

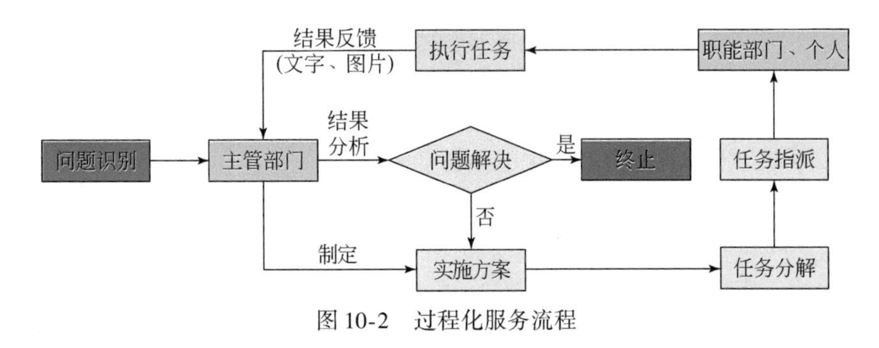

图 10-2　过程化服务流程

10.3 应急管理过程化模式建立

我国水安全应急管理以往研究成果大多集中在对事件发生机理的认识方面，从监测防控到事件发生，从事件处理到最后的评估总结，大量的研究主要针对某一个阶段的特性开展。而作为突发性的自然灾害或非常规突发事件，事件成因复杂，不确定性大，导致现阶段应急预案适应性不佳、联动指挥效率较低，应急管理工作的效果很不理想，应对成效和实际需求还有很大差距。因此，需要把现阶段应急重心放在事件应对环节，强化应急应对才是上策。由第十届全国人民代表大会常务委员会第二十九次会议通过，自 2007 年 11 月 1 日起开始施行的《中华人民共和国突发事件应对法》更加重视对自然灾害、事故灾难、公共卫生事件和社会安全事件的应急应对，突发事件的快速和有效应对是减少损失的根本。参照国家应急预案的框架体系，基于数字水网，将水安全事件的应急处置流程封装成“事前—事中—事后”三个阶段，在每个阶段下再进行具体业务划分，按照国务院应急管理办公室制定的国家应急平台总体框架将九个业务模块分别对应在每个任务阶段，并明确每个应急步骤的归属，通过对应急事件做出快速响应，为决策提供服务（梁骥超，2018）。

10.3.1 事前准备阶段

水安全事件事前以预防为主。做好全社会安全教育，增强安全意识及应急事件处置能力。建立智慧“预案库”为预案快速变方案服务。事前准备阶段是应急管理服务的起始环节，通过监测防控、模拟演练、预测预警与应急保障四个部分，做好水安全事件应急保障准备。

1. 监测防控

在应急管理中，监测检测是指运用传感器、全球定位系统、地理信息系统、视频技术、通信技术、网络以及其他监测检测技术，获得事件及受灾对象的全方位信息，并综合运用各种智能数据分析技术，及时做出应急响应，从而达到防灾减灾的目的。应急监测检测关键技术主要包括数据库技术、5S 技术、通信技术、视频监控技术、无线射频识别技术、传感器技术和雷达技术等。通过前端监测技术传回水安全事件相关数据和信息，以突发水土流失事件应对为例，监测防控中的主要业务功能包括水土流失常规信息监测、水土流失重点区域监测、水土流失实时信息监测以及水土流失事件社会化信息反馈，可以实现各类基础信息查询和可视化展示。

（1）水土流失常规信息监测。按照京津冀水土保持分区划分标准，绘制水土保持分区 GIS 图，单击 GIS 图上不同区域可以查询分区基础信息，在右侧的节点上对常规信息进行统计和可视化展示，如图 10-3（a）所示。

（2）水土流失重点区域监测。按照京津冀土壤平均侵蚀模数，绘制 GIS 图，单击 GIS 图上不同区域可以查询重点区域监测信息，在右侧的节点上对监测信息进行统计和可视化展示，如图 10-3（b）所示。

（3）水土流失实时信息监测。可以实时查询前端监测信息，包括雨量、河道雨情、水源地信息等，如图 10-3（c）所示。

（4）水土流失事件社会化信息反馈。可以接入移动监测反馈系统、应急单兵的实时反馈信息、群众反馈信息。社会化信息反馈就是通过政府和公众的能动性反馈实时信息，为预测预警以及监测防控提供第一手资料，如图 10-3（d）所示。

(a) 常规信息监测

(b) 重点区域监测

(c) 实时信息监测

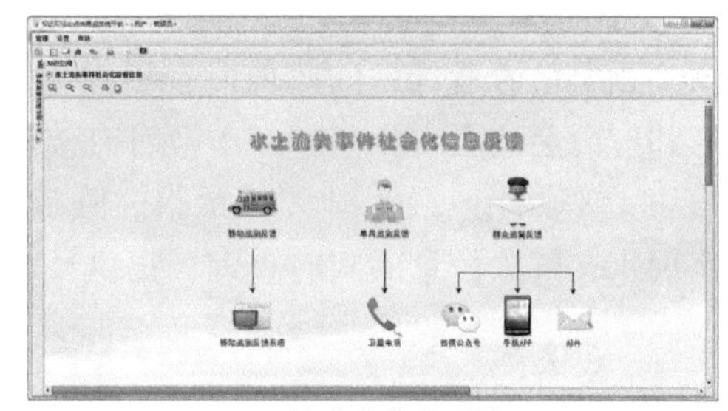

(d) 社会化信息反馈

图 10-3　监测防控模块主要内容展示

2. 模拟演练

模拟演练是指按规范流程所开展的救援模拟行动，演练的形式包括单项演练、组合演练、全面演练。模拟演练分为实战模拟演练和计算机模拟演练。模拟演练以提高应急救援水平与救援队伍的整体应对能力为宗旨，并且可以验证或发现应急预案的有效性、适应性和缺陷。在本模式的模拟演练模块中建立水土流失事件模拟演练库，将每一次演练过程（准备反应→抢先反应→恢复反应→演练评价）记录并保存入库，可以对应对真实事件起到辅助决策作用，图 10-4 为水土流失事件模拟演练库主界面。

3. 预测预警

灾害预警是对一些导致灾害的信号进行监测，判定可能出现的灾情，并根据灾情等级发出预警信号。预警管理可以完成事件产生和发展过程中的一些征兆信息的确认、搜集与监测，确定不同预警级别的阈值或定性判断依据，并在事件形成前制定减缓和应对方案。灾害预警首先要根据风险要素的特征确立不同要素的预警值，在监控过程中发现某要素的

图 10-4　水土流失事件模拟演练库主界面

表现达到预警信号所标识的阈值时，就发出预警信号。预警前与风险的识别和评估相接，预警后和应急会商紧密相连，对于及时有效地采取措施应对突发事件具有重要意义。预测预警模块主要功能包括实时天气预报、临近降水预测、逐小时降水预测以及气象灾害预警，实现水文气象信息的实时查询，提供预警预报的功能。

4. 应急保障

应急保障即做出应急策略措施，帮助受灾群众度过危机以减少损失或者把损失降低到最低程度，主要包括应急物资储备、应急路线规划、转移安置措施、灾后救援医疗、事发求救方式等。基于平台的应急管理模式在应急保障模块建立了水土流失事件应急保障交流平台，主要功能包括救援物资储备信息、救援队伍信息、相关责任人信息以及物资保障信息公众号，图 10-5 为应急保障信息交流平台主界面。

10.3.2　事发响应阶段

事发响应阶段，是在事前和事中两个阶段之中，触发事件响应的一个临界时段。该阶段的两个核心是发出预警和快速响应，即根据前端的监测手段，发出预警信息，在第一时间制定应对方案。通常是采取相似预案进行应对。事发响应阶段的结束意味着正式进入事中处理阶段。

1. 发出预警

图 10-6 为编辑完成状态下的知识图，单击“石景山区”测站节点即可查询监测信息数据，若监测数据正常则显示绿色，若超出阈值则发出预警，显示红色。

图 10-5　应急保障信息交流平台主界面

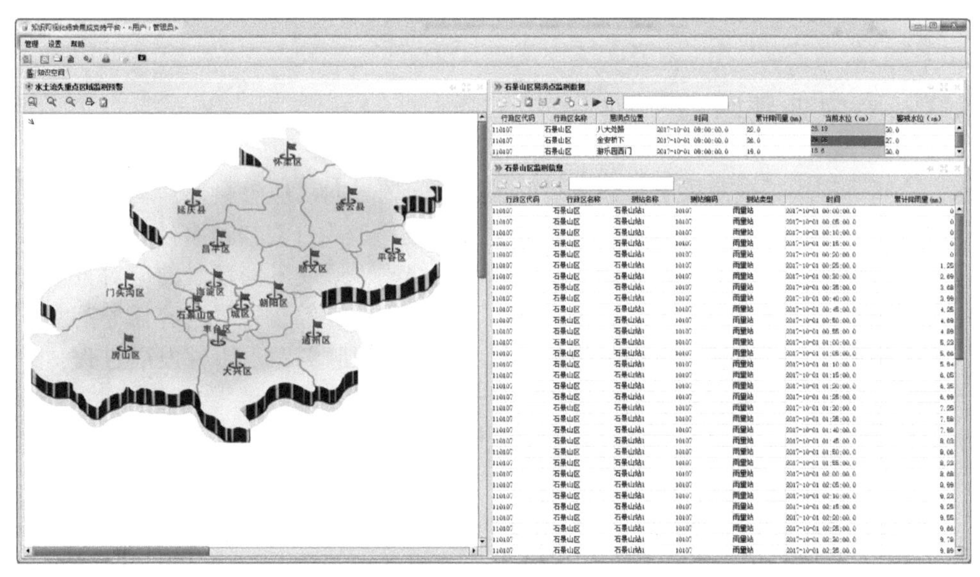

图 10-6　水土流失监测功能业务定制与信息展示

2. 快速响应

根据监测预警信息，快速响应并制定应对方案，根据传入的预警信息进行警戒阈值判断，在这里临界指标是可以动态调整的，可根据当前事件状况以及历史应对经验进行修改。例如，在自然环境较好、防护工程牢靠情况下，在警戒值偏大的时候不一定去启动最高级别响应，可以适度调整指标。在阈值判断结束后，根据判断条件去自动触发不同级别预警。如图 10-7 所示，以雨量监测为例，根据不同雨量值，发出四级不同预警。

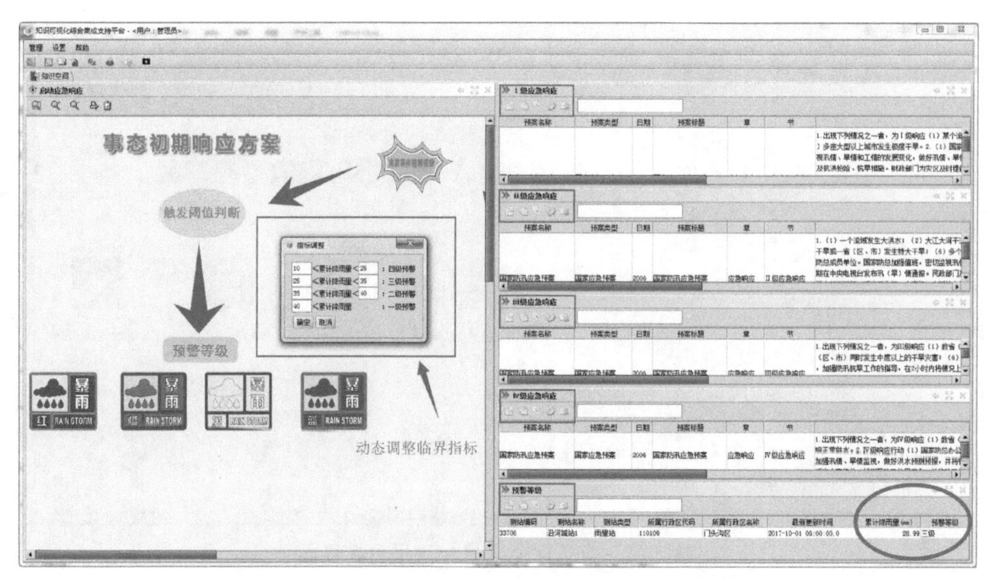

图 10-7　水土流失预警响应功能业务定制与信息展示

10.3.3　事中处理阶段

水安全事件事中处理阶段主要包括事件描述、问题导向、应急会商、动态方案、快速响应。发挥“预案库”的作用，找到相关预案，快速修改为针对当前事件的行动方案。快速响应、在线评价，根据事件发展要能不断调整、修改，形成不同情景的应对方案。随着事件的发展过程，随时有应对办法、正确导向。联动指挥有效、处置内容任务落实，指挥得力，有效控制事件的发展，将损失降低到最小。用决策服务跟上事件发展过程，适应事件的动态变化。

事中处理模块是应急服务的核心环节，能够充分体现出动态调整和快速响应机制，主要包括事件描述、应急预案、应急会商三个部分。

（1）事件描述模块可以查看录入应急事件的关键特征信息，包括事件名称、事件类型、事件等级、发生地点、发生时间、报送单位、报送人、报送方式、报送时间、事故起因、事件详细内容、前期处置情况、事件状态等。

（2）应急预案模块主要实现对国家预案、省级预案、实例预案三大类预案的管理。在国家预案和省级预案中，按照国家防汛抗旱应急预案的内容，分为九大模块，将每个模块的相应内容进行明确划分。国家预案和省级预案采用数字化预案的方式表达，实例预案是把实际发生过的事件按照预案方式编制成事件预案，如图 10-8 所示。

（3）应急会商模块建立了应急会商联动指挥平台，可以根据事态阶段处理相应的应急业务，主要包括启动阶段和事态响应阶段两大部分。在响应阶段根据实际情况更新事件信息，采取联动会商的方式修改预案并提出行动方案，用滚动更新的方式对突发事件进行应急应对，直至事态得到控制。

图 10-8　水土流失事件应急预案库

应急会商是事中阶段乃至于整个事件应急的核心，会商做得好，应急效率就高。由于环境在变，水安全事态在动态发展，应急管理工作中及时发现问题是首要任务。应急会商的过程就是一个做决策的过程。决策是为应急业务服务的，目的是要能够及时地发现问题并解决问题，协调各个部门开展应急工作，不断派发新的应急任务，应急人员才能“有章可循，有事可做”，相关部门之间才能真正联合发力。滚动式更新为应急决策服务提供了一个很好的参考模式。在滚动修正的过程中，专家会商得到新的指示，对当前事件就能提出更具适应性的解决方案，不断更新反复，直到事态控制，事件终止，会商结束。

应急会商过程中需要关注以下几个方面。

（1）问题识别，快速响应。以内涝事件应急管理工作为例，通过将监测设备端的降雨量、天气预报等监测数据利用互联网技术实时传输至数据库和监测界面，各个区域根据该区域的历史警戒雨量或警戒水位设置相应的阈值区间，当监测数据达到设定好的阈值区间时系统自动识别判断，并自动提取该内涝点的时间、地点、雨量、警戒雨量、水位等信息，进而根据判断的结果在线上进行预警，然后根据预警的结果，在线启动相应等级的国家预案，利用启动的相应预案指导实施应急抢险工作。

（2）决策会商，指挥联动。在会商指挥中心，应急专家及应急工作人员可以采用多媒体交互等现代化技术手段进行在线会商。例如，多人在线视频会议，调取实时监测信息在线查询，及时提出会商讨论决策意见，通过筛选推送相似预案，针对实时更新状况对预案进行修改，最终形成实施方案。下发方案中的内容及任务，多部门联动、分工合作完成指派的任务，并及时反馈执行结果。

（3）实时更新，滚动修正。在应急响应过程中现场的应急情况一直处于变化之中，各部门可以通过智能化反馈系统传输实时的处置结果和现场状况，现场工作人员在任务执行过程中，发现新问题，不断向指挥中心反馈；指挥中心专家会商修正，为新问题提出新方案，滚动出新任务，大家协同完成，直至事件处置结束，每个环节人员职权职责明晰，这样不仅能够不断地修改、完善和制定最适应的方案去应对变化事件，而且能在很大程度上减轻或者避免事件带来的更严重的损失。

(4) 在线评价，决策服务。评价不是为了得到一个结果，而是为了更好地服务于决策。采用在线评价的方式，对事件应急工作中的每一个阶段都进行评价，在解决问题的每一个环节，都有对执行效果的评价，用评价修正问题解决方向，形成科学决策过程。用过程化适应动态变化。

10.3.4 事后处置阶段

水安全事件事后处置阶段主要包括应急评价和灾后处置。通过总结水安全事件应急管理经验教训，"举一反三"。结合实例开展应急培训教育、演练学习，增加防范意识和自救互救能力。

事后处置模块是应急服务的收尾环节，主要处理善后安置和评价总结工作，包括应急评价和灾后处置两个部分。

(1) 应急评价模块是对水土流失事件的影响及造成的经济损失、人员伤亡等的综合评

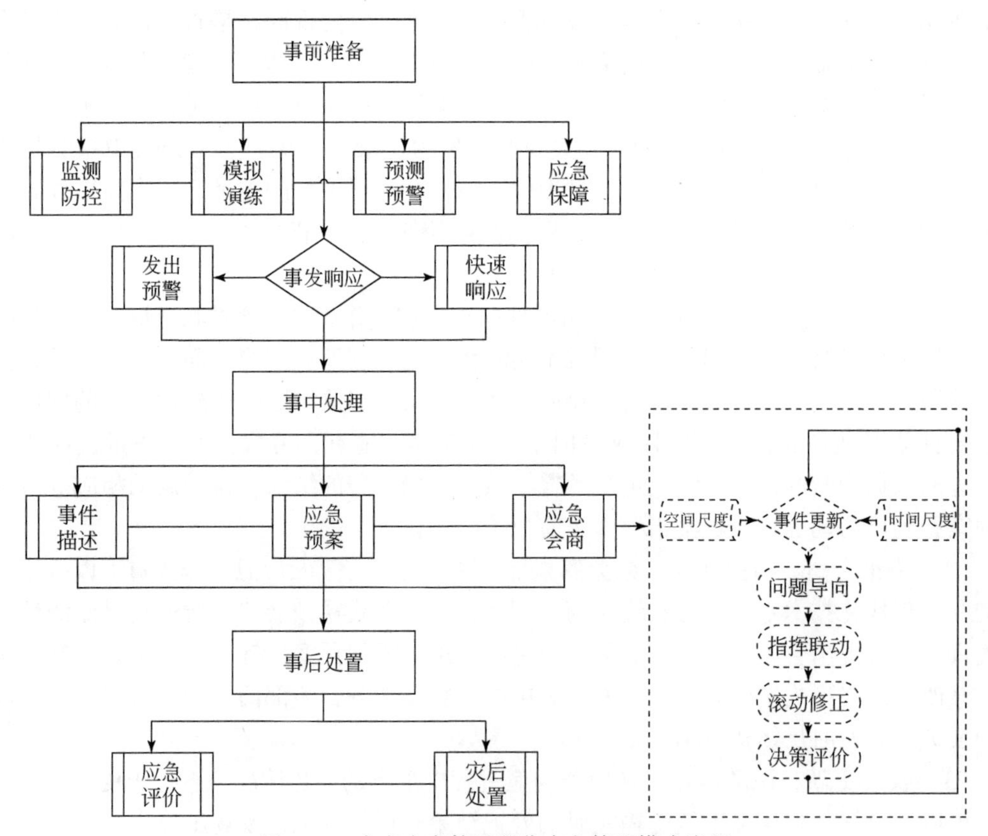

图 10-9　水安全事件过程化应急管理模式流程

价。通过建立突发性水土流失事件应急评价的数学模型及评价指标体系，可分别采用层次分析法、统计分析法、德尔菲法等进行综合评价。

（2）灾后处置模块主要包括灾后救助、抢险物资补充、灾后重建、保险与补偿、调查与总结五个模块，根据应急预案中的内容对灾后工作进行逐一落实。

水安全事件过程化应急管理模式流程如图 10-9 所示。

10.4　应急管理过程化适应性分析

针对 10.1 节陈述的应急管理问题，提出“事前—事中—事后”动态化、过程化的应急管理模式，实现不同阶段的任务分解，将整个应急流程拆分成各个具体工作阶段，更好地支撑决策人员的决策活动。在数字水网可视化环境支撑下的应用，以事件为驱动，通过事件形成应急主题，在主题牵引下，通过组件知识图实现业务，通过 Web 服务发布业务，通过知识图组织应用，基于综合调控平台快速搭建水安全事件应急管理业务应用系统，以实现解决问题的通用性、可操作性和快速有效性，该模式具有以下四个特点。

（1）基于数字水网。应急管理本质上是一个做决策的过程，决策服务过程需要可视化支撑才能体现出可信可控的适应性，采用组件、知识图来搭建和组织应用，对复杂问题在特定条件下进行相对简化，从而开展所需要的业务应用。

（2）基于组件。基于组件指的是将应急管理过程中的算法、模型组件化，并建立组件库，在数字水网下通过组件搭建的方式来构建水安全事件应急管理业务应用系统。

（3）基于知识图。基于知识图指的是通过知识图描述水安全事件、主题、业务逻辑和应用流程，关联主题相关的这种信息、数据和知识，组织业务应用，形成主题应用知识图，知识图内包含算法、模型、管理政策的落实等，一个知识图就是一个主题应用系统。

（4）基于主题。基于主题指的是新模式的应用采用事件驱动，一类事件可以划分多个主题，围绕水安全事件应急应对应用主题来组织信息和资源，为应急业务提供应用服务。

水安全事件过程化应急应对管理模式的适应性主要体现在以下两个方面。

（1）以人为本，强化业务化服务。水安全事件可以分为非常规事件和常规事件两类，也可以按照发生时间来判断是突发事件还是非突发事件，水安全事件的应对核心在于对事件的掌握程度、了解程度、应对程度等。将水安全事件划归为应急问题来处置，采用“情景—应对”方法，发现问题能及时识别并且快速响应决策，是过程化应急管理模式的关键。突发事件需要事前积极地编制预案，进行监测预警，事中高效应急应对。利用一切可以利用的资源，靠数字水网可视化环境支撑，充分发挥人的主观能动性，以人为本去强化业务化服务，是模式的核心。

（2）信息服务+业务服务，助力水利现代化发展。随着大数据、云计算和物联网等现代信息技术的快速发展，水利行业如果不能从传统的业务模式转变为信息化服务模式，工作效率将会受到不同程度的影响。当前很多信息化系统以信息服务为主，即单纯地查询展示数据信息，难以支撑复杂的业务应用和决策支持服务。数字水网可视化业务环境依靠综合调控平台来支撑，用组件和知识图技术为业务化服务提供保障，满足不同人员需求，为水利信息化乃至水利现代化的发展提供强有力的支撑（解建仓等，2015b）。

10.5 水安全事件应急管理主题服务

水安全事件涉及内容较多，主要包括干旱、洪涝、水土流失和水污染等，应急管理和应对工作难度较大。针对水安全事件应急管理及应对处置过程中出现的复杂问题，基于对水安全事件特点的认识，在现代信息技术的支撑下，依据复杂系统的研究成果及重要思想，设计出一套适用于水安全事件的应急管理模式，在数字水网上，构建应急管理业务可视化环境，采用主题服务定制应急管理业务。把事件相关数据和信息、应急专家经验、应急管理制度和应急工作流程、预测预警模型等进行综合集成。按照应急处置流程化、方法模型组件化、应急预案数字化，实施方案动态化、联动指挥滚动化的思路，在数字水网可视化环境下，基于综合调控平台快速搭建水安全事件应急管理业务应用系统，提供应急管理主题服务，实现水安全事件应急管理工作的可视、可信和可操作性。

每一类水安全事件都按照过程化管理模式分“事前”“事中”“事后”三个阶段进行应急管理和应对。事前准备模块是应急服务的起始环节，包括监测防控、模拟演练、预测预警与应急保障，主要是做好预防工作，建立“预案库”和“事件库”，为事中预案快速变方案服务。事中处理模块是应急服务的核心环节，包括事件描述、应急预案、应急会商，从“预案库”中找到相关预案，快速修改为针对眼前事件的行动方案。随着事件发展，随时有应对办法。加强联动指挥，落实处置内容，有效控制事件的发展，将损失降低到最小。事后处置模块是应急管理工作的收尾环节，包括应急评价和灾后处置，做好总结评价，将应急经验教训收集入库，提高社会公众水安全事件防范意识和自救互救能力。通过不同阶段任务分解，实现应急管理和应对全过程可视可信，提高水安全事件应急管理效率。水安全事件应急管理平台主界面如图 10-10 所示。

10.5.1 水土流失事件应急管理

水土流失治理是水安全事件应急管理应对工作中的重要方面。由于地壳运动、自然外力等因素，发生水土流失是自然界客观存在的一种物理现象，但是资源环境承载力变低或者人类活动影响而造成或间接造成的突发水土流失事件会给自然物质资源和人类正常活动带来严重影响（赖永辉和马勇，2010）。以京津冀为研究区域，水土流失、荒漠化等问题主要出现在河北省境内。河北省的北部、西部山区承载着整个区域生态涵养、水土保持、防风固沙的功能，但由于部分地区社会生产和生态修复之间的矛盾没有得到妥善解决、自然资源逐渐匮乏等，山区水土流失、荒漠化等问题尤为突出。这些问题对京津冀山区的水土保持、防风固沙功能提出了严峻的挑战，逐步威胁着城市群生态圈的环境质量。

将水土流失突发事件的处置流程封装成“事前—事中—事后”三个模块，在每个模块

图 10-10　水安全事件应急管理平台主界面

下再进行具体业务划分，将九个业务模块分别对应在每个任务阶段，并明确每个应急步骤的归属，从而可以快速查询应急详情，为决策提供服务，水土流失事件应急应对服务主界面如图 10-11 所示。

图 10-11　水土流失事件应急应对服务主界面

1. 事前准备

事前准备模块是应急服务的起始环节，主要是提供应急保障准备服务，包括监测防控、模拟演练、预测预警与应急保障四个部分，如图 10-12 所示。

图 10-12　水土流失事件事前准备

（1）监测防控。主要功能包括水土流失常规信息监测、水土流失重点区域监测、水土流失实时信息监测以及水土流失事件社会化信息反馈，实现各类基础信息的查询和可视化展示，如图 10-13 所示。

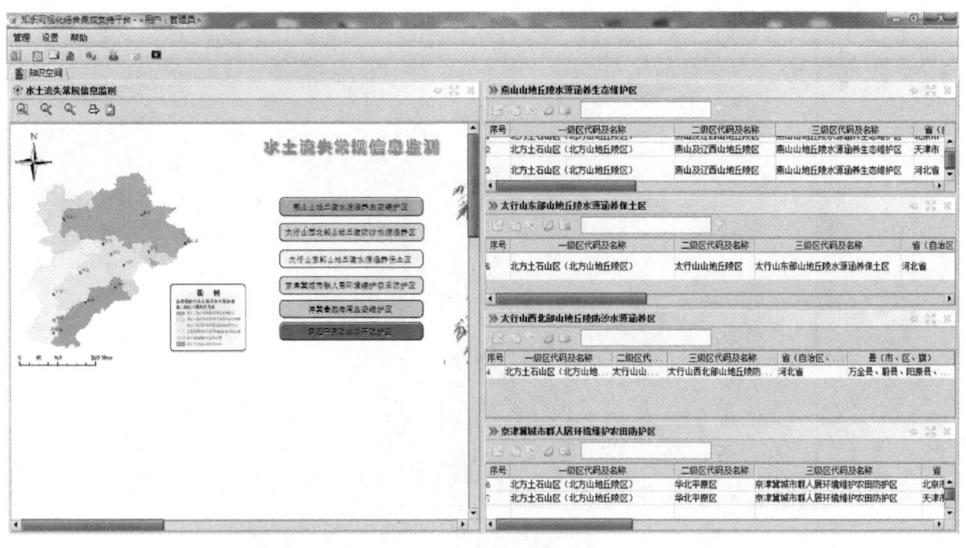

图 10-13　监测防控功能

(2) 模拟演练。建立了水土流失事件模拟演练事件库，将每一次演练过程加以记录，并入库保存，可以对应对真实事件起到辅助决策作用，如图 10-14 所示。

图 10-14　模拟演练功能

(3) 预测预警。主要功能包括实时天气预报、临近降水预报、逐小时降水预报以及气象灾害预警，实现水文气象信息的实时查询与可视化展示，同时提供预警预报功能，如图 10-15 所示。

(4) 应急保障。通过构建水土流失事件应急保障交流平台为事件应急管理提供决策支持，主要功能包括救援物资储备信息查询、救援队伍基本信息查询、相关部门责任人联系方式查询以及应急公众服务号，如图 10-16 所示。

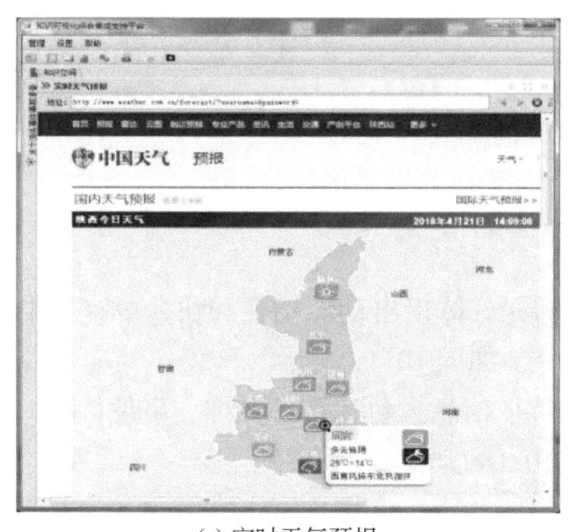

(a) 实时天气预报

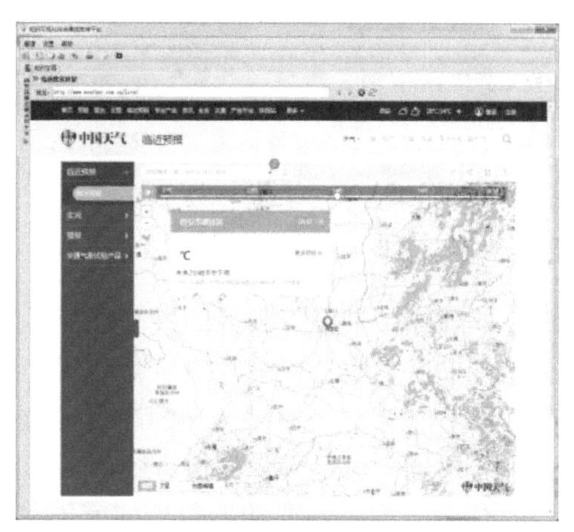

(b) 临近降水预报

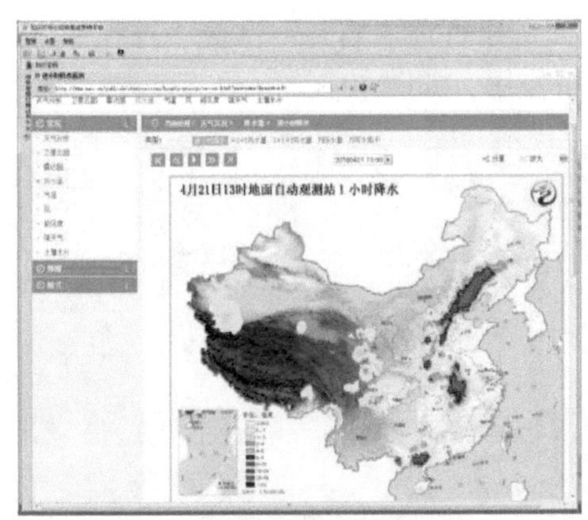
(c) 逐小时降水预报

(d) 气象灾害预警

图 10-15　预测预警功能

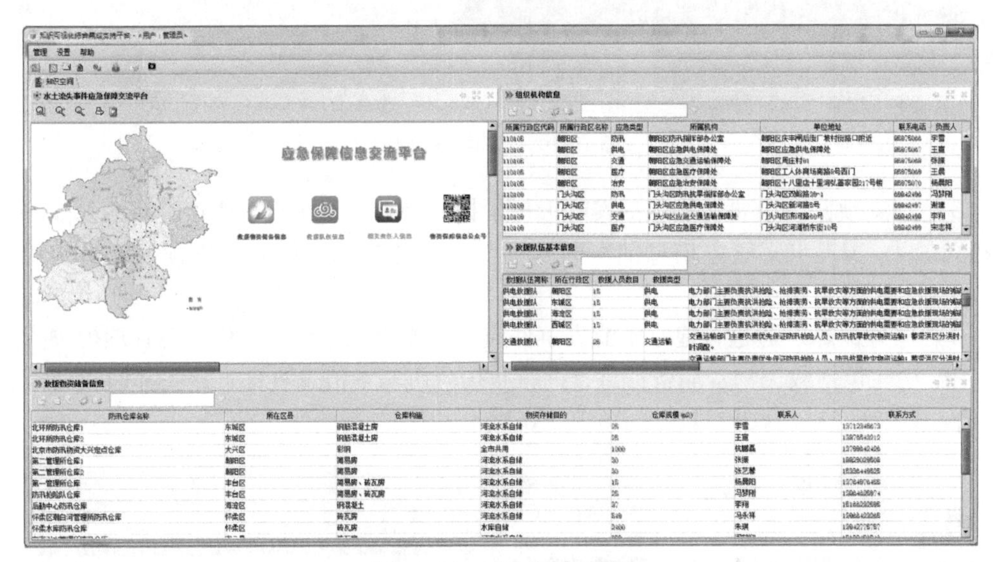

图 10-16　应急保障功能

2. 事中处理

事中处理模块是应急服务的核心环节，能够充分体现出动态调整和快速响应机制，主要包括事件描述、应急预案、应急会商三个部分，如图 10-17 所示。

（1）事件描述。查看录入应急事件的关键特征信息，包括事件名称、事件代码、发生地点、报送单位、报送人、报送方式等，如图 10-18 所示。

（2）应急预案。主要功能包括国家预案、省级预案、实例预案三大类预案的管理。在国家预案和省级预案中，参照国家防汛抗旱应急预案八大块内容，再细分为九大模块，对每个模块的相应内容进行明确划分，按照应急预案编制体系对其数字化预案进行展示，如图 10-19 所示。

图 10-17　事中处理阶段

图 10-18　事件描述功能

在实例预案中，将之前发生过的事件应对方案整理入库，建立实例事件库，将所有的事件预案入库存储，如图 10-20 所示。

（3）应急会商。建立应急会商及联动指挥平台，可以根据事态阶段处理相应的应急业务，主要包括启动阶段和事态响应阶段两大部分，主界面如图 10-21 所示。

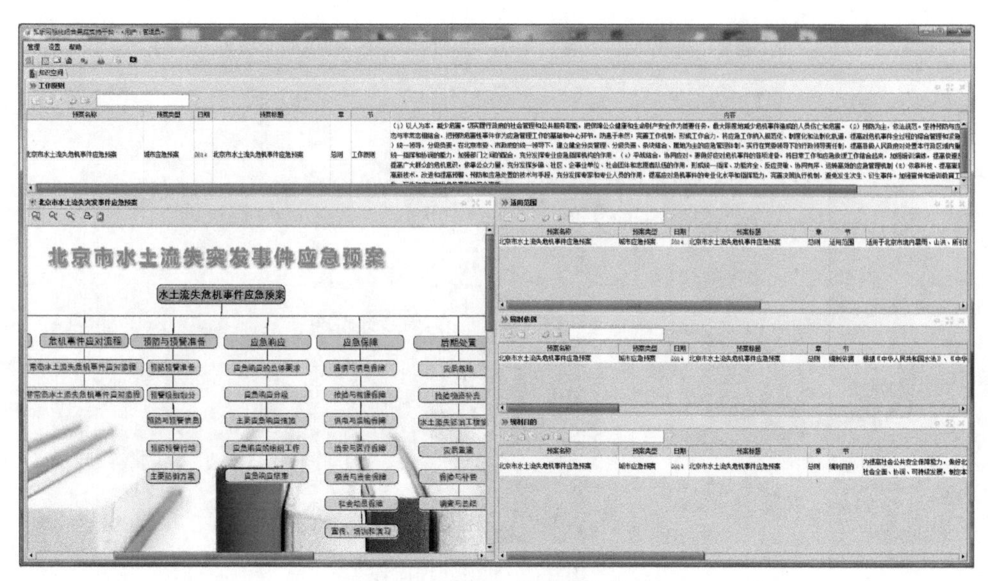

图 10-19　数字化预案功能

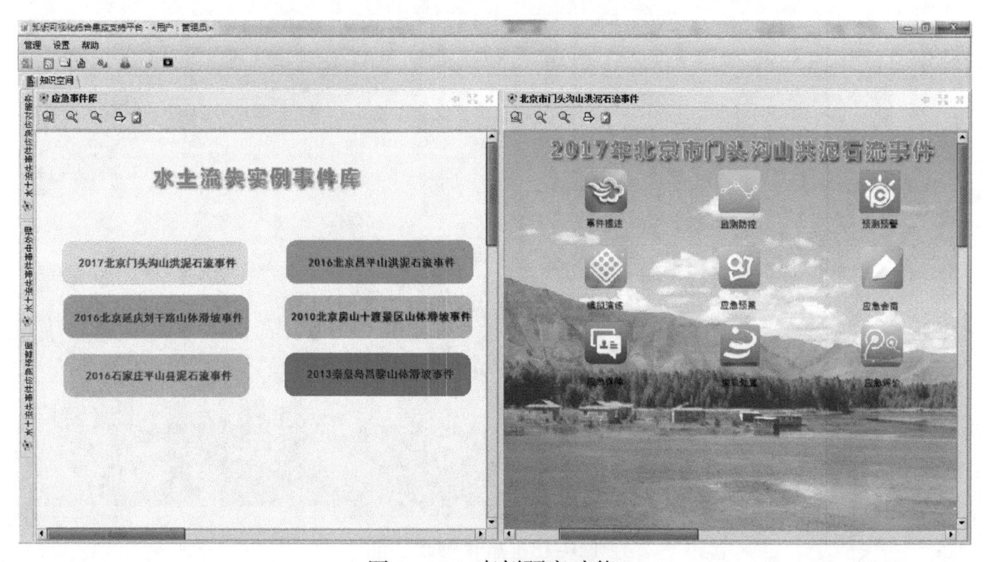

图 10-20　事例预案功能

在响应阶段根据实际情况更新事件信息，采取联动会商的方式修改预案并提出行动方案，用滚动更新的方式对水土流失事件进行应急管理和科学应对，直至事态得到控制，如图 10-22 所示。

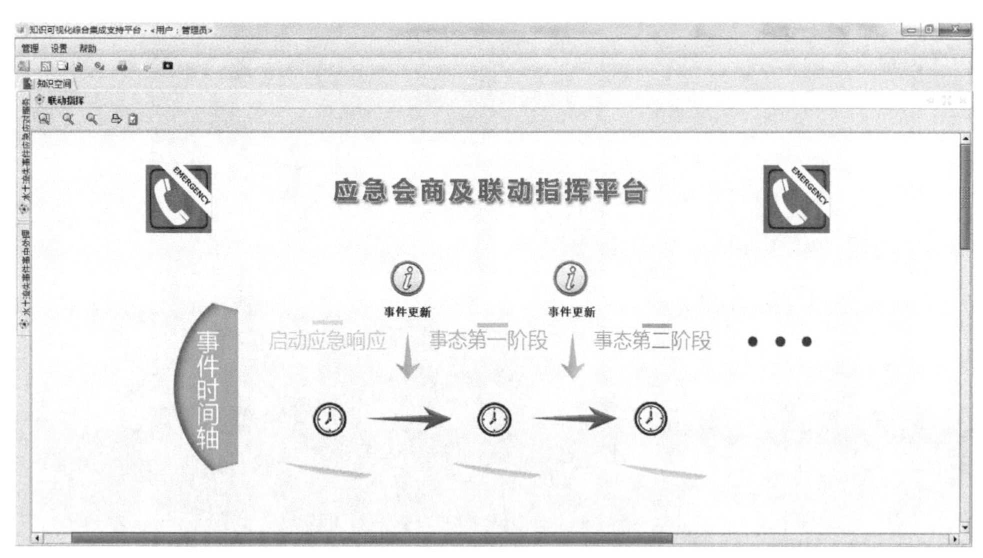

图 10-21 应急会商及联动指挥平台

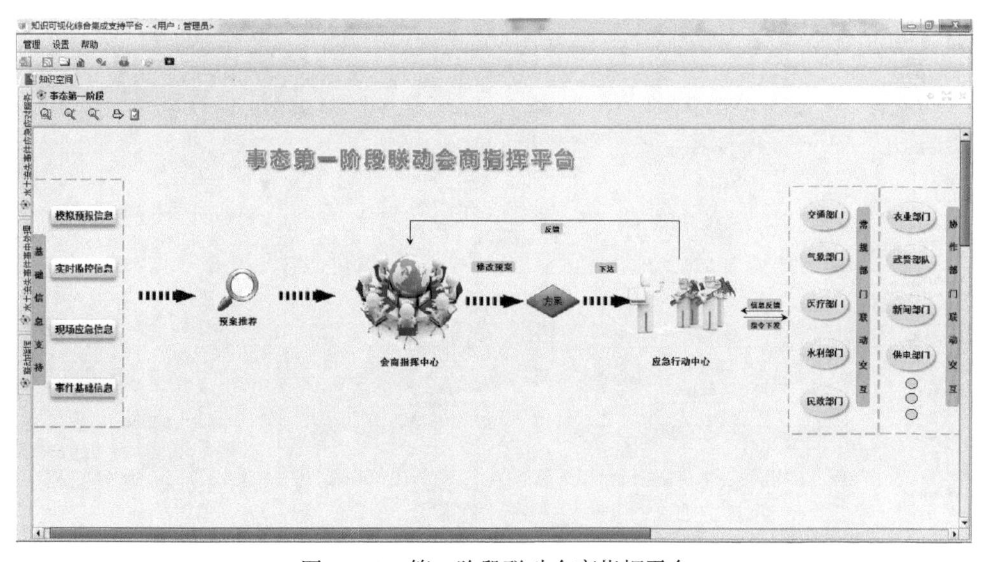

图 10-22 第一阶段联动会商指挥平台

3. 事后处置

事后处置模块是应急服务的收尾环节，主要处理善后安置和评价总结的工作，包括应急评价和灾后处置两个部分，主界面如图 10-23 所示。

（1）应急评价。应急评价模块是对水土流失事件的影响及造成的经济损失、人员伤亡等的综合评价。通过建立突发性水土流失事件应急评价数学模型及评价指标体系，可分别采用统计学分析法、德尔菲法、层次分析法等进行综合评价，如图 10-24 所示。

图 10-23　事后处置阶段

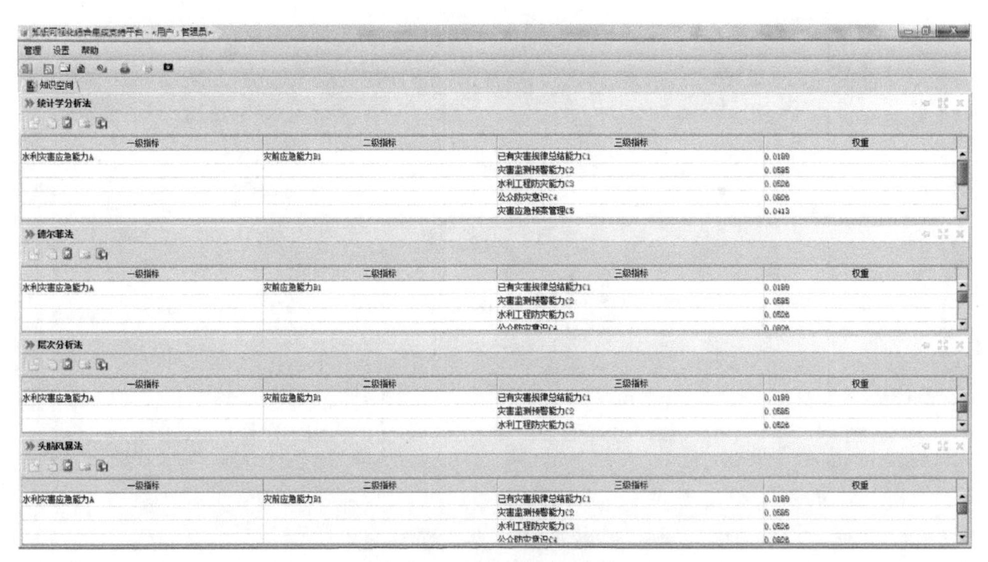

图 10-24　应急评价功能

（2）灾后处置。主要包括灾后救助、抢险物资补充、灾后重建、保险与补偿、调查与总结五个模块，根据应急预案中的内容对灾后工作进行逐一落实，如图 10-25 所示。

10.5.2　水污染事件应急管理

以石油类水污染事件为例，对水污染事件应急管理过程进行介绍。石油资源的开发利用占据国民经济重要一席，但其在运输过程中存在着泄漏的风险。近年来，石油类水污染

图 10-25 灾后处置功能

事件时有发生，但可供借鉴的经验较少，应急管理和应对效果相对较差。一方面是石油类污染物本身难以消除，另一方面是应对方案难以快速制定。对于此类事件的处置，需要掌握处置石油污染的专业知识和制定规范的应对模式。

本书将突发性石油类水污染的处置流程分为“事前”“事中”“事后”三个部分。事前处置阶段，从“处置技术”和“处置经验”入手构建处置技术库、预案库和案例库，为事中处置时把预案变成方案提供依据。事中处置阶段，按照过程化处置流程，根据问题导向滚动更新处置方案，以应对处置过程规范、有条理、不盲目、高时效性为目的。事后处置阶段，进行损失评估和整体评价，总结经验教训，将其入库，为类似事件的处置提供参考，并达到知识积累的目的，实现今后此类事件的快速有效应对（王雪，2019）。

事前阶段将石油类污染物化学、物理、生物等处置方法和以往事件应对经验进行归纳和整理，建立技术库、预案库、案例库，利用污染物运移模型预测污染物状态，在技术库中选择适用性方法，如图 10-26 所示。

事中阶段通过问题导向进行快速查找修改生成方案，通过应急会商将方案下发给一线行动部门，并根据事态变化及反馈对方案进行重复修改，直到污染物浓度降低至安全标准。

事后阶段对本次处置流程进行整体评价，并对损失进行评估，如图 10-27 所示，处置完成后的事件，作为一种应急资源进入预案库，为下一次处置相似事件提供经验辅助。上述处置流程针对性强，可操作，灵活有效。

以京津冀某典型石油泄漏事件为例进行模拟。在接收到现场上报信息后，应急决策者通过基础信息支持模块查阅事件信息和事态发展状况，在水污染运移模拟组件中，选择地点并输入当前河道信息，得到石油污染团运移的动态模拟信息。通过对事件信息进行整理分析可知，污染源仍在继续排放石油，且主要污染团还未大量扩散，一方面安排一线处置

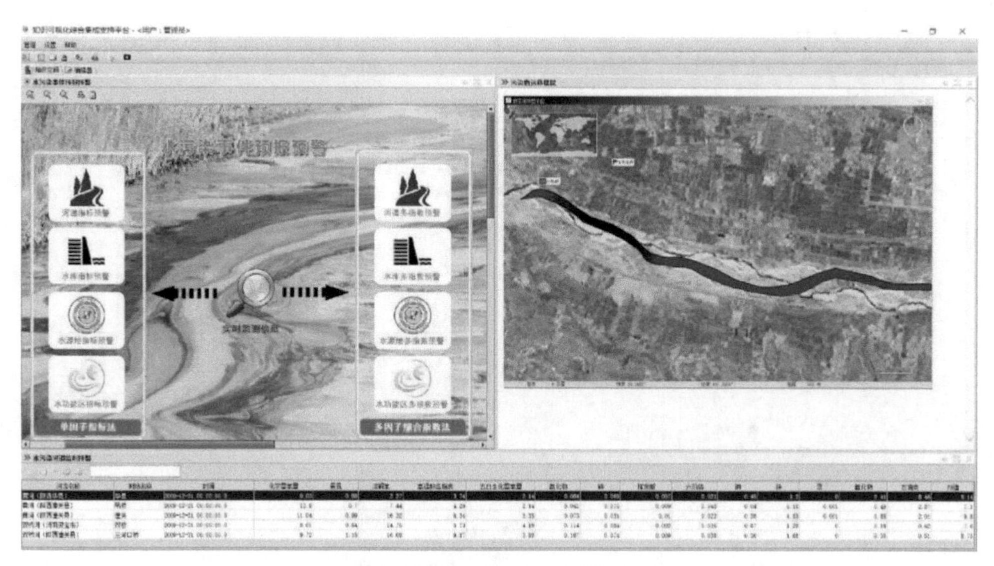

图 10-26 水污染情况模拟仿真

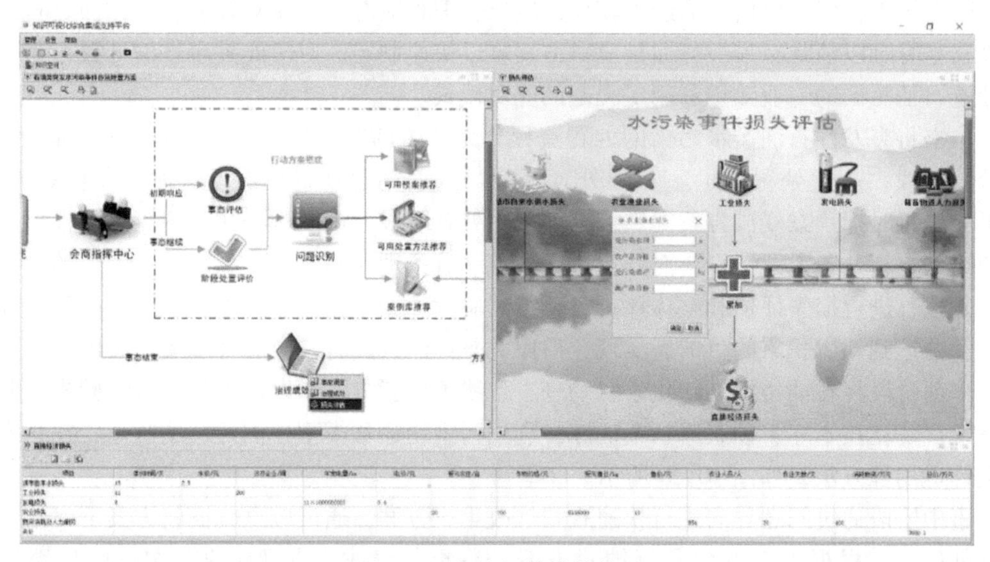

图 10-27 损失评估计算结果

人员快速封堵泄漏口，观测污染物运移情况并做好初步处理；另一方面调整应急等级，迅速构建会商指挥中心，以问题为导向，从预案库、方案库和方法库中查找修改得到适应性处置方案，如图 10-28 所示，经过“处置—下发—反馈—再处置”的滚动模式，确保将污染团控制在有效范围内。应急处置结束后，对事件进行损失评估和事件治理成效评价，将事件的治理经验整理入库，为类似事件处置积累经验。与实际处置情况对比，可视化流程方案处置清晰，内容全面，各部门高效联动，减少实际方案处置产生的事故损失。

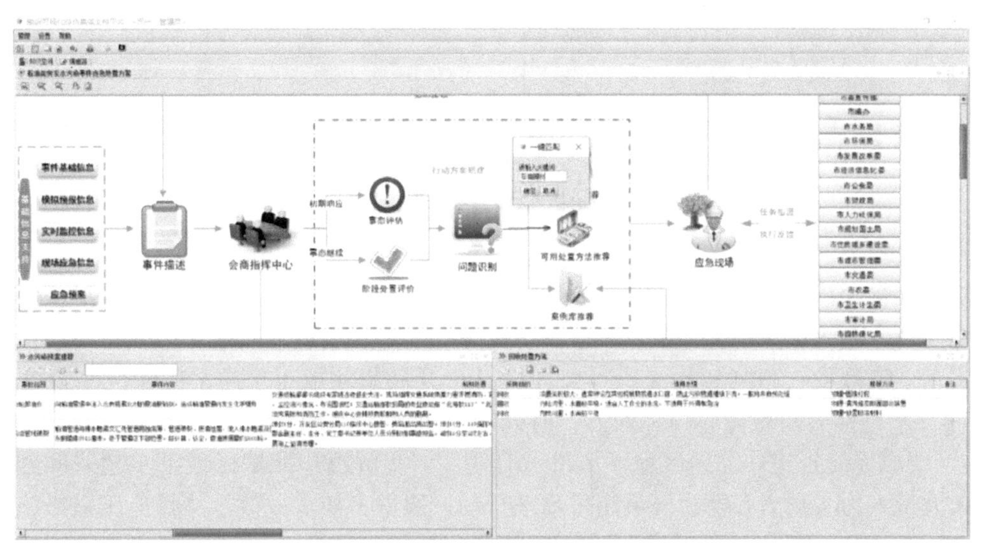

图 10-28　问题识别与推荐方案确定

10.6　本 章 小 结

本章从水安全事件应急管理现状与问题出发，提出了“事前—事中—事后”的水安全事件过程化管理模式，以解决水安全事件应急管理操作性不佳、灵活性相对较差以及难以适应环境动态变化等问题。总结应急管理及应对处置过程中出现的复杂问题，基于对突发事件特点的认识，在综合调控平台支撑下，依据复杂系统的研究成果及重要思想，结合现代信息技术，搭建了基于综合调控平台的干旱事件、内涝事件、水土流失事件和水污染事件应急管理业务服务系统。基于数字水网可视化环境，采用组件和知识图技术提供业务化服务，流程清晰，操作简便，通过将业务工作细化到应急管理各个部门，协调各有关职能人员及时开展水安全事件应急管理和应对工作，提高水安全事件应急管理水平。

第11章　京津冀地下水压采效果评价及生态补偿服务

随着社会经济的快速发展，京津冀地下水超采问题十分严重，引发一系列地质和水生态环境问题，制约区域社会经济发展以及水资源和生态环境良性发展。为改善和修复京津冀地下水生态环境，2014年中央一号文件提出“开展华北地下水超采漏斗区综合治理”。2019年，水利部会同有关部门和地方，研究制定了《华北地区地下水超采综合治理行动方案》，要求系统推进华北地区地下水超采治理，切实解决华北地区地下水超采问题。国家投入大量人力、物力和财力开展超采治理行动，取得了初步成效，从目前压采措施实施过程和压采效果来看，对压采过程的“强监管”要快速落实，不能局限于眼前的初步效果，更要提高投入的实效。因此，需要用信息化手段来推进和支撑京津冀地下水超采治理工作，通过开展地下水压采效果评价和生态补偿，为经济社会可持续发展提供水安全保障。京津冀区域地处华北地区，其中河北省地下水超采最为严重，每年超采约60亿m^3，因此本章主要以河北省为研究区域，分别对地下水压采效果水位考核、过程化评价及生态补偿机制进行研究，并结合相关业务进行集成应用，最终为京津冀地下水治理提供业务化服务。

11.1　地下水超采形势与治理现状

11.1.1　超采形势

河北省是典型的资源性缺水省份，水资源总量严重不足，多年平均水资源量为205亿m^3，可利用水资源量约占80%，人均水资源量为307m^3，仅为全国平均值的1/7。多年用水量达200亿~220亿m^3，年水资源超采量达40亿~60亿m^3（郑连生等，2007；李文体，2007）。近年，随着全球气候变化和人类活动的影响，河北省降水量呈现明显减少趋势，资料显示每十年减少7.6mm（李春强等，2009），与此同时，河北平原地下水开采量呈一定增加趋势，20世纪70年代为88.0亿m^3、80年代为123.5亿m^3、90年代为122.3亿m^3、2000年为128.6亿m^3，从70年代后期起至今，河北省地下水超采量一直处于增加趋势。据统计，近30年来河北省累计超采地下水1500亿m^3，超采区面积达6.7万km^2，特别是中东部平原黑龙港流域深层地下水超采严重，为全国最大的地下水漏斗区，引发了深层和浅层地下水位降落漏斗、地面沉降、咸淡水界面下移等一系列地质和地下水生态环境问题，严重影响区域水资源及生态环境的健康发展，已引起国家和地方高度重视（张兆吉等，2009）。

可供水资源量与用水量不匹配是河北省地下水超采的根本原因，由于河北省地表水资源十分匮乏，超用的主要是地下水，导致了地下水超采漏斗。随着工业和生活用水不断增加，发展灌溉及高耗水作物的种植，加剧了地下水超采漏斗的发展。根据《河北省水资源公报 2018》，农田灌溉用水占总用水量的 60.2%。河北省小麦种植面积约 3500 万亩①，河北省小麦的蒸发量为 400 ~ 450mm，生长季节降雨只能满足总耗水量的 1/4 ~ 1/3，其余需要灌溉来满足（冯战洪和张封，2017）。河北省粮食生产的 90% 来自灌溉农业，因此大规模发展的灌溉农业是河北省地下水超采的重要原因之一。另外，随着人口增加，工业和生活用水增加也加剧了河北省地下水超采状况。

11.1.2 治理现状

为改善和修复河北省地下水生态环境，在 2014 年中央一号文件“开展华北地下水超采漏斗区综合治理”的指示下，国家有关部委组织实施了河北省首个年度的地下水超采综合治理项目。河北省人民政府印发了《河北省地下水超采综合治理试点方案（2014 年度）》，首先以衡水、沧州、邢台和邯郸四市作为地下水超采治理试点地区，开展地下水超采综合治理工作，在取得经验后向其他地区推广（陈飞等，2020）。河北省 2014 年投资 74.5 亿元，采取调整农业种植结构和农艺节水、加强水利工程建设、机制体制节水等措施，强力推进地下水压采工作。2015 年，在保持试点工作总体思路连续性的同时，以地下水超采“1+5”综合治理模式为统领，着力完善治理目标体系，全面推进水价形成机制、项目建管机制、节水压采机制、组织推动机制、群众参与机制五项创新，适度扩大试点范围，合理优化治理措施，持续提高治理成效。2016 年，全面推行“确权定价、控管结合、内节外引、综合施策”的地下水超采综合治理模式，明确水权，制定水价，大力实施水价综合改革；控制总量，强化管理，从严管控地下水开采使用；节约当地水，引调外来水，着力发展现代节水农业和增加替代水源，通过综合治理，压减地下水开采，修复地下水生态。截至 2017 年，河北省已经连续实施完成 2014 年、2015 年、2016 年三期地下水超采综合治理试点方案。试点区总压采能力累计达 38.7 亿 m^3，占河北省总地下水超采量的 65%，其中农业压采能力为 27.8 亿 m^3，城市压采能力为 10.9 亿 m^3。地下水超采治理取得阶段性成效。从总体上看，河北省地下水超采时间长、范围广、程度深，治理修复地下水生态环境仍需在总结试点经验基础上，进一步加大综合治理力度，从根本上解决超采问题。

2018 年，河北省政府办公厅印发《河北省地下水超采综合治理五年实施计划（2018-2022 年）》（简称《实施计划》），确定到 2022 年全省地下水压采量达到 54 亿 m^3 以上，压采率达到 90% 以上，其中，城市全部完成地下水压采任务，农村压采率达到 86% 以上。雄安新区和南水北调中线受水区城市提前到 2020 年、张家口坝上地区提前到 2022 年完成地下水压采任务。《实施计划》指出“力争到 2022 年，全省地下水漏斗中心水位回升、面积逐步减小，地下水取水计量、水位监控系统以及考核奖惩机制进一步健全，地下水超采

---

① 1 亩≈666.7m^2。

状态得到改善。

2019 年，河北省委办公厅、河北省政府办公厅联合印发《关于地下水超采综合治理的实施意见》提出，通过重点采取“节、引、调、补、蓄、管”六大重点行动，到 2022 年，预计累计压减地下水超采量 51.6 亿 m^3，回补地下水 8 亿 ~ 13 亿 m^3，总体实现省域地下水采补平衡，城镇地下水位全面回升，浅层地下水超采问题得到解决，深层地下水开采量大幅压减。具体目标包括：在巩固实际压采量 26.6 亿 m^3 的基础上，通过强化节水、增加引水、调整结构、生态补水、严格管控等综合措施，2018 ~ 2022 年再压减 25 亿 m^3。到 2035 年，力争年均河湖生态补水 30 亿 ~ 40 亿 m^3，逐步填补地下水亏空水量，全面实现地下水采补平衡。

11.2 地下水压采效果水位考核服务

地下水位是可观测、可计量的物理数据，同时是评价区域地下水蓄存动态最直接的数据指标。地下水超采综合治理的各项投入，最终的效果要反映在超采区地下水位的修复上。因此，试点区超采综合治理后的地下水位效果评估，将是检验河北省地下水超采综合治理工作绩效的重要依据和手段。为加强地下水管理，客观评估地下水超采区治理效果，2016 年 11 月 21 日，河北省水利厅、河北省国土资源厅联合出台了《河北省地下水压采效果水位考核评估办法（试行）》（冀水资〔2016〕138 号）（简称《水位效果评估办法》），《水位效果评估办法》依据各年度压采任务进度，通过考核年地下水位变幅与其目标值之间的比较，定量评估各县（市、区）超采治理效果。在《水位效果评估办法》的框架下，根据河北省超采状况和压采治理任务，制定河北省超采区涉及县（市、区）的地下水位考核指标，以及为提高考核评估的工作效率，减轻后期每年考核评估的工作量和节约人力、物力，开发地下水压采效果水位考核评估自动化软件系统。

基于地下水压采效果水位考核评估自动化软件系统服务于对各县（市、区）地下水位进行考核。基于地下水位考核原理，将各县（市、区）的考核指标以及考核步骤流程化，在考核评估时，管理者输入降水量和地下水位数据，经过考核评价后，自动化输出各县（市、区）的水位考核评估成果，按照要求将评估成果以报表的方式进行输出、预览及打印，以此减少人为干预，简化考核评估工作，提高考核评估工作效率。根据上述目标，基于数字水网和综合调控平台，按照模块化思想，设计和实现地下水压采效果水位考核评估服务系统，为地下水管理部门提供决策服务。主要实现的服务包括以考核原理计算为基础的统计分析服务、以数据管理和展示的基础信息服务、以考核评价和结果输出的考核管理服务。

11.2.1 统计分析服务

统计分析服务主要包含空间分析和结果统计功能。空间分析功能主要是对降雨量、深浅层水位进行空间插值计算和等值线绘制。《水位效果评估办法》规定通过各站点数据采用算术平均法或面积权重法计算各县（市、区）的降雨量和地下水位的统计值。因此，为确保评估工作过程中降雨量/地下水位数据的代表性、可靠性和统一性，采用空间插值法，将站点观测的逐年降雨量/地下水位进行空间插值展布后再将网格插值结果统计到县（市、区）行政区范围上，计算逐年降雨量/地下水位的面平均值。空间插值分析根据克里金插值法将点数据插值到面上，然后进行等值线绘制，空间插值分析功能界面如图 11-1 所示。

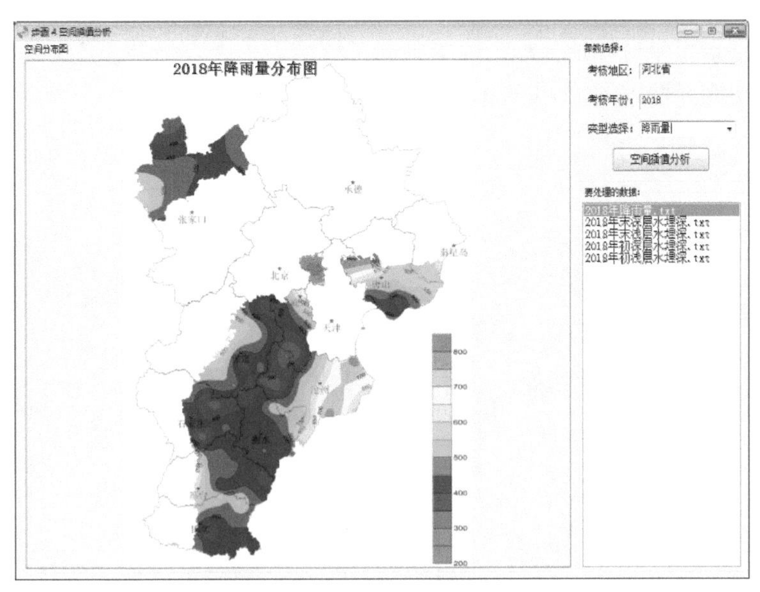

图 11-1　空间插值分析功能界面

经过降雨量和地下水位数据空间插值计算后，确定水位考核指标值，以及统计计算考核结果，统计分析流程如图 11-2 所示。

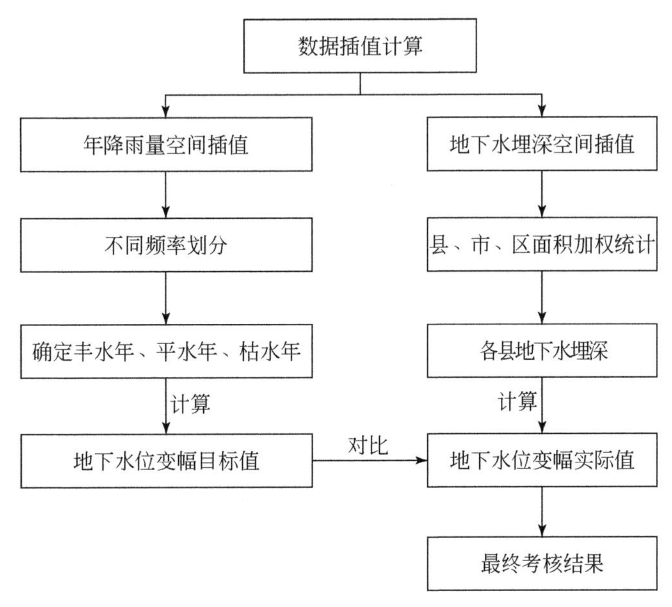

图 11-2　统计分析流程

根据各市县考核年的降雨量，确定丰水年、平水年、枯水年，获得考核年地下水位年变幅的目标考核值；通过空间插值计算得到各市县的地下水位值，与目标考核值进行比较；各市县考核年压采效果水位评估，采取当年评估与累积年份评估相结合的办法。当年评估按照其地下水位年变幅值与其目标考核值进行比较；累积年份按照累积变幅与累积目标考核值进行比较。若地下水位变幅值不大于目标考核值，评估为合格，反之不合格。结论不一致时，以累积年份评估为准。除了判断考核结果是否合格外，还对考核结果进行打分。结果统计功能界面如图 11-3 所示。

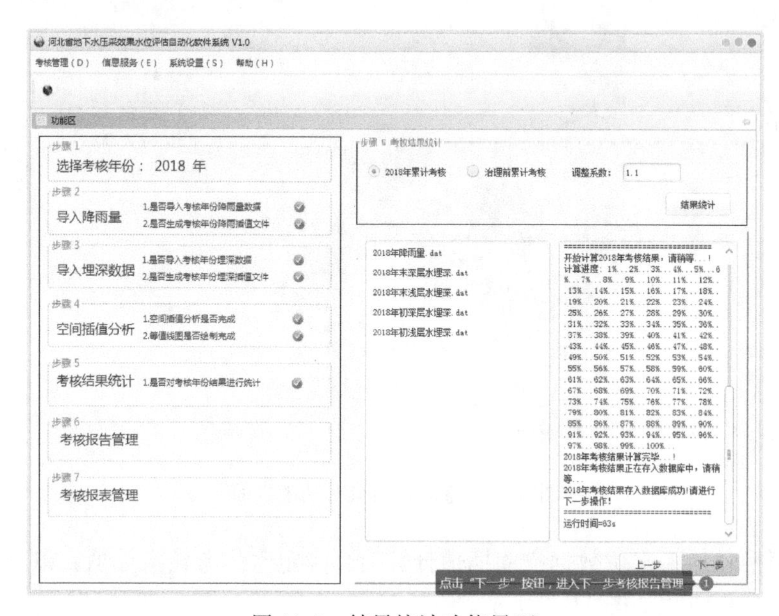

图 11-3　结果统计功能界面

11.2.2　基础信息服务

基础信息服务功能主要是对河北省的行政区划、降雨量测站、地下水位测站等信息进行查询并在数字地球中进行可视化展示。行政区划基础信息展示功能界面如图 11-4 所示，主要对市、区、县等行政区划的信息进行查询及可视化展示。选择省、市查询后在表中可以看到行政代码、行政区划、面积、总人口、地理位置、下辖乡镇等信息，同时在数字地球中进行空间位置等信息的可视化展示。

降雨量测站信息展示功能界面如图 11-5 所示，实现对河北省 78 个降雨量测站站点信息的查询及可视化展示。通过选择市区、时间来查询信息，在图 11-5 左侧表中可以看到测站编码、测站名称、所在市区、时间、降水量等信息，同时在数字地球中定位并展示地理位置与监测信息。

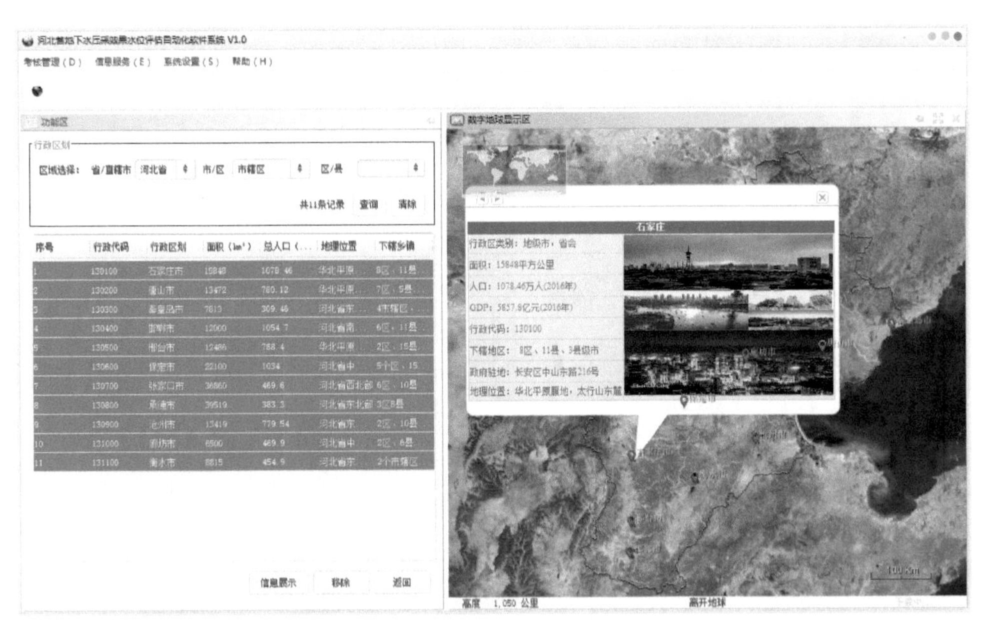

图 11-4　行政区划基础信息展示功能界面

图 11-5　降雨量测站信息展示功能界面

地下水测站信息展示功能界面如图 11-6 所示，实现对河北省深层和浅层的地下水测站信息的查询及可视化展示。选择行政区、时间、层位进行查询，在图 11-6 左侧表中可以看到测站编码、测站名称、所在市区、监测层位、时间、水位等信息，并在数字地球显示区展示地理位置标注及地下水埋深等信息。

图 11-6　地下水测站信息展示功能界面

11.2.3　考核管理服务

考核管理功能主要包括考核结果展示及考核报表打印输出。考核结果展示功能模块主要根据行政区、年份、类型的选择来查询，在图 11-7 左侧表中可以看到各行政区、代码、县(市、区)、水位变幅、变幅目标、累积变幅、累积变幅目标、考核结果、最终考核结果等信息，并在数字地球中展示地理位置标注及考核结果等信息，如图 11-7 所示。

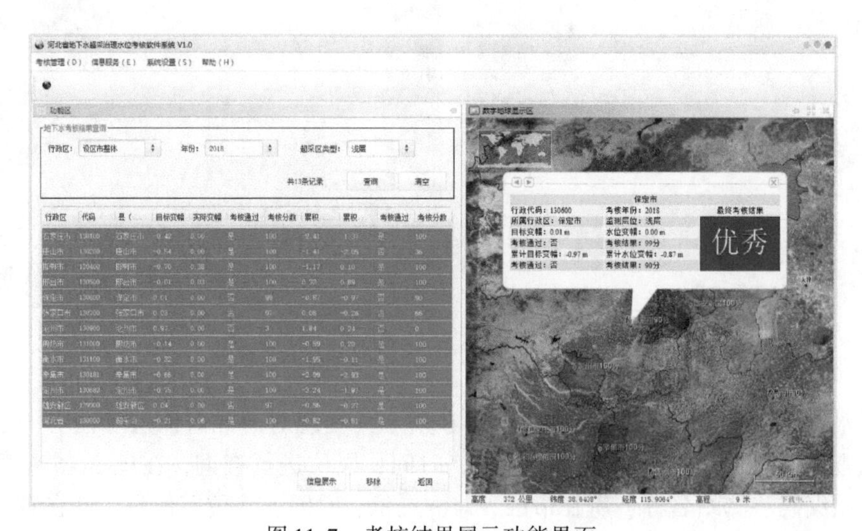

图 11-7　考核结果展示功能界面

通过考核结果分析后，可以根据制定好的文本及图表格式，将考核结果自动化处理后输出生成考核报告，从而完成考核评估的目标要求，图 11-8 为基于系统自动导出的考核报告。

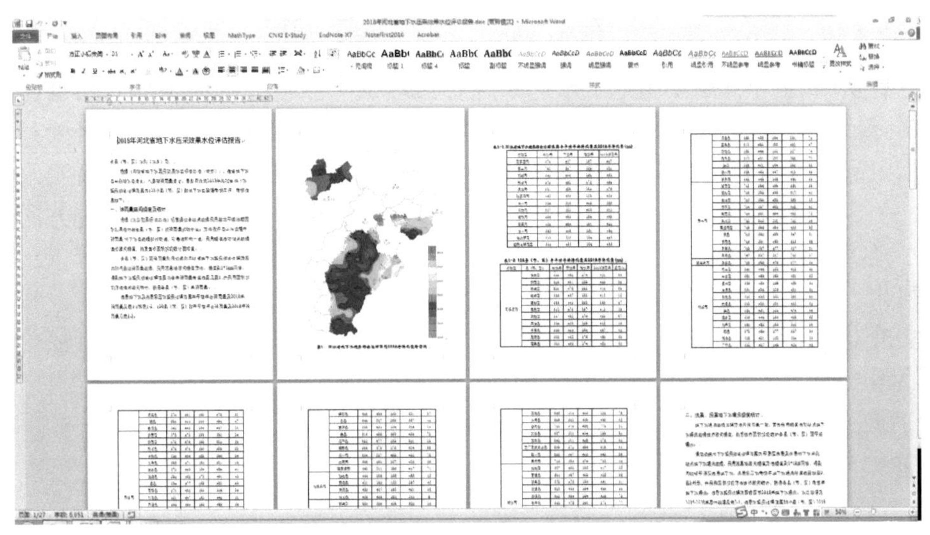

图 11-8　考核报告

根据考核要求可以自动输出考核报表，并在当前界面预览报表内容，如图 11-9 所示。

河北省地下水压采效果水位评估自动化软件系统 V1.0

考核管理（D）　信息服务（E）　系统设置（S）　帮助（H）

功能区

步骤 1 选择考核年份：

步骤 2 导入降雨量

步骤 3 导入埋深数据

步骤 4 空间插值分析

步骤 5 考核结果统计

步骤 6 考核报告管理

步骤 7 考核报表管理

2018年浅层设区市及整体地下水位变幅考核结果—预览表

行政区	2018年目...	2018年实...	考核通过	考核评分	累计目标...	累计实际...	累计考核...	累计考核...
石家庄市	-0.87	0.08	是	100	-3.12	-1.29	是	100
唐山市	0.12	0.13	是	100	-0.76	-1.92	否	0
邯郸市	0.08	-0.56	否	37	-1.20	-0.84	是	100
邢台市	0.18	-0.21	否	61	-0.42	0.65	是	100
保定市	-0.55	-0.16	是	100	-1.46	-1.13	是	100
张家口市	0.12	-0.18	否	71	0.09	-0.43	否	47
沧州市	-1.76	-1.89	否	86	-0.94	-1.65	否	29
廊坊市	-0.07	0.31	是	100	-0.52	0.52	是	100
衡水市	-1.06	-1.71	否	35	-2.79	-1.82	是	100
辛集市	-0.82	-1.63	否	19	-3.20	-4.55	否	0
定州市	-0.82	-0.84	否	97	-3.42	-2.82	是	100
雄安新区	-0.62	-0.34	是	100	-1.30	-0.60	是	100
超采治理范围	-0.22	-0.25	否	97	-1.09	-0.81	是	100

共有13条数据　　下载报表　返回

条记录

点击“下载报表”按钮，选择保存地址，然后便下载excel表至地址下

查看考核报表　　上一步　返回

图 11-9　考核报表

在考核报表预览界面下方，提供了将报表内容界面中的数据输出到 Excel 的功能，选择保存位置后，即可将数据保存为 Excel 文件，在本地查看报表内容。

11.3 地下水压采效果过程化评价服务

河北省从 2014 年开始实施地下水超采综合治理试点项目，各项压采措施也在顺利推进，而实际治理效果如何、超采区水生态环境是否改善、人民的生活质量是否受到影响等问题应当引起决策者的重视。针对这些问题，传统的结果性评价难以量化分析阶段性的治理效果，一定程度上影响了区域水资源统筹开发，以及下一步治理工作的改进方向，同时也制约了经济社会的发展。因此，本节以河北省近年来压采措施实施情况为背景，将压采方案可视化、压采各环节过程化，并提出基于过程化及主题化的评价服务模式，利用信息化手段实现对地下水压采效果的过程化评价，为河北省地下水压采工作提供可视化的技术支撑和决策支持。

11.3.1 指标体系的构建

评价的指标体系是进行效果评价的基础。优秀的指标体系能保证评价结果更贴合评价目标，也将直接影响评价结果的可靠度与可信度。指标体系的初步设计是根据评价目标建立一个尽可能描述对象系统全部性能特征的综合指标集，该指标集的设计应满足评价目标

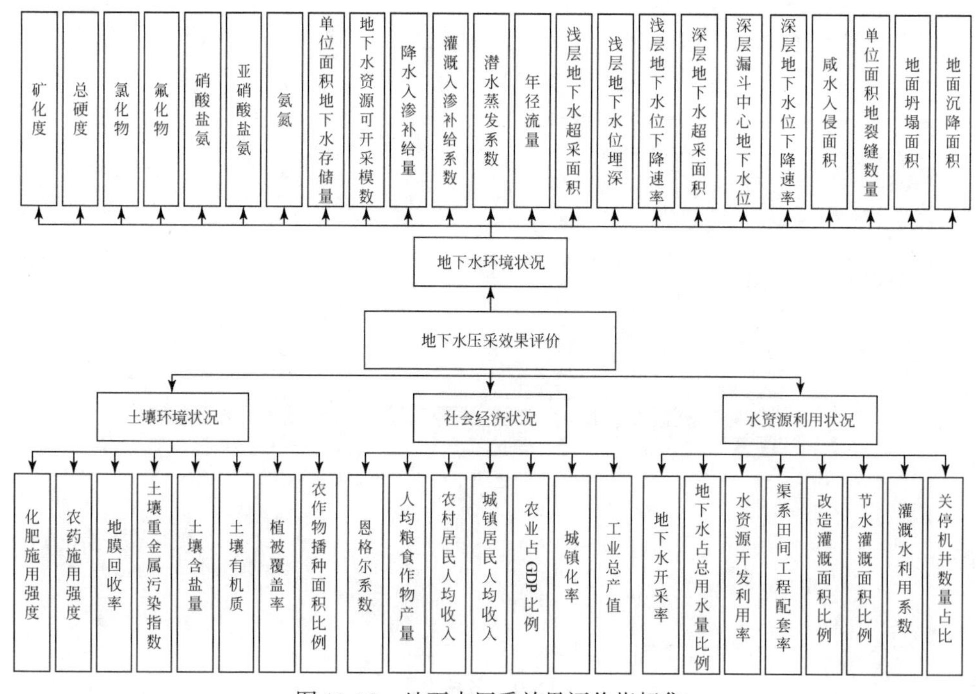

图 11-10　地下水压采效果评价指标集

需求并完整描述对象的属性特征。因为压采效果评价中每个评价对象的自然环境及社会环境是有一定差异的，在压采方案的实施过程中，应当根据对象的差异采取适当的评价模式，设计出不同层次的评价目标。以地下水压采效果为评价目标，利用目标层次法将总目标划分为地下水环境状况、土壤环境状况、社会经济状况和水资源利用状况四大主题，再利用调研、观察、专家咨询等方法针对分目标建立指标集（图 11-10）。

11.3.2 过程化评价模式

压采效果过程化评价模式是一种行动导向性评价模式，科学全面的过程化评价可以为压采方案的改进提供可靠的反馈结果和项目实施的行动导向，压采效果过程化评价的关注重点放在项目实施过程中地区环境发展的结果上，从评价对象参照标准来看属于内部差异评价，即把评价对象的有关侧面相互比较进而得出评价结果的评价类型，并及时对项目实施地区的自然社会环境等特征变化做出判断，肯定阶段性成果，找出潜在问题才是压采效果过程化评价的核心思想。根据过程化评价模式的核心思想设计的压采效果过程化评价服务流程框架如图 11-11 所示。

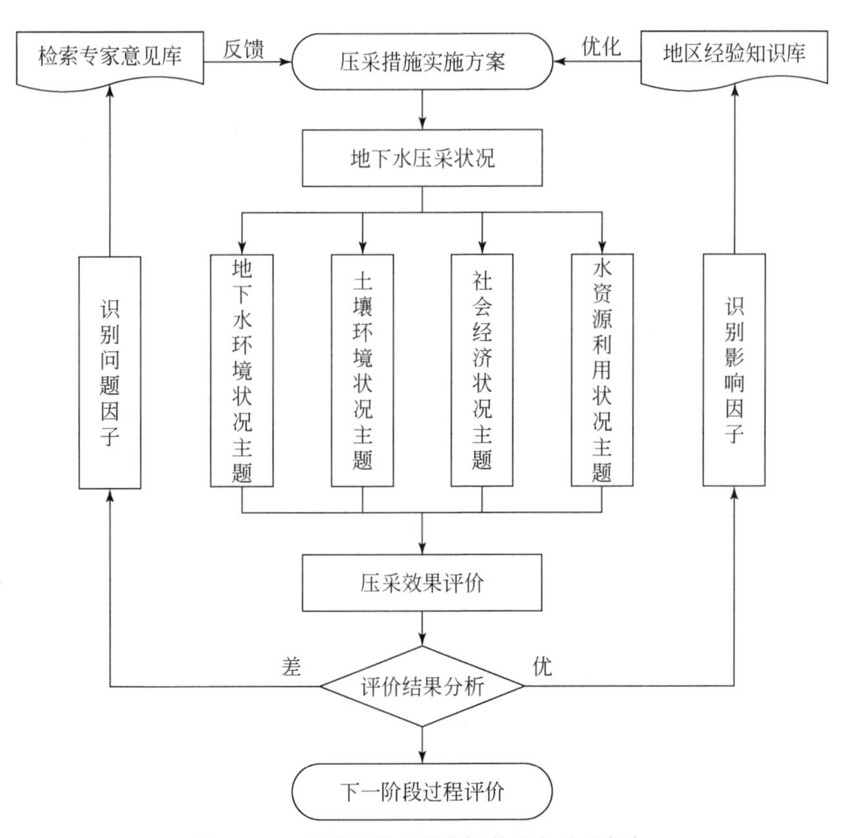

图 11-11　压采效果过程化评价服务流程框架

传统的效果评价属于总结性评价，通常是在项目方案实施完工一段时间后，为了判断最终效果是否符合预期目标而进行的评价，其优势在于方便分析压采任务和压采目标的完成程度。缺点是只能反映压采项目的总体水平和质量，不能及时、全面地反映压采措施实施过程中各种因素的发展变化及其原因。因此，引入过程化评价模式能更好地辅助传统评价模式，及时反馈压采措施实施过程中各方面环境影响的变化，以阶段性评价结果促进压采工作的总结与发展。对比传统的压采效果评价模式，过程化评价更加重视非预期成果。传统的压采效果评价将评价目标框定在符合方案预期的限定范围内，这种模式使得很多有价值的评价指标被忽略，也回避了很多预期结果外的影响因素，削弱了评价自身的行动导向作用。过程化评价则将评价的视野投向评价对象的全面相关领域，其评价目标具有多元性、指向性，肯定压采工作在各措施实施及影响下的阶段性成果，鼓励评价区域的治理经验和方法总结，优秀的经验能推广到其他区域，遇到的问题可以及时地反馈信息、改进方案，评价结果有助于推进治理工作。

11.3.3 评价主题的划分

复杂的评价系统其结构必定复杂，对其评价若选择少量关键指标则不能涵盖复杂问题的方方面面，代表性差；若为照顾到各方面而选择大量指标则加权困难，指标变化对整体评价结果影响较小，结果不能准确表达复杂问题。因此，对于复杂的评价问题，参照社会管理思维模式，将其分解为多个简单的主题，把复杂问题形式化、结构化、相对简化，不仅能够更透彻地分析问题，而且能从多方面辩证地看待问题。

1. 地下水环境主题

地下水环境的状态时刻在自然活动和人为活动的影响下变化波动。在多年的综合治理项目实施下，地下水资源量变化趋势是否有所上涨、地下水水质是否受到影响有所恶化、地质环境问题是否得到扼制有所改善等问题都是地下水压采效果对地下水环境影响的关键所在，该主题旨在探究试点区各县（市、区）地下水环境的各种相关指标变动对评价结果的影响，并通过评价压采方案在实施过程中对地下水环境的影响效果来辅助专家做出有效的措施调整决策，是压采效果评价的主体模块，在压采效果评价指标体系中所占权重较高。

2. 土壤环境状况主题

地下水位的波动往往影响着土壤的成分变化，而土壤的利用与污染状况又与农业灌溉息息相关，农业压采措施实施有利于地下水资源的恢复，所以考察压采效果时离不开对土壤环境状况的评测，该主题以探究试点区各县区内土壤环境状况为目的，从侧面反映压采措施造成的地下水位变化对土壤环境的影响。

3. 社会经济状况主题

超采综合治理行动宏观调整了农户的种植结构，推广了先进的灌溉技术，加大了田间渠道的水利工程建设投入，限制了工厂与生活用水的来源，同时针对采用不同压采措施的地区进行生态补偿，这些措施深刻影响了试点区的社会经济状况，如何在保障试点区地下水压采效果的同时，确保当地居民生活水平的稳定是方案制定与实施者都应考虑的要点，该主题从社会经济状况角度入手探究超采治理活动对人民生活的影响，从侧面反映了地下水压采方案实施下的地下水压采效果。

4. 水资源开发利用主题

地下水压采的目的是保护地下水资源，主要从提升水资源开发利用的水平入手，一方面加强开采源头的管控，以地表水代替地下水，关停部分需求外的开采机井；另一方面利用先进的喷灌滴灌技术提升灌溉的效率，配合小型水利工程有效降低地下水资源在总用水资源中的比例。因此，该主题通过对水资源开发利用水平的评价来分析地下水压采实施效果，用以辅助修正各县区压采效果综合评价的细节差异。

11.3.4 过程化评价服务

在基于数字水网的综合调控平台支撑下，采用组件、中间件和综合集成等技术，构建地下水压采效果过程化评价业务系统。按照过程化和主题化思想将压采措施及方案可视化、压采工作环节过程化，并提出基于过程化及主题化的评价服务模式，实现了对地下水压采效果的过程化评价。该业务系统包括数据汇总、图表展示、信息可视化、过程化效果评价、年度评价结果分析、意见反馈等。以河北省衡水市为研究区域，实现地下水压采效果过程化评价业务应用（图11-12）。通过指定评价年度时间，可以查看衡水市地下水压采方案以及压采情况，包括所采取的压采措施信息、压采措施落实情况以及衡水市各县区实施不同措施后的地下水压采量评估结果。从右侧表格中，可以直接看到各县（区、市）

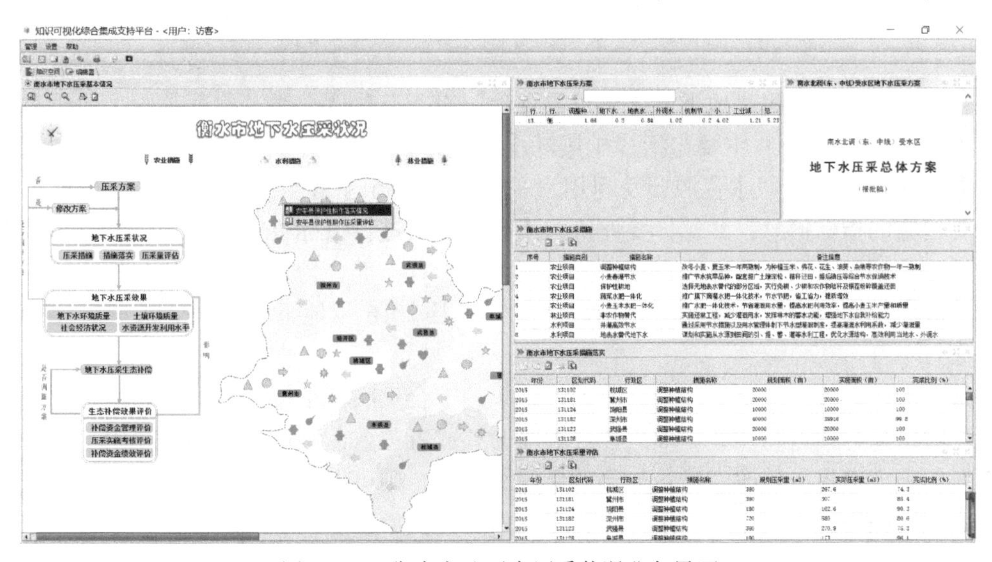

图11-12　衡水市地下水压采状况业务界面

具体地下水压采措施的落实情况及地下水压采量评估结果（刘伟，2019）。

单击标题下面的农业措施、林业措施和水利措施节点可分别进入各主题界面，可有针对性地浏览地方性措施差异可视化结果，并在相应的图元节点上加载压采措施信息，包括实施面积、压采目标、实际压采量等动态信息，所有信息均为动态查询的结果。

不同行政级别地下水压采效果状况可以通过图 11-12 业务界面中的各县区行政图节点进入，主要以安平县为实例，安平县地下水压采状况业务界面如图 11-13 所示。在图 11-13 右边可以看到安平县地下水压采措施信息、各个措施落实情况以及措施实施后的地下水压采量评估结果。左侧展示安平县所采取的地下水压采措施及其在各乡镇的分布情况，可以看到具体措施在乡镇级的落实情况及地下水压采量评估结果，也可以不定时对措施实施现场进行勘查。

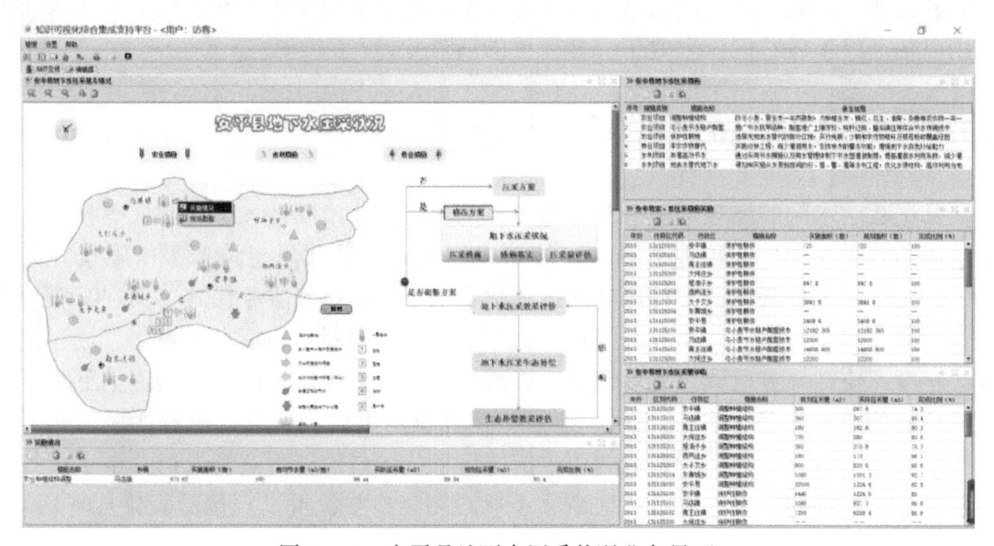

图 11-13　安平县地下水压采状况业务界面

单击图 11-13 右侧“地下水压采效果评价”节点，进入安平县地下水压采效果过程化评价界面（图 11-14），主要包括“土壤环境质量评价”、“社会经济状况评价”、“地下水环境质量评价”以及“水资源开发利用水平评价”四个主题评价过程。在进行评价时可以查看相应的指标信息，并选择要评价的指标，然后进行指标权重计算，必要时可调整权重，进一步调用不同评价方法进行评价，图 11-14 右半部分为采用主成分分析法、灰色关联分析法、模糊综合评价法及综合指数法对安平县 2016 年地下水压采效果进行评价得到的结果。

地下水压采效果评价为四个主题评价结果的综合反映，根据评价等级和综合评分，考虑是否对压采方案进行调整，如果评价等级为差或者很差，则需要识别问题因子，在此基础上对压采方案提出修改意见；如果效果等级为优，则可以向数据库检索该区域对应的技术经验总结报告，方便新的压采方案参考，停止评价后可返回上一级界面，进行其他业务服务。

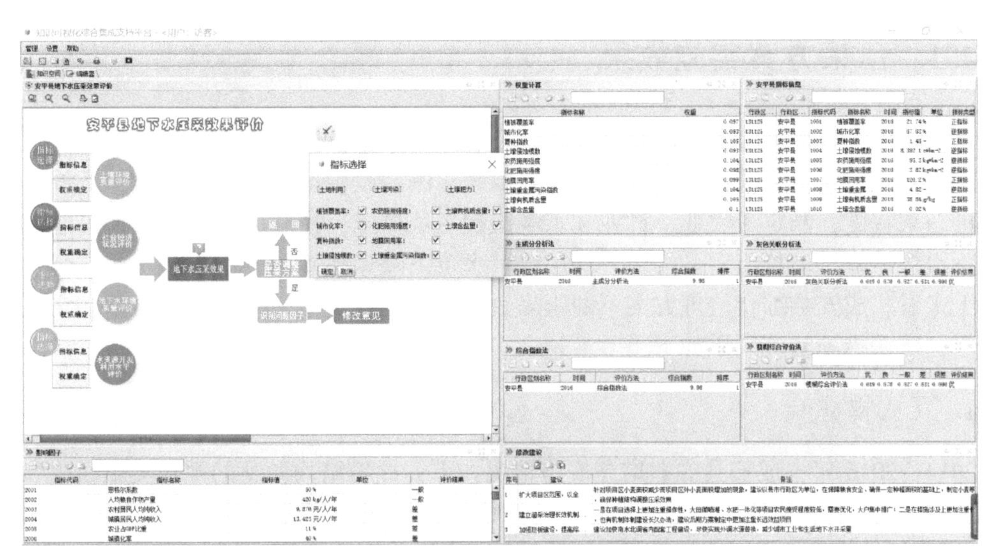

图 11-14 安平县地下水压采效果过程化评价界面

问题因子识别，过程化评价要充分考虑自身的反馈预警和行动导向功能，针对不同时期的评价结果选用主成分分析和单指标评价功能识别影响因子并向用户反馈，选取安平县为代表查看影响因子识别结果，从图 11-14 中可以看出安平县社会经济主题相关指标评价结果较差，所以应针对这些指标提出改善意见。

改进和完善意见库和经验库，过程化评价的导向功能通过组织修改意见库和经验总结库，针对影响因子识别结果和行政区划名称为关键词检索数据库筛选相关的改进意见，为新一轮压采方案的制定提供决策支持，是以安平县的因子识别结果检索到的修改意见。收集各项目区的先进经验并归纳分类入库有助于总结试点区的创新成果，方便技术人员组织学习，从其他县区汲取技术经验，避免技术难题，弥补自身漏洞，为压采方案的优化提供参考。

11.4 地下水超采治理生态补偿服务

从 2014 年地下水超采综合治理方案实施以来，河北省地下水超采试点区的治理目标基本达成、地下水环境有所改善。成安县作为地下水超采综合治理工作中的试点县，农业生产占据着全县经济发展的重要地位。由于水资源短缺，农业用水量大，长期超采地下水，造成地下水位连年下降，带来地面沉降等环境灾害，地下水生态环境的破坏使得农业投入加大，这影响了农业的可持续发展和农民的生产积极性。而且由于压采方案执行过程中不同的措施会引起农户经济收益受损及不公平现象，进行适当的生态补偿十分必要。因此，为充分调动农户参与地下水压采工作的主动性，分析现有压采措施的补偿需求，将成安县作为生态补偿研究区域，对其地下水超采综合治理的生态补偿机制服务进行研究，构建地下水压采的生态补偿标准方法，并针对压采措施提出合理的补偿标准结论。

11.4.1 压采方案实施效果

通过成安县压采方案中实际实施面积以及实际压采量具体实施情况分析地下水压采效果。成安县自地下水超采综合治理方案实施以来，围绕改善区域水生态环境以及成安县各乡镇的超采程度，制定了农业、林业和水利工程三项措施，措施的实施有效地遏制了成安县地下水位下降，治理前后，浅层、深层地下水位下降速率减小，呈现上升的态势。从压采量上来看，成安县综合治理方案下的压采目标基本完成，压采效果明显，基本实现了预期目标，压采措施实施效果如下。

1. 农业措施

2014～2016年，成安县农业措施实施情况如下：种植结构调整的规划实施面积和实际实施面积均为20 000亩，完成度100%，规划节水量与实际节水量均为360万m^3，完成度100%。保护性耕作的规划实施面积和实际实施面积均为50 000亩，完成度100%，规划节水量为250万m^3，实际节水量为265万m^3。节水稳产配套技术规划实施面积和实际实施面积均为258 600亩，完成度100%，规划节水量为1293万m^3，实际节水量为1345万m^3。小麦玉米水肥一体化项目，规划实施面积和实际实施面积均为12 000亩，完成度100%，规划节水量为78万m^3，实际节水量为80万m^3。蔬菜微滴灌水肥一体化项目，规划实施面积和实际实施面积均为5000亩，完成度100%，规划节水量为100万m^3，实际节水量为105万m^3。

2. 林业措施

2015～2016年，成安县林业措施规划实施面积和实际实施面积均为4600亩，完成度100%，规划节水量为87.4万m^3，实际节水量为89.7万m^3。

3. 水利措施

2015～2016年，成安县水利措施实施情况如下：地表水替换地下水项目的规划实施面积和实际实施面积均为65 000亩，完成度100%，规划节水量与实际节水量均为627万m^3，完成度100%。井灌区节水项目的规划实施面积和实际实施面积均为43 200亩，完成度100%，规划节水量与实际节水量均为432万m^3，完成度100%。

从上述压采效果来看，农业措施、林业措施以及水利措施下的压采目标总体达标，有的措施的实施都是超额完成目标。但超额完成量并不是很大，说明压采措施在施行过程中，没有充分调动当地农户的积极性，未发挥出最佳压采效果。

11.4.2 生态补偿机制建立

1. 补偿范围

项目措施于2014年开始制定与执行，选用成安县2014年的农业种植结构调整措施作为研究对象，2014 年成安县调整种植结构项目面积达到 6000 亩，通过将冬小麦、夏玉米一年两熟制，改为种植玉米、棉花、花生、杂粮等农作物一年一熟制，实现“一季休耕、一季雨养”，实现压采目标亩均节水 180m^3，总目标节水量 108 万 m^3，补偿范围就是 2014 年成安县种植结构调整实施区域，实施面积共 6000 亩，实施地点涉及全县 3 个乡镇 7 个行政村 481 户农户，其中包括 11 个种植大户、家庭农场或专业合作社。

2. 补偿主客体

1）补偿主体

成安县政府。地下水资源是一种公共物品，一般这类公共物品的管理都是政府领导。政府是地下水压采方案的发起者，在种植结构调整措施实施过程中发挥监督、管理和措施实施后的核查职能，是地下水压采生态补偿的最主要主体。

农户。虽然成安县农户是种植结构调整模式下利益的损害者，但在压采措施实施后，压采区域地下水环境改善，周围环境越来越好，农户也从环境的改善中受益，因此农户也是生态补偿主体中的一员。

成安县居民。地下水环境的治理改善使得成安县居民的生活环境和质量得到提高，因此成安县居民也有义务为生态环境的改善出力，是生态补偿主体的一员。

2）补偿客体

在成安县种植结构调整措施实施过程中，农户是措施的主要执行者，休耕了一季小麦，调整了种植模式，损失了一定收益，所以成安县种植结构调整个体、合作社以及农场的农户是主要的补偿客体。

3. 补偿标准

生态补偿标准构建思路如图 11-15 所示。

由于地下水超采严重，成安县地下水生态环境遭到破坏，地下水压采方案使得地下水环境慢慢得到修复，方案中提出采用引水工程来缓解当地用水矛盾，还有缩减农业灌溉用水量及种植面积等方案，一系列措施实施可以使地下水达到采补平衡状态。但是，这些压采方案的实施会导致一些农户的利益受损，压采效果不明显也会进一步打击农户的积极性。因此，提出对超采治理区的生态补偿标准，用压采完成目标来进行激励补偿，并把农户的损失值和压采效率考虑进来，把干旱等要素作为影响压采效率的客观因素计算出合理的生态补偿标准。最终采用机会成本得到每个实施点的基础补偿量，再通过将实际压采量与目标压采量的差代入地下水生态功能价值公式得到每个项目实施点的激励补偿量，最后可以得到成安县压采措施下每个项目实施的最终补偿金额。

4. 补偿方式

（1）中央政府。由中央政府根据各省市情况层层下发补偿金，中央政府有关政策规定农业种植结构调整压采措施项目中，每亩补贴金额为 500 元，则下发到成安县 2014 年 6000 亩的补贴金为 300 万元。

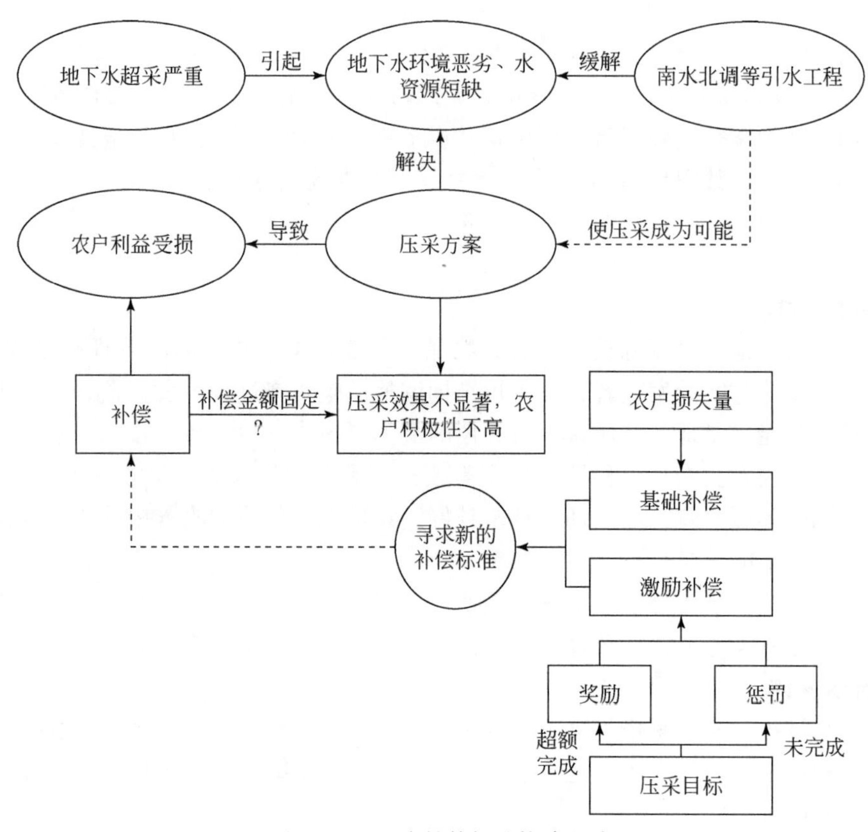

图 11-15　生态补偿标准构建思路

（2）当地政府与居民。由于加入奖惩条件，补偿金额不固定，考虑到当地居民也是生态补偿主体中的一部分，超出部分的补偿金由当地政府与居民共同筹集。在成安县 2014 年 349.60 万元补偿金中，超出的 49.60 万元可由成安县政府补偿，但当地可以适当考虑调整水价或税收使得当地居民这个补偿主体也参与进来。成安县生态补偿方式关系如图 11-16 所示。

5. 补偿实施保障机制

（1）法律及政策保障。成安县地下水压采生态补偿制度的顺利实施，必须有强有力的法规、政策作为支撑和保障。政府作为成安县地下水压采生态补偿的牵头者，应该时刻做好地下水生态补偿的立法工作。同时，随着成安县地下水压采生态补偿工作进程的推进，可根据自身特点，对相应的政策提出修改意见，在政府与农户之间交流沟通，不断完善地下水压采生态补偿机制。

（2）领导管理。生态补偿工作的最主要补偿主体就是成安县政府。因此，成安县各行政部门一定要高度重视，认真落实好各项补偿政策。各行政部门要将生态补偿工作尽量细化，各部门密切配合，将生态补偿工作层层落实下去。充分发挥舆论引导作用，开展形式多样、内容丰富、贴近公众的宣传教育活动，将社会各界参与生态保护工作的积极性充分

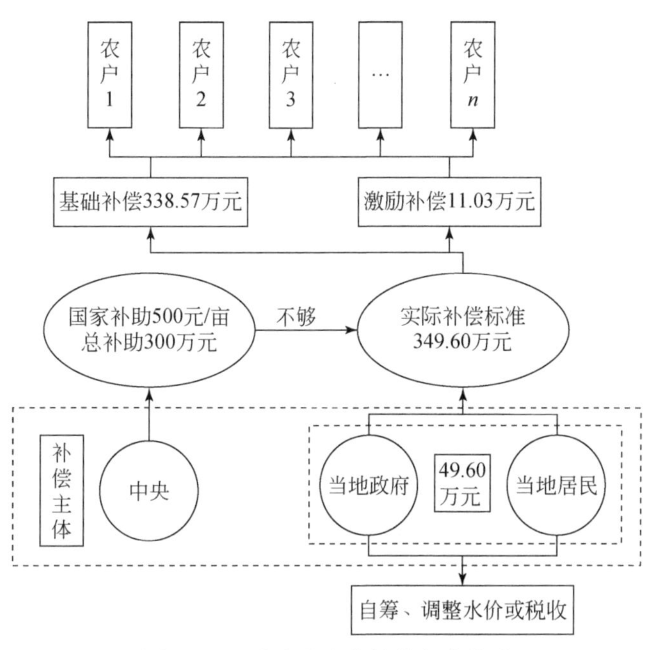

图 11-16 成安县生态补偿方式关系

调动起来，自觉树立环保意识，努力营造全流域参与保护地下水的良好氛围。

（3）激励保障。压采措施项目补偿金必须到位，政府要采用直接投资或资金补助、自筹等方式加大支持力度，切实有效地落实好各项激励保障措施，生态补偿激励措施的实行能调动各界参与生态保护的积极性，各政府相关部门应继续完善对自然资源充分利用的税收优惠政策，并激励循环经济的发展。

（4）公众参与。在成安县地下水生态补偿实施过程中，各相关利益体参与生态保护工作的主动性和积极性是影响地下水环境改善的关键。

11.4.3 生态补偿服务集成应用

以成安县为研究区域，基于综合调控平台构建成安县地下水压采生态补偿服务系统。成安县地下水压采生态补偿界面如图 11-17 所示，图 11-17 左侧为区域位置和措施分布图，单击各措施可以展示出该措施实施应给予的补偿标准及补偿总量，如漳河店镇农业种植结构调整。其他功能模块类似。

单击图 11-17 右半部分的流程图后，便进入成安县地下水压采生态补偿机制界面（图 11-18）。具体回答为什么补、谁补谁、补多少、怎么补等问题。主要包括地下水压采生态补偿的总体需求以及各个措施在实施过程中具体的补偿需求、补偿原则及补偿主客体识别，在补偿标准的核算中考虑了每个措施的工程投入和各类用水户的发展机会成本损失。除了直接资金补偿方式外，也可采用其他方式进行补偿。

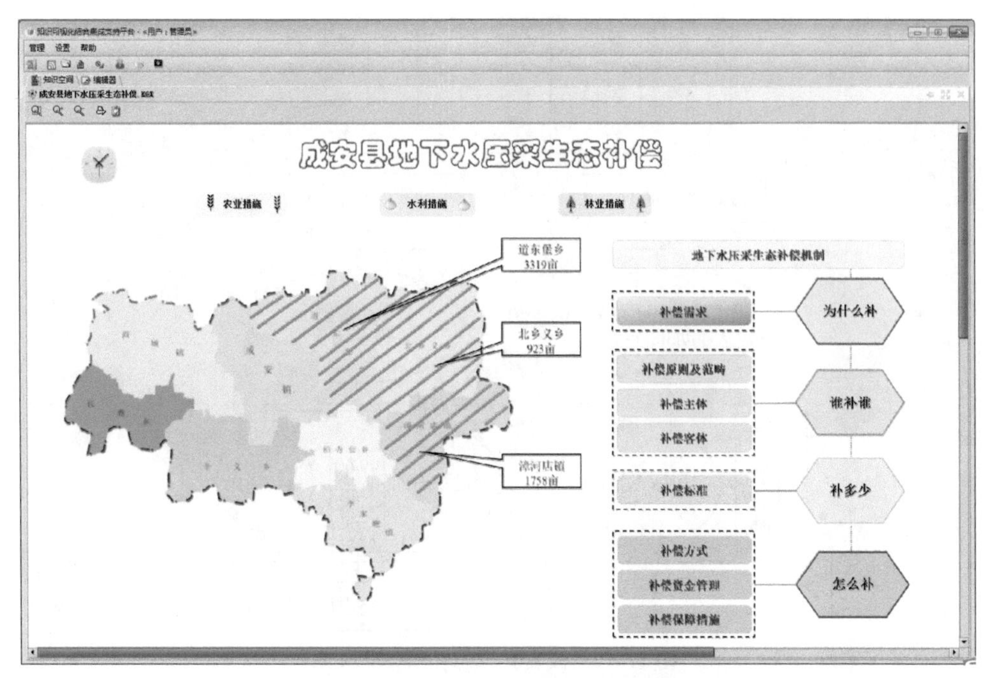

图 11-17　成安县地下水压采生态补偿界面

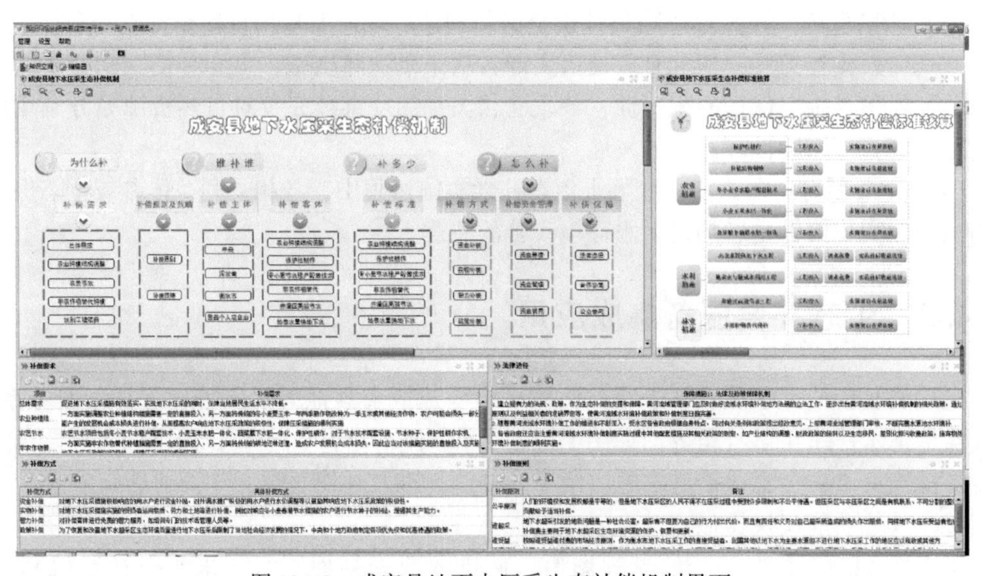

图 11-18　成安县地下水压采生态补偿机制界面

11.5　本章小结

本章在分析河北省目前的地下水超采形势和治理现状基础上，基于综合调控平台开发地下水压采效果水位考核评估系统、地下水压采效果过程化评价系统、地下水压采生态补偿机制系统。水位考核评估系统是基于地下水位考核原理，将各县的考核指标以及考核步骤流程化，以此简化考核评估工作，提高考核评估工作效率。过程化评价系统是根据过程化评价模式的理论特点，构建完整适用的地下水压采效果评价体系，将压采措施及方案可视化、压采工作环节过程化，实现了对地下水压采效果的过程化评价，为河北省地下水压采工作提供可视化、信息化的技术支撑。地下水压采生态补偿机制系统以典型超采区为实例，分析地下水超采治理压采措施及实施效果，并针对地下水超采问题区域，构建可视、可信、可修改的生态补偿应对机制，为地下水压采方案实施的生态补偿机制的建立提供参考，实现地下水超采治理工作的可持续推进。

第12章 京津冀水资源动态调配及用水综合管理服务

随着经济社会快速发展，对水资源需求日益增长，水资源短缺的问题越发严重，尤其是京津冀属于严重的资源性缺水地区，水资源成为限制京津冀经济社会可持续发展的主要因素。国务院于2012年发布《关于实行最严格水资源管理制度的意见》，明确提出建立用水总量控制、用水效率控制和水功能区限制纳污的“三条红线”。2014年，习近平总书记对我国水安全问题发表了重要讲话，明确提出“节水优先、空间均衡、系统治理、两手发力”的新时期下的治水方针。在实行水资源最严格管理和建设节水型社会的新形势下，为缓解水资源供需矛盾和改善水资源管理现状，要把节水作为水资源开发利用的前提，全面提升水资源利用效率和效益。同时，要处理好水与经济社会发展和生态系统的关系，加强水资源动态监管，优化水资源配置格局。因此，合理配置水资源，即利用好外调水、非传统水资源等，同时行业节水和高效用水管理也显得尤为重要。本章以京津冀水资源动态调配与用水综合管理服务为主要研究内容，分别从用水计划动态化管理、非传统水资源利用及配置、外调水资源动态调控、工业节水技术及高效用水管理和农业节水技术及高效用水管理等方面来介绍应用模式和成果。

12.1 用水计划动态化管理

12.1.1 用水计划现状及问题

计划用水制度的实行为我国的用水管理工作做出了重大的贡献，多年来许多地区根据用水计划进行水资源的合理配置，节约了大量的水资源。目前，常见的用水计划编制方法，首先是由用水户或用水单元向上级用水部门提交自身的用水计划，然后上级用水部门根据定额法以及当前的来水情况对此进行审核，审核未通过则要求用水户或用水单元对用水计划进行修改，用水计划修改完再继续审核直至审核通过为止，最终将所有用水户的用水计划进行汇总统计得出整个区域的用水计划。虽然计划用水制度带来的效果显而易见，但是其在实施过程中也存在各种各样的问题。因此，用水计划在环节和过程中进行动态管理，才能更好地适应时代发展的要求（曹鑫涛，2018）。

基于科学配水、高效用水以及水资源可持续发展战略目标，用水计划执行后用水现状主要表现出的问题如下。

（1）水资源利用程度不高，没有实现水资源的高效利用，浪费现象十分严重，雨水、中水等再生水也未能发挥应有的效益。

(2) 地下水常年处于超采状态，地下水位持续下降，部分地区甚至形成了地下水漏斗，严重破坏了地下水资源的可持续利用，情况不容乐观。

(3) 水环境持续恶化，河流、湖泊等水体均遭到了不同程度的污染，淡水资源受到了严重的威胁，水资源的供需矛盾加剧。

12.1.2 适应动态化的决策模式

如何能快速制定动态用水计划，并保证用水计划的时效性？根据知识的积累能够加快反应速度的思想，如果能将用水计划制定中遇到的问题及其解决方式作为知识进行积累，当知识积累到一定程度之后，就可以根据积累经验进行相似度匹配，获得解决当前问题的依据，提高解决问题的效率，进而实现用水计划动态实时服务。规制从广义上可以理解为：为了解决某种问题或者约束某种现象的发生而制定的一系列规则、条例，而且规制有一个特点，它能够根据目标的改变或者新问题的出现进行完善和更新，这个特点恰好可以进行知识积累，规制不断完善和更新就是知识不断积累的过程。那么根据这个特点，可以对用水计划的制定加以规制或者说根据规制来制定用水计划，当规制积累到足够多，用水计划就能在现状条件下进行快速制定。在用水计划执行过程中进行评价，才能根据评价结果来对后续过程提出要求，从而起到改善后续执行过程的作用，使整个过程均趋于合理。而适应性评价指的是能够适应于不同评价要求而进行评价主题改变的评价方式，具体的实现方式是基于综合调控平台，建立评价指标库和评价方法库，进行评价时只需要通过组件调用就可快速实现评价服务。

适应动态变化的用水计划决策模式与传统用水计划决策模式的不同主要体现在动态性和适应性两个方面。简而言之，传统决策过程可以认为只有一个阶段，从用水计划制定到按照用水计划进行水资源配置；而新决策过程可以有多个阶段，第一个阶段同样是从用水计划制定到按照用水计划进行水资源配置，但是之后如果情况有变，则会在过程中间对用水计划是否合理进行评价，根据评价结果来确定接下来的工作，如果合理就继续执行之前的用水计划，如果不合理则迅速制定生成适应当前现状的用水计划并对该计划进行适应性评价，确保该用水计划与当前实际现状相适应，这个过程可能会根据实际情况的多次变化而重复进行。因此，新的用水计划决策模式在其决策过程中是动态变化的，也是适应于当前水资源供需现状的，并能克服传统决策模式的弊端，从而进行水资源的科学合理分配，高效利用水资源。适应动态变化的用水计划决策模式如图 12-1 所示。

12.1.3 用水计划管理集成应用

基于综合调控平台对京津冀水资源用水计划进行管理，从水源信息、用水定额、考核红线和用水计划等方面，按不同行政区、不同流域和不同行业进行层次化、模块化管理。本章案例以衡水市为研究区域进行集成应用。衡水市用水计划管理主界面如图 12-2 所示，

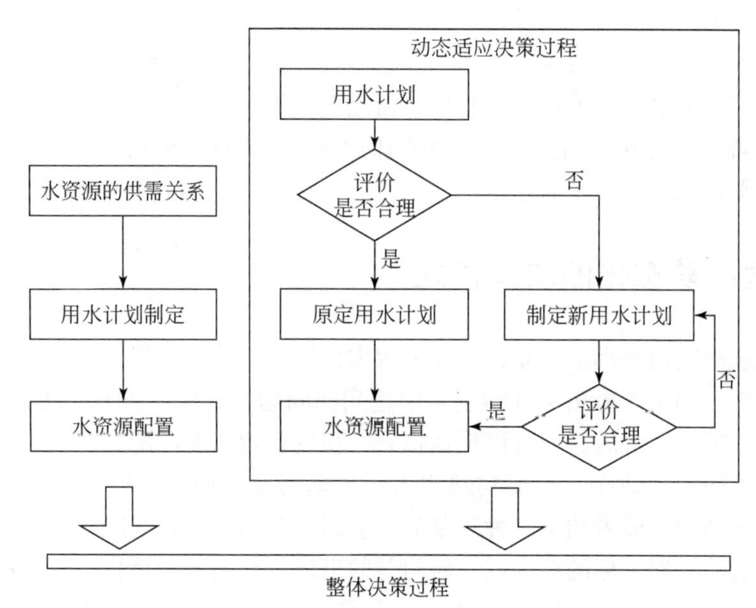

图 12-1　适应动态变化的用水计划决策模式

主界面主要将衡水市的用水计划分为行政区用水计划、流域用水计划、行业用水计划、重点区域用水计划四大主题。按照不同的主题对衡水市开展用水计划业务。通过单击主题进入相应的知识图。

图 12-2　衡水市用水计划管理主界面

例如，单击“行政区用水计划”，则可以进入行政区用水计划管理主界面，如图 12-3 所示。主界面右边是衡水市的行政分区，单击每个行政县（市、区）都能进入相应县

（市、区）用水计划界面，而左边则是与衡水市用水计划相关的信息，可以查看本市的水源信息、用水定额、考核红线、用水计划等信息。单击“用水计划”，则可以查看每个行政县（市、区）的用水计划，以衡水深州市为例介绍行政区用水计划管理业务服务。

图 12-3　行政区用水计划管理主界面

单击行政区地图中的深州市，便进入深州市用水计划管理主界面（图 12-4），功能界面是整个用水计划管理的流程。首先是地方根据用水定额进行需水预测，然后根据需水预

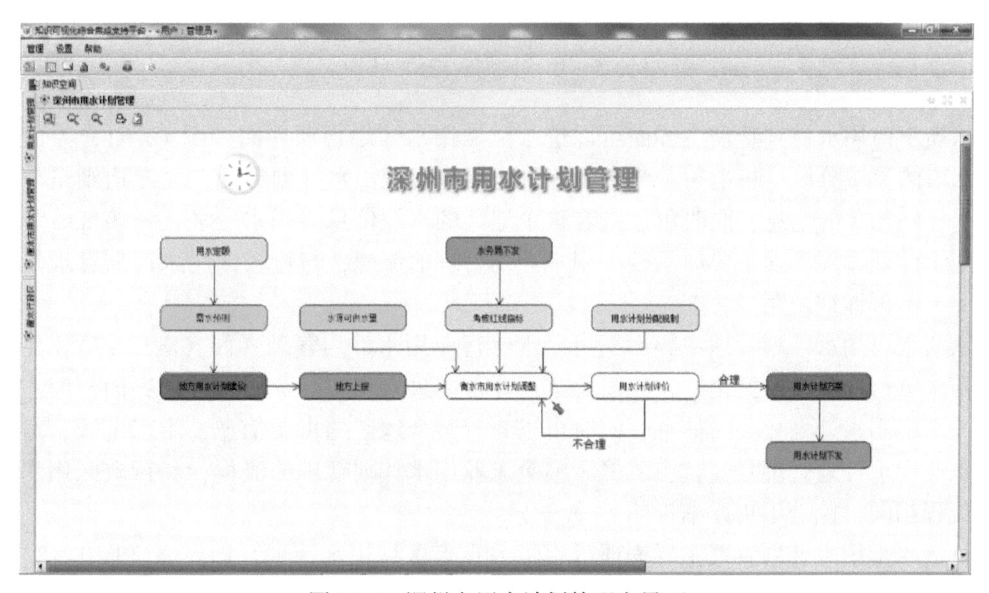

图 12-4　深州市用水计划管理主界面

测的结果提出地方用水计划建议，然后将其上报到衡水市，衡水市则根据水源可供水量、水务局下发的考核红线指标以及用水计划分配规制对地方用水计划进行调整，然后对调整完的地方用水计划进行评价，如果合理则直接生成用水计划方案，然后再给地方下发用水计划，如果不合理则返回继续进行调整评价直至合理。

单击“用水定额”节点，弹出农林业用水定额、生活用水定额等。选择不同类型可以查看不同的定额信息。单击“需水预测”节点，弹出农业需水预测、工业需水预测等；单击“地方用水计划建议”节点，弹出根据需水预测提出的用水计划建议信息。单击“水源可供水量”节点，弹出水源可供水量信息；选择不同类型可以查看各类展示信息（图 12-5）。

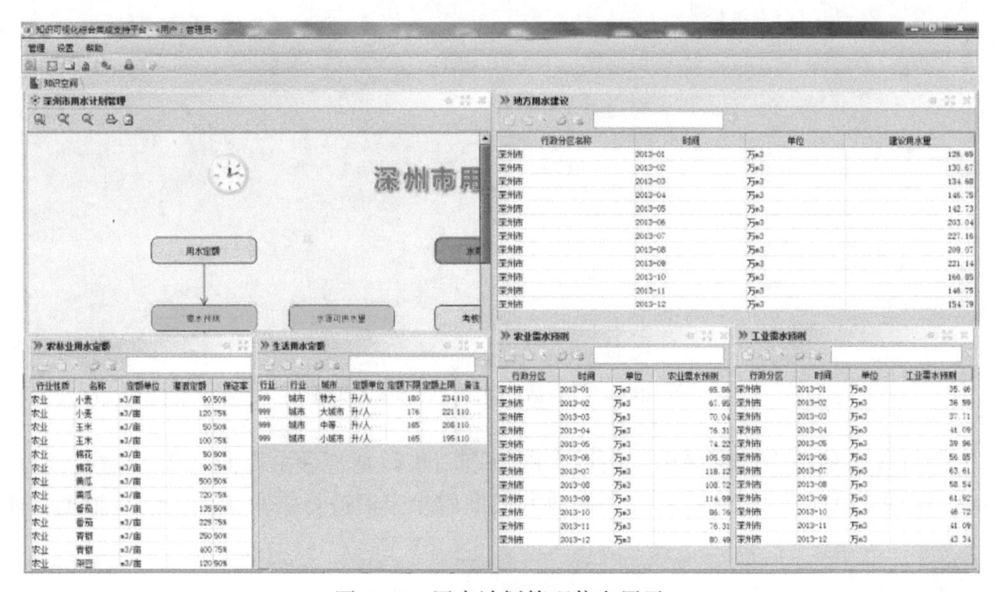

图 12-5　用水计划管理信息展示

从衡水市用水计划管理主界面可以进入流域用水计划管理界面（图 12-6），界面右边是衡水市的流域分区，单击每个流域都能进入相应流域用水计划界面，而左边则是与衡水市用水计划相关的信息，同时可以查看整个地区的水源信息、用水定额、考核红线。子牙河系用水计划管理界面主要展示整个用水计划管理的流程，与行政区用水计划管理流程相同，此处不再详细说明。

从衡水市用水计划管理主界面还可以进入行业用水计划管理界面（图 12-7），界面右边是衡水市行业分类的概化图，点击每个行业都能进入相应行业用水计划界面，而左边则是与衡水市用水计划相关的信息，同时可以查看整个地区的水源信息、用水定额、考核红线。工业用水计划管理界面，主要展示整个工业用水计划管理的流程，和行政区用水计划管理流程相同，此处不再详细说明。

从衡水市用水计划管理主界面还可以进入重点区域用水计划管理界面（图 12-8），界面右边是衡水市重点区域分布图，单击每个区域都能进入相应区域的用水计划管理界面，

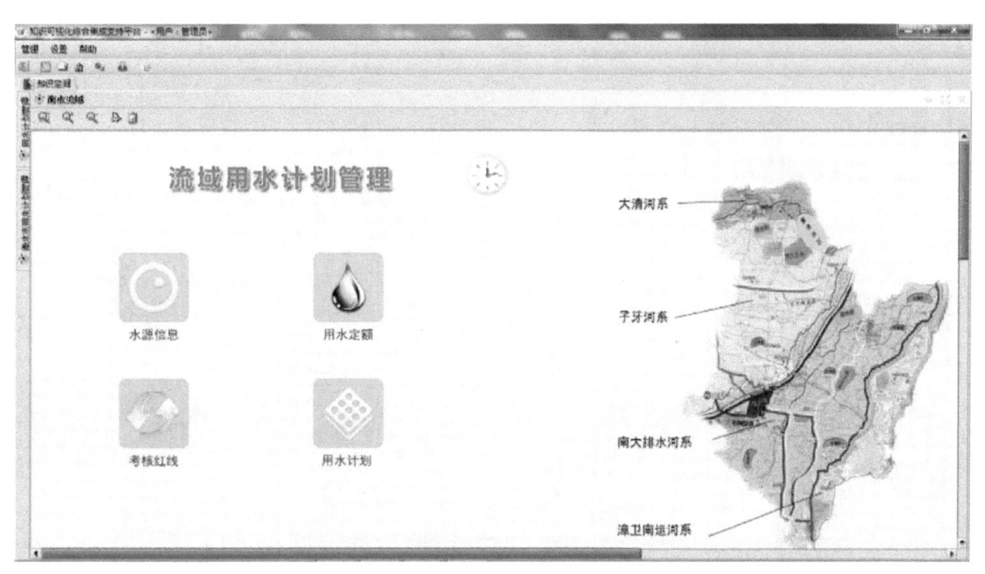

图 12-6　流域用水计划管理界面

图 12-7　行业用水计划管理界面

而左边则是与衡水市用水计划相关的信息，同时可以查看整个地区的水源信息、用水定额、考核红线。重点区域用水计划管理界面，主要展示开发区、工业园区等用水计划管理的流程，与行政区用水计划管理流程相同，此处不再详细阐述。

图 12-8 重点区域用水计划管理界面

12.2 非传统水资源利用及配置

12.2.1 非传统水资源利用现状

在传统水资源紧缺的现状下，非传统水资源的开发利用可以有效补充区域水资源。非传统水资源是区别于传统地表地下水资源的特殊水源，主要包括海水、微咸水、再生水以及雨水四类，经过一定的化学、物理工艺处理后，可以用作生产生活水源。目前，国内外对非传统水资源的利用方式主要有海水淡化、海水直接用于工业冷却、雨水收集利用、微咸水灌溉以及污水再生利用（邵嘉玥，2017）。并且这些非传统水资源的储备十分充足，其利用的关键问题就在于开发工艺。随着技术的发展，对非传统水资源的利用已经从试验慢慢走向成熟。但是由于非传统水资源水质的特殊性，往往需要对其进行处理后才可进行利用，且用水户对于水质问题往往存在担忧，这对非传统水资源利用的推行产生较大阻碍。并且由于非传统水资源用户的局限性，非传统水资源无法按传统水资源配置模式进行配置，不合理的配置也造成了水资源的浪费。所以对于非传统水资源的利用，急需解决的问题就是大众的接受程度以及如何合理利用并发挥它最大的作用。

由于非传统水资源的利用还没有完全成熟，在利用过程中还存有一些问题，推进非传统水资源的利用还需要厘清以下几个问题。

（1）如何使得非传统水资源开发过程可视可信，以加强水质监管？由于非传统水资源的取水水质通常较差，特别是再生水，其原料水是区域生活污水，虽然目前处理后水质基本均能达标，但用水户对于用水安全问题仍然有很大的担忧。然而实际上，许多地区非传统水资源的处理工艺已经相当先进，出水水质也几乎与传统水无异。为加强对非传统水资源开发工艺过程以及其水质的监管，以消除用水户对水质的顾虑，需要对非传统水资源开发工艺进行可视化，使得整个开发过程可视、可信及可管理。

(2) 如何计算非传统水资源的可利用量？对水资源的利用首先需要搞清楚的是可利用的量。非传统水资源包括四类，且四类水都很难直接利用，需在原料水的基础上进行一定工艺处理后才能用于生活、生产、生态。海水需要经过淡化工艺，污水需要经过污水处理厂和再生水厂两级处理，雨水需要经过收集并净化等过程，微咸水需要与淡水混合或者轮流灌溉才能用于农业，每类水水质以及各级工艺出水水质均不相同。非传统水资源的可利用量不仅取决于本身存在的水量，也受到工艺设备所能开发量的制约。需要依据开发工艺对非传统水资源水质进行可利用量计算。

(3) 非传统水资源如何纳入区域的优化配置？非传统水资源由于水质差异较大，在配置时约束较多，目标用水户较为单一，在配置时无法像传统水资源一样配置，为实现非传统水资源利用的合理性，需要依据非传统水资源水质标准，对非传统水资源用户进行划分，以水资源供需分析为手段，将非传统水资源纳入区域配置中，以主题嵌套的方式，实现从区域整体配置到分区配置再到非传统水资源配置。

因此，本节主要对京津冀非传统水资源利用与配置系统进行研究，并实现业务集成应用，从而提高非传统水资源的利用效率，为促进非传统水资源高效利用提供参考。

12.2.2 非传统水资源工艺可视化

基于四类非传统水资源开发工艺流程，通过分析管线的连接方式和连接特点，应用计算机图形技术、可视化技术、面向对象技术和数据库技术，建立一个可视化的非传统水资源开发利用环境，用户在该非传统水资源开发利用环境中，可以直观可视地查看不同阶段非传统水资源的收集、处理、利用情况，使得用户可以对非传统水资源的开发工艺有更深入的了解，能够更放心地使用非传统水资源，提高非传统水资源的推广率和认可度。

非传统水资源开发过程主要可以概括为四大块内容，即取水、出水、排水以及工艺流程。非传统水资源的取水过程、出水过程以及排水过程相对简单，主要考虑其水质和水量。而每类非传统水资源的主要开发工艺都截然不同，且工艺流程都相对复杂。基于流程可视化方法及存储方式，对非传统水资源工艺可视化进行研究（顾佳卫，2019）。

1. 海水淡化工艺

以横管膜降多效蒸发海水淡化工艺为例，其主要原理为将海水进行一定的预处理后喷淋在各个蒸发罐内的蒸发横管上，形成液膜螺旋下流，经由管内流动的高压蒸汽加热后，形成水蒸气，作为下一级热源的同时凝结成淡化水。将各效的淡化水和浓海水分别收集，从而实现海水淡化。作为热源的高压蒸汽，一部分在末效冷凝器内凝结后作为回炉水，另一部分经闪蒸后再次作为热源蒸汽，横管膜降多效蒸发海水淡化工艺流程如图12-9所示。

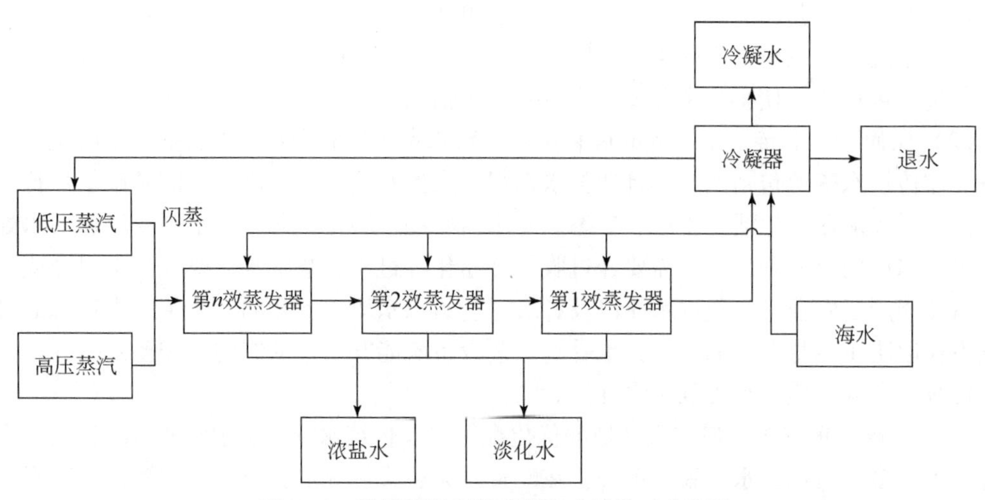

图 12-9 横管膜降多效蒸发海水淡化工艺流程

依据海水淡化的原理，工艺流程中，进料主要包括海水、高压蒸汽，产物主要有淡化水、浓盐水、回炉水以及低压蒸汽。海水淡化过程主要涉及各级蒸发器中的淡化水和浓盐水。依据整体流程以及关键节点，横管膜降多效蒸发海水淡化工艺可视化效果如图 12-10 所示，以黑色线条构造出装置轮廓及内部结构，蓝色线条表示海水管道，黄色线条表示浓盐水管道，淡蓝色线条表示淡化水管道，灰色线条表示蒸汽管道，箭头指示管道内流动方向。以图形节点表示如阀门、水泵等设备类型及位置并添加其参数信息。在重要工艺节点，如蒸发器淡水收集、冷凝器水量等处，设置带文字的框型节点，使得可视化效果更为直观。

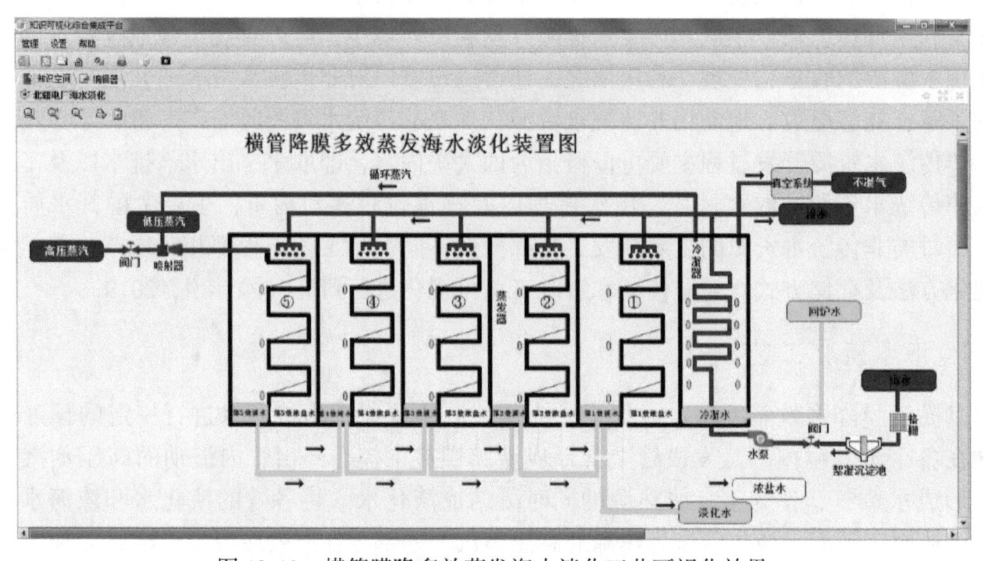

图 12-10 横管膜降多效蒸发海水淡化工艺可视化效果

2. 污水再生利用工艺

污水再生利用工艺如图 12-11 所示，再生水在污水处理基础上进行深度处理得到水质更好的再生水。污水收集到污水处理厂后，首先经过粗、细格栅滤除固体污染物，再经过曝光沉砂池排出泥沙，再通过生化反应降解水体中的胶体或溶解性污染物，再经过二沉池（SBR 反应池和接触池）并消毒后得到一级出水。在此基础上，再生水厂通过深度处理得到水质更好的再生水。

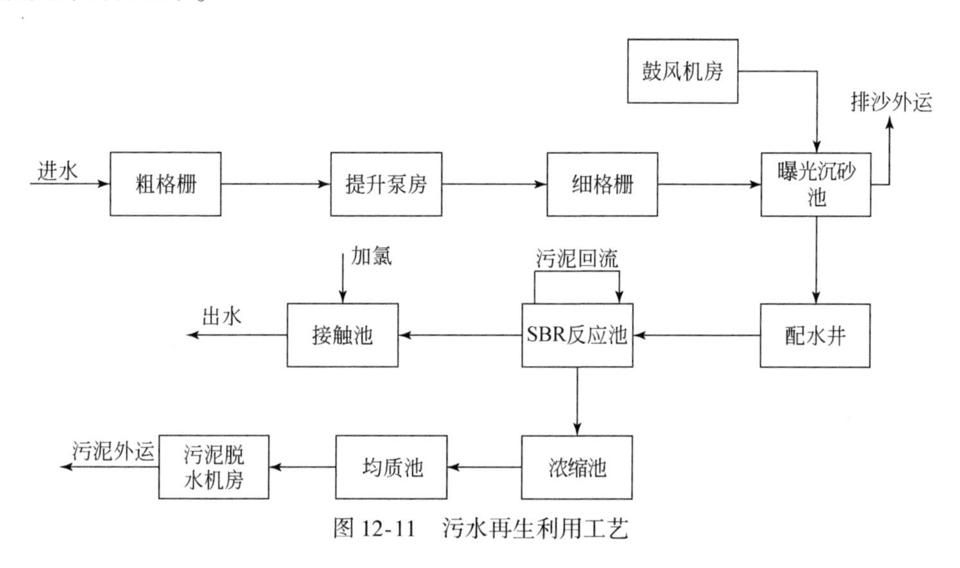

图 12-11　污水再生利用工艺

污水再生利用工艺主要进水为污水，出水有再生水和污泥，过程中主要节点有一级出水和二级出水（陈艳俊，2014）。再生水处理工艺重要节点可视化效果如图 12-12 所示，

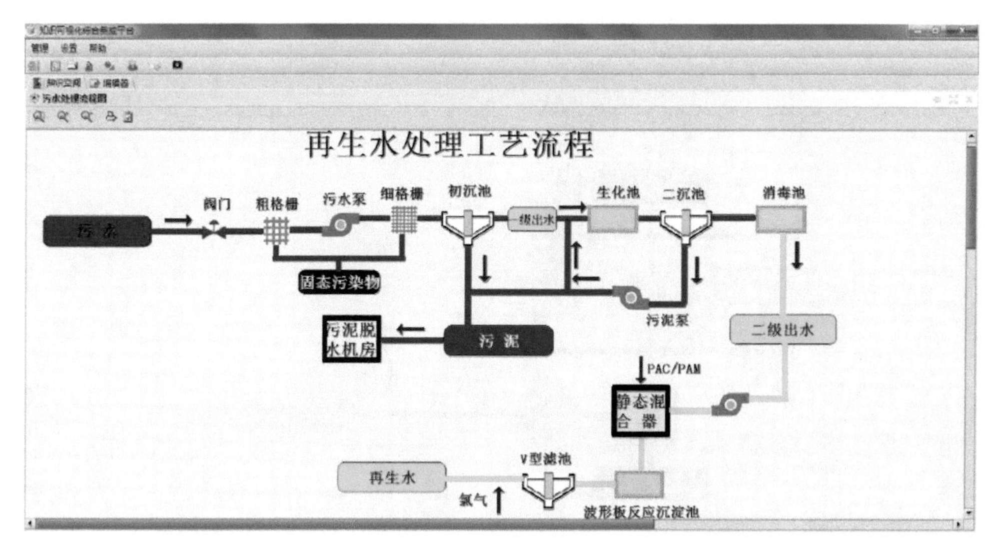

图 12-12　再生水处理工艺重要节点可视化效果

以淡蓝色线条表示污水在各个设备间的流动顺序。以图形节点表示如格栅、污水泵等设备位置及作用。在产生水量水质变化的重要工艺节点如初沉池出水、二沉池出水等处设置带文字的框型节点。

3. 雨水利用

雨水利用工艺流程如图 12-13 所示。城市主要有绿地、道路、屋面，除了无法收集降落在水面的雨水，其他三类下垫面根据其径流系数的不同均可以收集到不同量的雨水，设置地下集雨池将收集的雨水简单处理后可用作市政道路浇洒、绿化等。

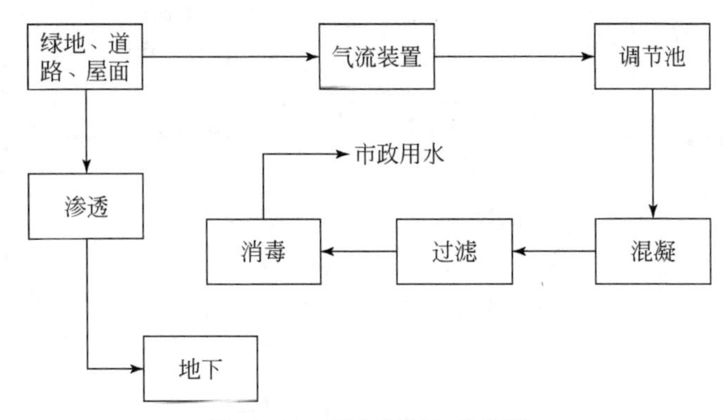

图 12-13　雨水利用工艺流程

雨水收集利用原理较为简单，来水为天然降水，出水为收集处理后的雨水，过程中主要涉及三类下垫面的可收集量及弃流，雨水利用工艺流程可视化效果如图 12-14 所示，以蓝色线条串联整个雨水收集过程，线条交叉表示雨水分流或汇集。以图形节点表示调节池、弃流装置等设备位置及作用。在关键流程处设置带文字的框型节点，直观展示工艺各

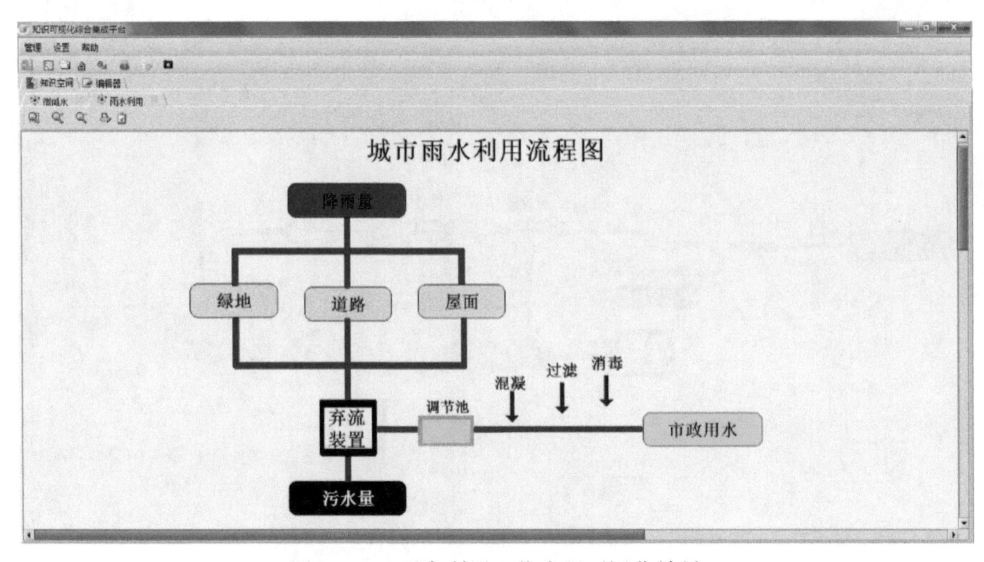

图 12-14　雨水利用工艺流程可视化效果

流程的作用。

4. 微咸水

微咸水一般是指矿化度在 2～5g/L 的含盐水，我国微咸水主要用于农业灌溉，主要利用方式包括直接灌溉和咸淡混浇。微咸水可直接灌溉海水稻等耐碱作物，咸淡混浇技术是在现有深机井旁打浅机井，利用管道技术将浅层微咸水与深层淡水按一定比例送入混合水塔或者混合水池，再通过管道或者明渠将其输送至田间。微咸水主要存在于浅层地下，其水量依靠降水、河道等渗透补给，利用微咸水可减少深层地下水的压采，也利于抽咸补淡，微咸水利用工艺流程如图 12-15 所示。

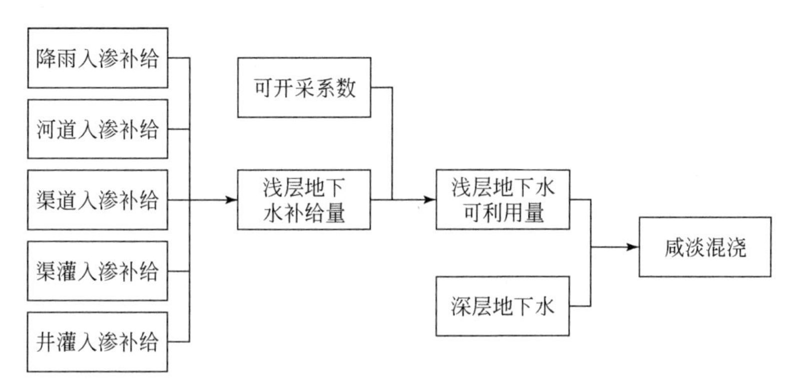

图 12-15　微咸水利用工艺流程

水源为微咸水和深层地下水，出水为混合水，微咸水可供水量由五类入渗补给及可开采系数确定。微咸水利用工艺流程可视化效果如图 12-16 所示，以蓝色线条表示微咸水流向，以淡蓝色线条表示深层地下水流向，以图形节点表示水泵、阀门等设备位置及作用。

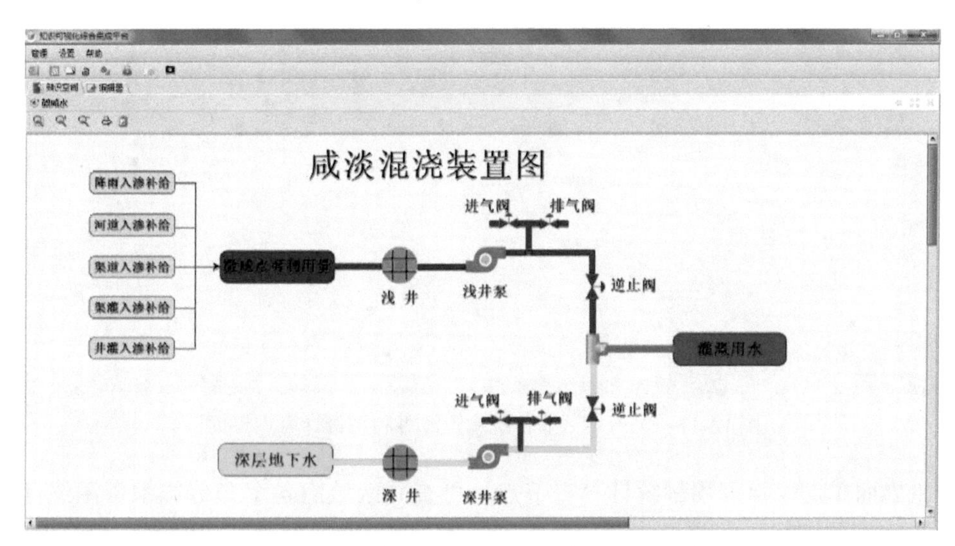

图 12-16　微咸水利用工艺流程可视化效果

12.2.3　非传统水资源配置集成应用

区别于传统水资源，由于非传统水资源种类多样性以及水质特殊性，其用水户也有一定的局限性，所以在区域水资源优化配置时应当优先考虑利用非传统水资源，对非传统水资源要依据水质划分用水户，进行更为精细化的配置以保证用水安全。在非传统水资源纳入区域水资源优化配置时，首先考虑非传统水资源利用，研究非传统水资源水质标准，依据水质确定每类非传统水资源的用户，对于单一且固定水源的用水户，可以直接供给；对于可以有多种供水对象的非传统水资源，参考传统水资源优化配置方式，建立水资源优化配置模型，通过算法求解配置方案，但在配置时应当对非传统水资源设置更高的优先级。针对非传统水资源的利用问题，在区域选择时应当考虑选择四类非传统水源均有分布的地区，因此选取比较有代表性的天津滨海新区作为研究区域。

1. 非传统水资源可利用量计算

滨海新区非传统水资源可利用量计算主界面如图 12-17 所示。图 12-17 中共四类水源，在主界面中可以看出滨海新区四类非传统水资源的大致分布情况，单击各个具体水源所在地理位置，可查看其对应的开发工艺图并计算出该水源的可利用量。

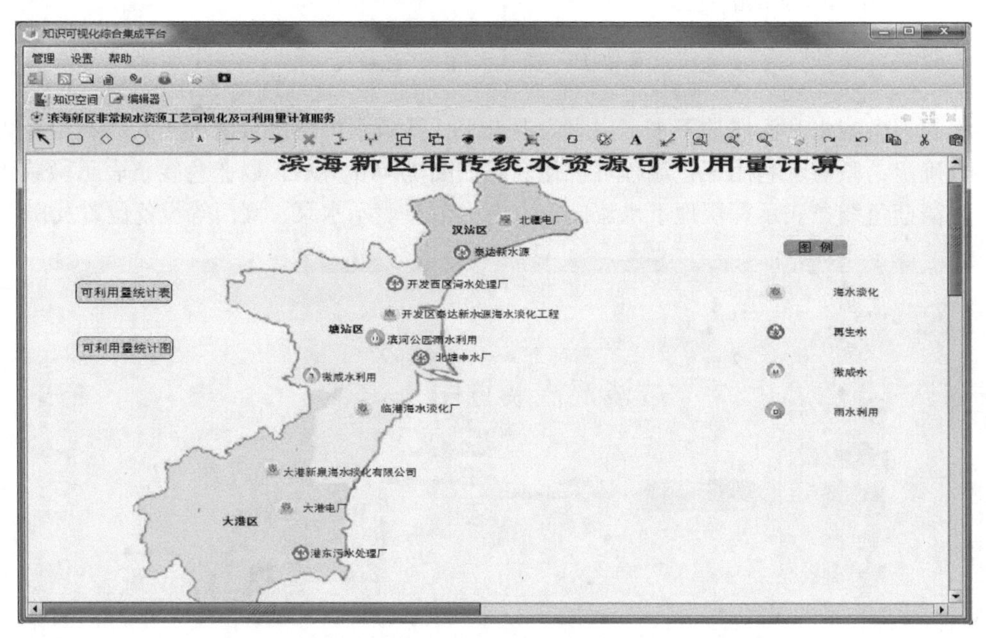

图 12-17　滨海新区非传统水资源可利用量计算主界面

在主界面单击“可利用量统计表”节点，可查看区域内各个非传统水资源统计信息；单击“可利用量统计图”节点，可查看滨海新区下辖三个分区——汉沽区、塘沽区以及大港区的四类非传统水资源可利用量统计信息。为使可视化效果更明显，将表格数据图形化，绘制非传统水资源可利用量柱状图，如图 12-18 所示。

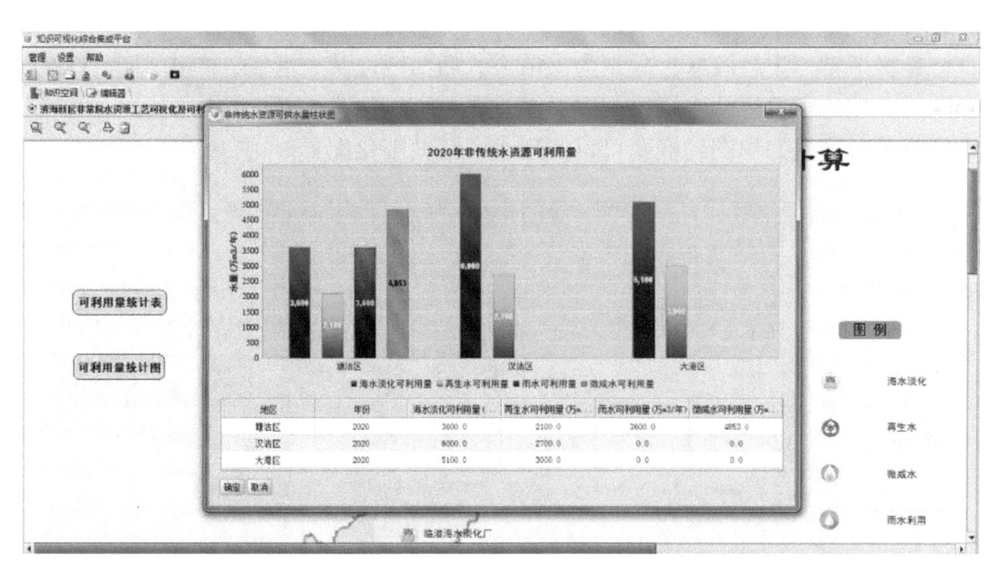

地区	年份	海水淡化可利用量(...	再生水可利用量(万m...	雨水可利用量(万m3/年)	微咸水可利用量(万m...
塘沽区	2020	3600.0	2100.0	3600.0	4853.0
汉沽区	2020	6000.0	2700.0	0.0	0.0
大港区	2020	5100.0	3000.0	0.0	0.0

图 12-18　滨海新区非传统水资源可利用量可视化展示

2. 非传统水资源优化配置

滨海新区水资源优化配置界面如图 12-19 所示。界面将滨海新区主要水系图概化，并将各类水源在图中表示，滨海新区的大中型水库包括黄港水库、北塘水库、官港水库、北大港水库以及沙井子水库等，单击水库图标可查看该水库的基本信息，包括库容、死水位、正常蓄水位、汛限水位以及可供水量等信息。单击地下水图标，可以查看三个子区域各自的地下水可开采量。单击非传统水资源图标，可查看各子区域的非传统水资源可利用

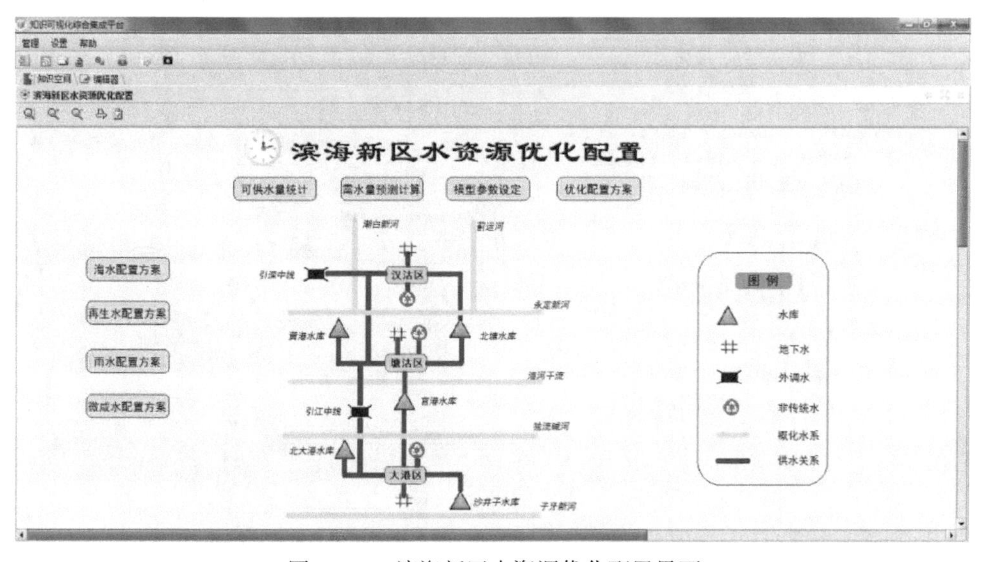

图 12-19　滨海新区水资源优化配置界面

量。滨海新区外调水水源有两个，分别是引滦中线和引江中线，单击外调水图标可查看对应调水工程的可供水量。

滨海新区下辖三个行政区，分别为汉沽区、塘沽区以及大港区，单击每个行政区的区名节点可进入相应行政区的水资源配置界面。图 12-20 为滨海新区总体配置界面及三个行政区配置界面，通过知识图的嵌套可以实现水资源精细化配置。

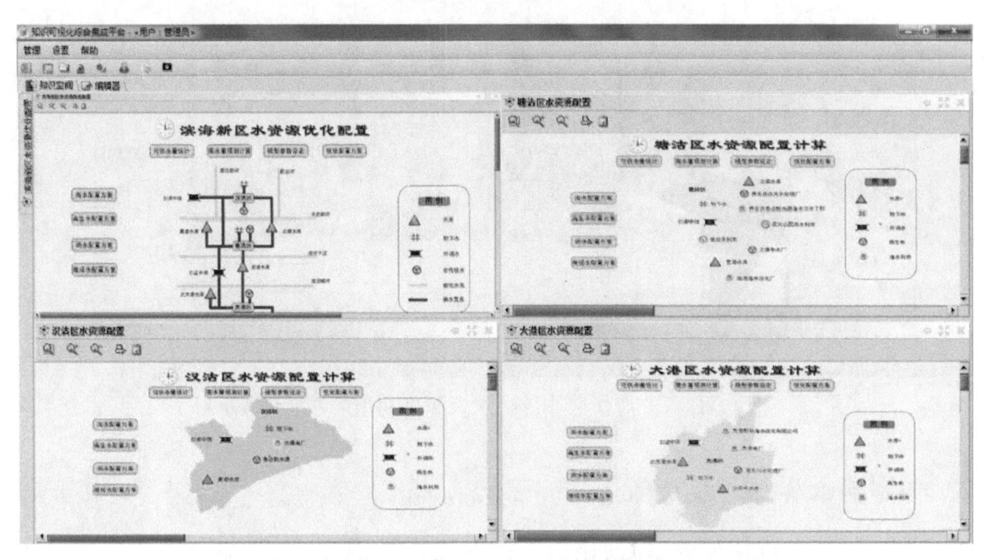

图 12-20　滨海新区总体配置界面及三个行政区配置界面

对非传统水资源的配置进行计算，通过对各类非传统水资源的配置结果分析，可以看出四类非传统水资源的利用情况以及利用前景。选择时间节点不同水平年，这里以 2015 年和 2020 年为例进行计算。2015 年滨海新区水资源优化配置结果如图 12-21 所示，右侧

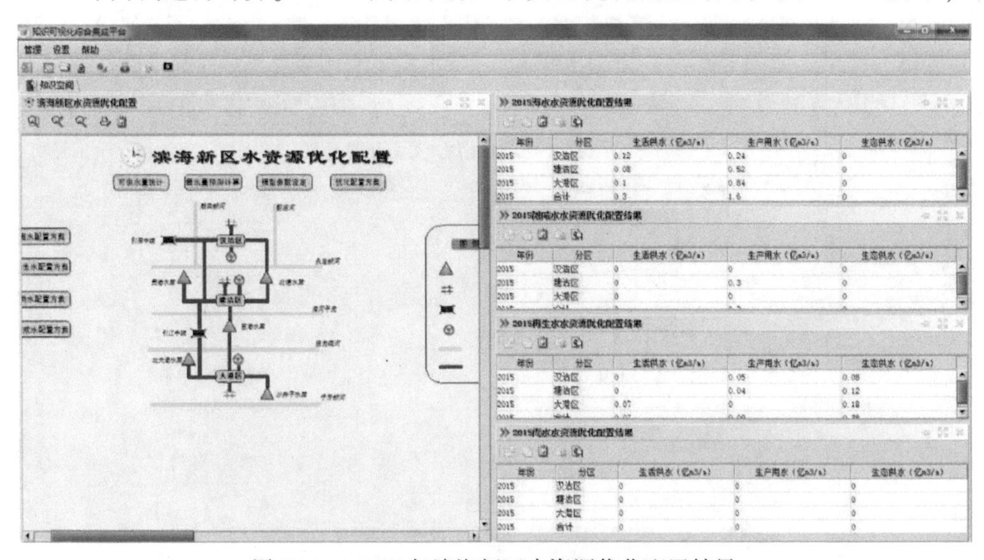

图 12-21　2015 年滨海新区水资源优化配置结果

共四个表，分别为海水、微咸水、再生水以及雨水的配置结果，由图 12-21 可以看出，海水用于生活和生产，微咸水只用于生产，再生水主要用于生产和生态，也有少量用于生活，2015 年雨水利用几乎没有。

2020 年滨海新区水资源优化配置结果如图 12-22 所示，可以看出滨海新区四类非传统水资源的配置情况与 2015 年基本相似，相比之下，多了雨水利用，主要用于生活。

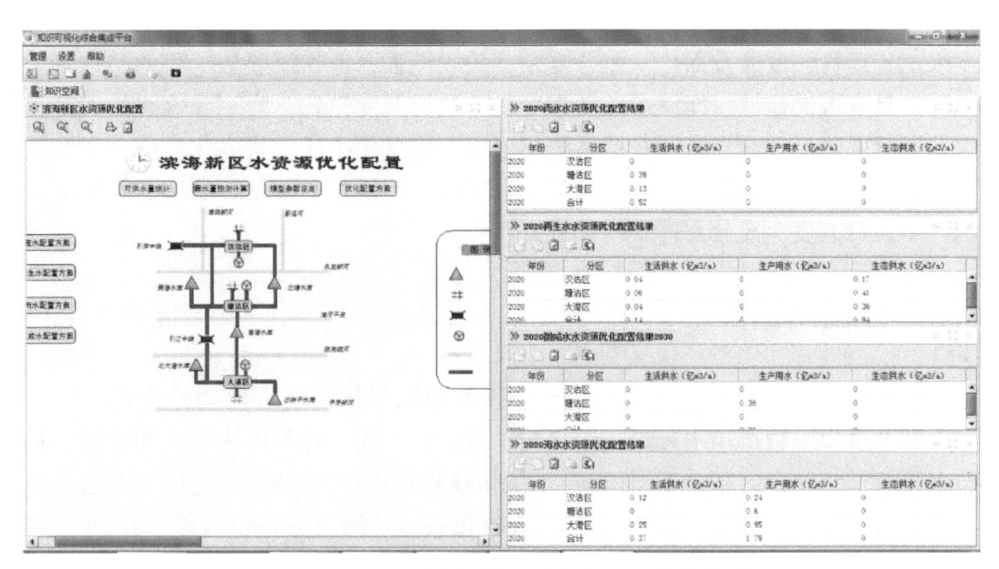

图 12-22　2020 年滨海新区水资源优化配置结果

通过对非传统水资源配置结果进行分析发现，滨海新区非传统水资源可利用量不断增加。对于非传统水资源的配置，每个地区的非传统水资源主要配置给当地用，不存在跨区配置。非传统水资源种类和储备最多的是塘沽区。滨海新区微咸水均用于生产，雨水用于生活，海水用于生活和生产，且依据不同水平年的配置结果来看，超过 80% 的海水用于生产，其中包括海水淡化和直接利用。再生水用于生活和生态，滨海新区再生水大部分用于生态，仅有少部分用于生活。

12.3　外调水资源动态调控

12.3.1　外调水调控现状及问题

传统的调度成果主要对工程的规划设计提供参考价值，难以指导工程的实际运行调度。调水工程运行调度目前存在以下几方面问题。

（1）现有跨流域调水工程的运行调度理论不甚完善，模型方法自身存在局限性且过于复杂，同时，在实际工程运行调度中的适用性有待研究探讨。

（2）诸多运行调度以理论研究为驱动，对应用需求考虑不足，理论研究与实际应用存在一定脱节，难以真正指导实际工程的运行调度。

(3) 将运行调度分块研究，以情景化方式研究，调度、配置、管理相互脱节，难以衔接，无法联动，研究成果停留在方案的层面，难以满足实时运行调度的要求。

(4) 工程运行调度中的动态变化考虑不足，缺乏适应性。综上所述，系统可操作性差、难以实现动态运行管理和无法适应发展变化是调水工程运行调度系统所面临和要研究解决的核心问题。

调水工程运行调度涉及面广、业务复杂、关联性强，迫切需要从工程的整体考虑，研究建立一套具有可操作性、能够适应动态变化的运行调度模式，为工程效益的发挥提供技术支撑和运行保障。因此，必须坚持系统化思维、信息化手段、集成化应用、主题化服务的运行调度理念，开展工程运行调度信息化顶层设计，创建工程运行调度的新模式，支撑工程的科学运行调度，充分发挥工程效益。

12.3.2 外调水适应性调控模式

为适应及应对动态发展变化，构建响应各种动态变化的适应性调控模式。以来水过程→水库调节过程→管道输水过程→用户配水过程为主线，打破传统调控的限制，将计划用水与水量调配相结合，基于不同区间、规制的动态调整，在多种应用情景下通过滚动修正、反馈调节实现水量调配适应性调控的可视化表达。通过对各个对象水量的“调”与“配”过程进行滚动分析，实现各环节的动态调整，以适应多情景不同时间尺度的适应性调控，达到全局适应性调控（孙小梅，2020）。

针对京津冀外调水资源调控复杂、难管理等问题，基于综合调控平台，构建京津冀外调水适应性调控系统。适应性调控模式的优点主要体现在以下几个方面。

(1) 形成一个可共事的环境。按照相应的技术标准和要求，将主题概念结构以知识图的形式，可视化表达业务主题涉及的各方面、各因素之间的关系以及处理事件的业务流程，统一组织、开发、应用主题业务化服务模式，形成一个可以让大家共同做事的环境。

(2) 可实现服务共享。以业务化服务为目的，将考核相关数据信息、业务流程、知识图、组件、业务主题进行统一管理，成为共享资源，按照需求提供服务，继承发展的模式，平台具有快速敏捷服务的适应能力与潜力。

(3) 提高调控效率，实现按需服务。该系统的实现运用了系统网络知识图技术、组件技术，在平台的支撑下，依据不同的业务需求，可快速方便、系统精确地获取相关主题服务，适应具体主题，让服务到位，提高水资源调控效率。

(4) 服务重用度高，增强可维护性。业务功能的拓展和用户需求的变化，带动了服务于应用的组件、知识图积累量的增加，从而可在原有的业务知识图上快速修改，更加灵活地适应业务应用的变化，方便个性化更新，不需要重新创建服务，提高了服务的重用度、可维护性。

12.3.3 外调水调控的集成应用

京津冀外调水资源调控以南水北调中线工程在京津冀区域的供水格局为主线，打破传统外调水资源调控限制，从面到点、从主体到局部层层细化步步深入，基于平台对“供-调-配”各主体之间的水量分配拓扑网络进行可视化描述，进一步细化密云水库在多种应用情景下的“调”与“配”过程，并对其进行滚动分析，实现各环节的动态调整，从区域到北京再到密云水库，逐级实现京津冀外调水资源调控及高效利用管理。京津冀外调水资源调控主界面如图 12-23 所示。

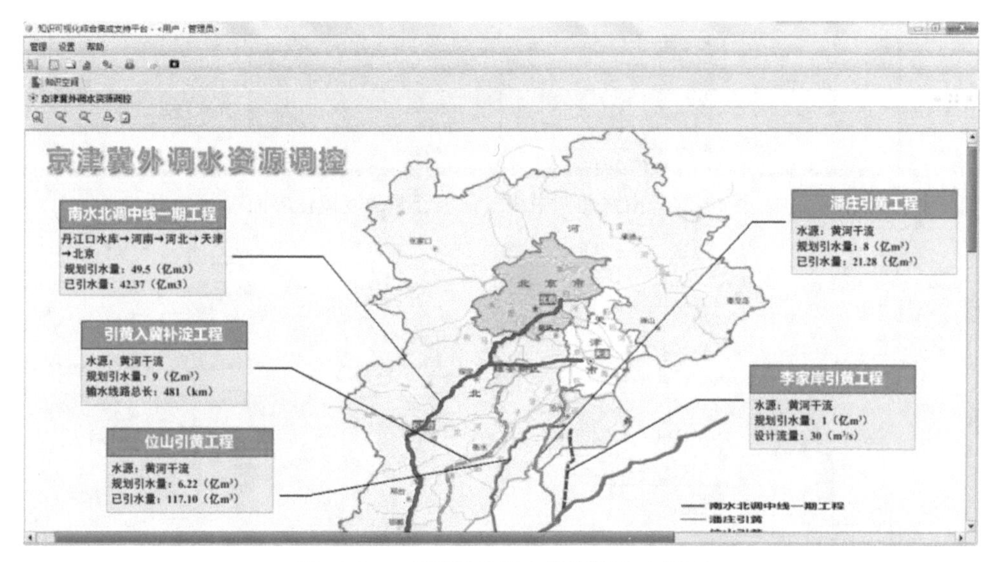

图 12-23 京津冀外调水资源调控主界面

单击进入南水北调中线工程水资源调度概化界面，如图 12-24 所示。可以看出调度涉及的水源、供水线路及分水配水对象等，同时可以查看各市县具体的水量分配情况，在柱状图中展示。

从图 12-24 可以进入北京市水资源综合调配系统界面，如图 12-25 所示。可以看出北京市的水库、水源地、供水线路、引水线路及计算分区等节点概化图。同时，可以在系统中查看各区的水量分配情况（图 12-25 右半部分），如需调节供水量，可以进入水源地进行水量分配调节。

单击图 12-25 中的密云水库节点，便进入如图 12-26 所示的密云水库适应性调控系统界面，左边界面为概化的密云水库水量适应性调控全过程，以来水过程、水库调节过程、管道输水过程、用户配水过程作为调控流程，将计划用水与水量调配相结合，基于区间和规制检验来进行方案调整，在应用情景下通过不断的滚动修正、反馈调节实现水量调配适应性调控，最终实现全局的适应性调控。

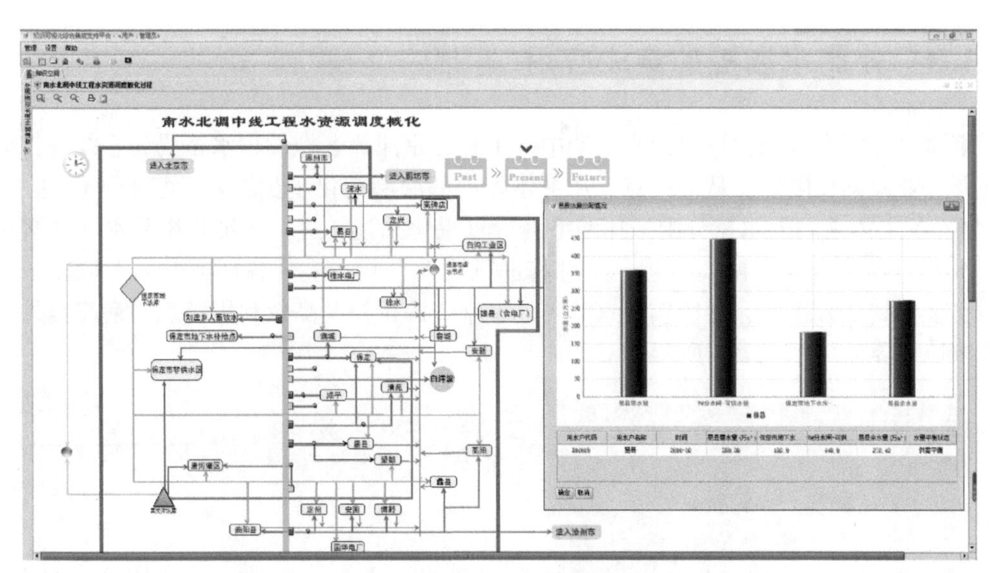

图 12-24　南水北调中线工程水资源调度概化界面

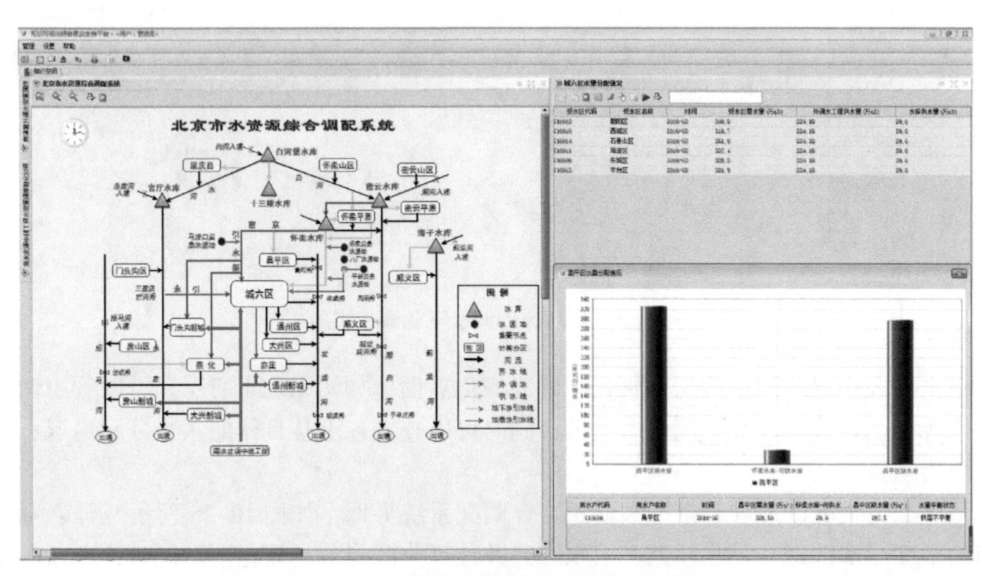

图 12-25　北京市水资源综合调配系统界面

水量调配计算结果与方案生成如图 12-27 所示，右边从上往下依次为滚动预测来水、水库调度方案、管道输水方案、推荐用水方案结果。通过调控平台生成的用户计划配水方案对实际用水方案进行检验，超计划水量用红色柱状图表达。检验完之后便可生成推荐用水方案。最终根据规定的阶梯水价设置奖惩机制，对用户超计划水量进行惩罚。对于被惩罚的用户便可调整其下一次的用水计划，与此同时还需滚动调整来水，实现整个水量调配过程的动态滚动调控。

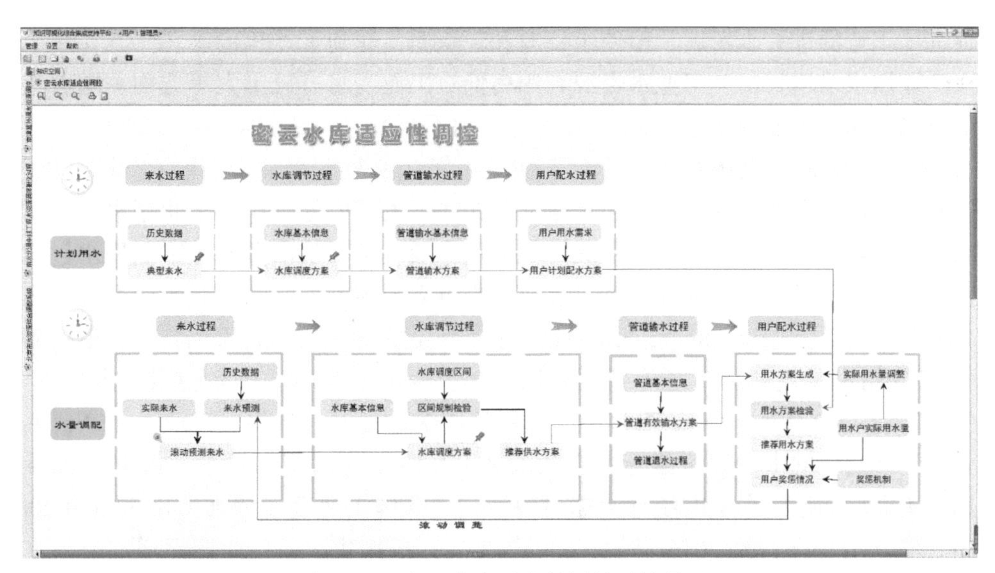

图 12-26　密云水库适应性调控系统界面

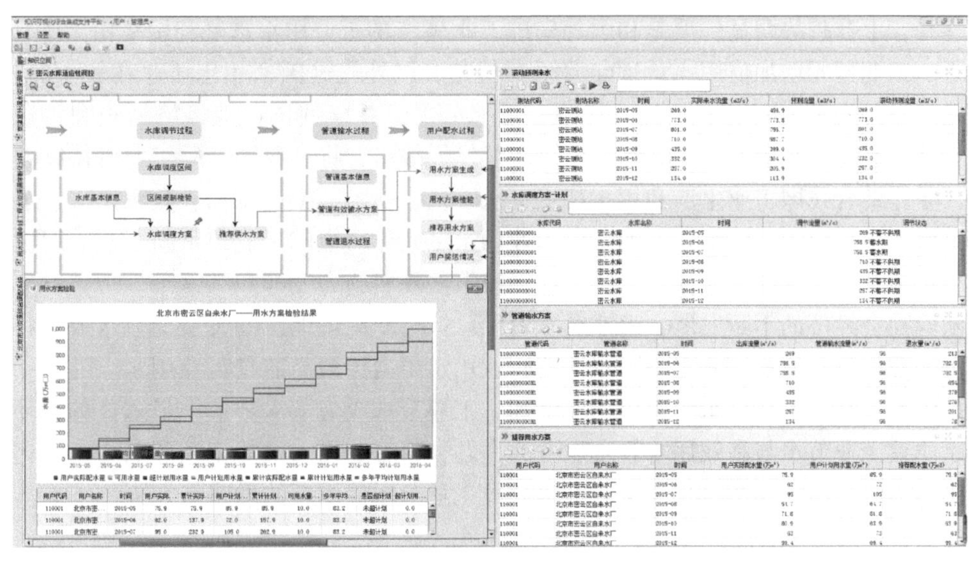

图 12-27　水量调配计算结果与方案生成

12.4　工业节水技术及高效用水管理

12.4.1　工业用水现状及问题

自 20 世纪 60 年代以来，我国工业取得了举世瞩目的进展，尤其是改革开放以来，“大量生产、大量消费、大量废气”的粗放发展模式以牺牲环境和浪费资源为代价换取效益，促进了工业的进一步发展，但使水资源和环境质量受到了严重的破坏。工业用水主要表现在工业用水量增长快、工业水资源利用率低、工业废水排放量大等方面。随着我国工业化的发展迅速，工业用水量占总用水量的比例不断增大，从 1949 年的 24 亿 m^3 增长到 2010 年的 1397 亿 m^3，其中 60% 以上的工业用水集中在火力发电、钢铁、石化、纺织和制造等行业。目前，虽然我国的工业用水量上升趋势不大，但是每年的工业用水量基本保持在 1300 亿 ~ 1450 亿 m^3，用水量基数大。工业用水效率可反映水资源在工业用水过程中的资源使用效率，最具有代表性的指标是工业用水重复利用率指标和工业万元产值取水量指标。《中国环境状况公报》和《中国水资源公报》对这两个指标有详细的统计，根据 2004 ~ 2012 年工业用水重复利用率统计数据可以看出，我国工业用水重复利用率由 2004 年的 74.2% 上升到 2012 年的 87%，工业用水重复利用率呈现上升趋势。工业万元产值取水量是结合了经济效应的水量评价指标，它从宏观上反映工业的用水水平。根据 2008 ~ 2016 年我国的工业增加值用水量的统计数据可以看出，我国工业万元增加值用水量由 2008 年的 108m^3/万元逐步下降到 2016 年的 52.8m^3/万元。虽然我国的工业万元增加值用水量在不断下降，但是国外先进水平甚至在个位数以下，国内外差距十分明显。从工业用水重复利用率看，上升趋势明显，但是和国外先进工业 98% 的工业用水重复利用率相比还有较大的差距。工业万元增加值用水量逐年降低，但是和国外先进国家相比还存在较大的差距，从数值上看是先进国家用水的 2.5 ~ 3 倍，由此可见，探索我国工业经济增长和水资源节约的道路，制定节水措施，实施水资源可持续发展战略，将是我国今后工业可持续发展的首要任务。结合我国工业生产和用水特点，从工艺、技术、生产结构、政策法规、节水规划等方面提出相应的节水措施，如实施工业用水多元化、推广工业节水新工艺、积极采用工业节水新技术、调整工业生产结构、加大政策法规实施力度等。

随着社会经济的不断发展，京津冀水资源已严重制约该地区的发展，节水成为解决用水矛盾的重要且有效的措施之一。京津冀行业用水中占比最高的是工业用水。随着工业化进程的飞速发展，工业用水量需求不断增加，工业节水成为节水环节中最重要的一环。本节以京津冀工业节水与高效用水管理服务为主题，将工业用水中的工艺环节与信息化相结合，构建节水与高效用水管理系统，为京津冀工业节水提供新的思路与方法。

12.4.2 工业用水工艺可视化

工艺是工业生产的各个具体环节，工艺用水是工业用水的进一步细化。由于不同工厂的设备和人工等存在较大差异，生产同一产品的不同厂商制定的生产工艺极有可能是不同的，甚至同一厂商使用的工艺也会有较大差异，可见，就算是同一产品，工艺也并不是唯一的，而且没有好坏之分。在这种工业种类多、工艺过程各不相同的情况下，将工业节水评价转向工艺节水评价的操作难度呈指数级增大趋势。主要存在如下问题：工业用水过程行业多、工艺多，因此其过程是十分复杂的，依照传统模式进行工业节水评价，效率十分低下，并且工业用水过程受到生产结构、生产规模以及地理位置等多种因素的影响，同行业同工艺的用水过程也会有差异，这样会导致工业节水评价结果的横向可比性降低。本书采用信息技术的知识可视化技术，对工艺用水过程进行可视化，完成组件封装，基于可视化知识图开展用水工艺的节水评价。

针对工业用水过程及节水技术工艺，将工业生产过程及用水工艺拆分为多个工艺的组合，基于综合调控平台，采用知识可视化技术将工艺用水过程可视化。具体实施中，初步确定每块内容及各块内容之间的层级嵌套关系。对工艺用水过程的可视化知识图进行概化，焦点代表用水设备或过程，线条代表水的流向，通过知识图直观地展现用水过程以及各个环节用水之间的关系。用水工艺可以划分为产污型、耗水型、产污耗水型，不同类型工艺的节水方式不同。例如，产污型工艺应注重污水的处理回用，需设立废水回收利用率；耗水型工艺应注重产品的耗水量，需设立工艺单位产出耗水量；产污耗水型工艺则应该二者兼顾（黄泳华，2018）。

12.4.3 工业用水管理集成应用

基于综合调控平台开展京津冀区域钢铁行业、火力发电行业、石油石化行业等高耗水企业的节水工艺流程化描述及高效用水管理，京津冀企业节水技术及高效用水管理主界面如图 12-28 所示，界面右边为京津冀区域钢铁行业、火力发电行业、石油石化行业区域分布图，左边分别为钢铁行业、火力发电行业、石油石化行业相应节点，单击后进入相应的行业节水技术及高效用水管理知识图。

图 12-28 企业节水技术及高效用水管理主界面

行业节水技术及高效用水管理以京津冀为例将企业按照行业类别进行划分，选取典型重点用水企业，初步将其分为钢铁行业、火力发电行业、石油石化行业，基于平台实现企业的用水管理，以管理促节水，提高水资源利用率。主要做法是首先对企业的用水过程进行可视化描述，然后实现企业节水的在线评价。在可视化过程的描述中发现用水过程的不合理性，寻找企业的节水潜力，实现用水管理—节水评价—节水潜力挖掘的一体化服务。

首先以钢铁企业节水技术及高效用水管理为例，其内部用水过程非常复杂，以知识图嵌套的方式描述用水过程（图 12-29）。首先将企业内部初步分为焦化工艺、烧结工艺、炼铁工艺、炼钢工艺、连铸工艺、连轧工艺。其次选择时间，单击相应节点，查看相应的工艺用水情况，单击焦化工艺“用水管”“排水管”“回用水管”“二次回用水管”等节点可查看焦化工艺整体用水结果。单击“焦化工艺”，进入焦化工艺用水管理界面，进一步将焦化工艺细分到重点用水设备上，如图 12-30 所示。选择时间单击相应节点，可以

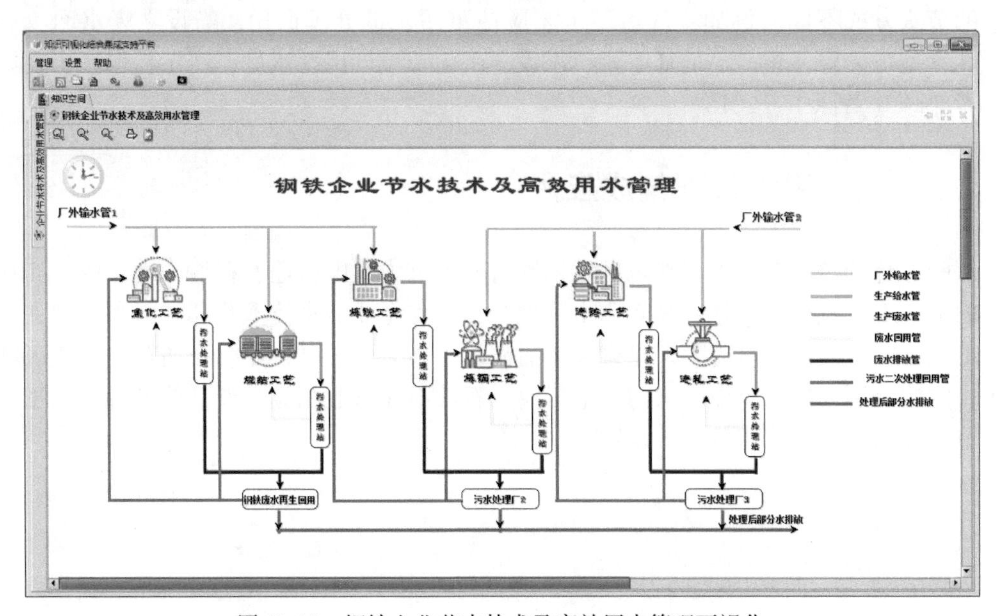

图 12-29　钢铁企业节水技术及高效用水管理可视化

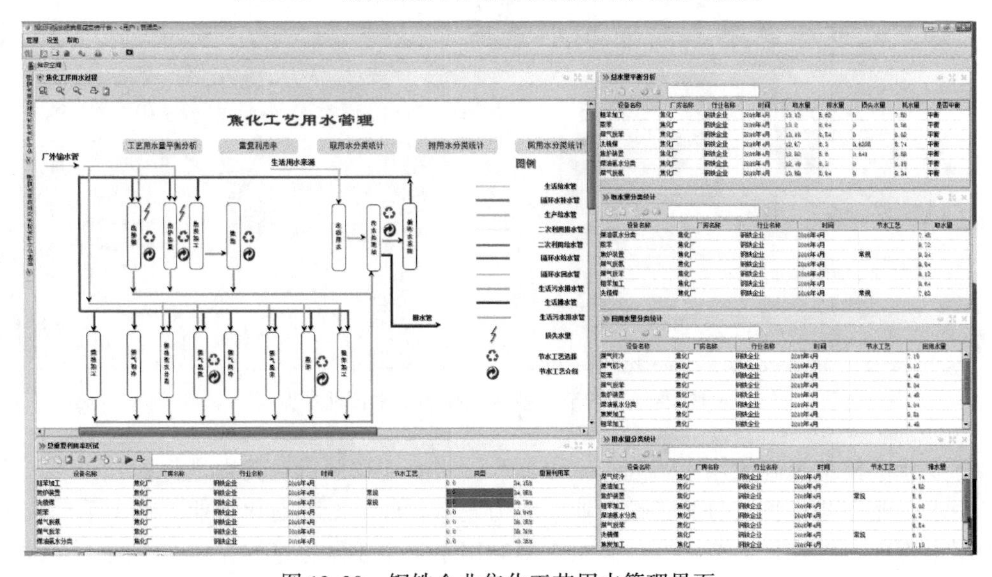

图 12-30　钢铁企业焦化工艺用水管理界面

查看相应的工艺用水情况。界面上方包含工艺用水量平衡分析、重复利用率、取用水分类统计、排用水分类统计、回用水分类统计功能，可查看整个焦化工艺细化过程，可以细化到每个设备及水管之上，并查看各设备的取用排水量以及利用率等。

相应地，针对火力发电行业和石油石化行业，依据同样的模式，实现火力发电行业和石油石化行业的企业节水工艺技术及高效用水管理，火力发电企业和石油石化企业节水技术及高效用水管理可视化如图 12-31 和图 12-32 所示，通过各工艺环节和设备控制取用水量，达到高效用水与节水目的。

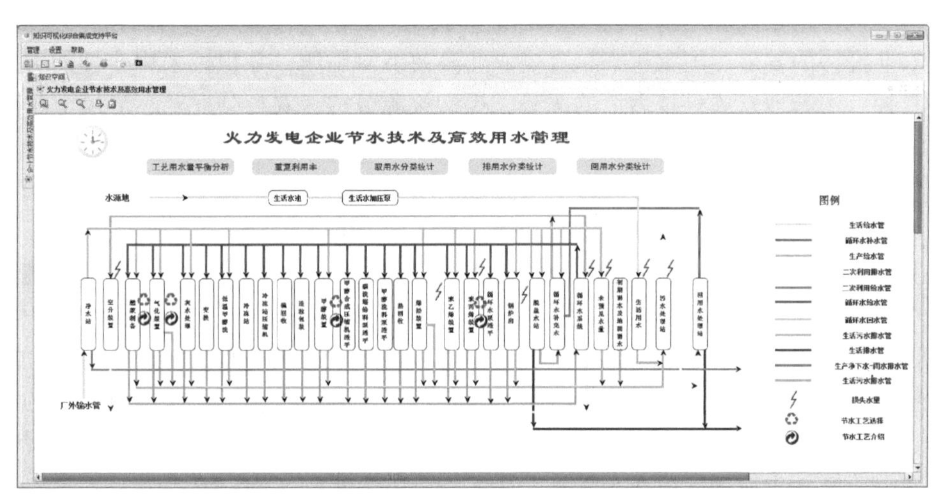

图 12-31　火力发电企业节水技术及高效用水管理可视化

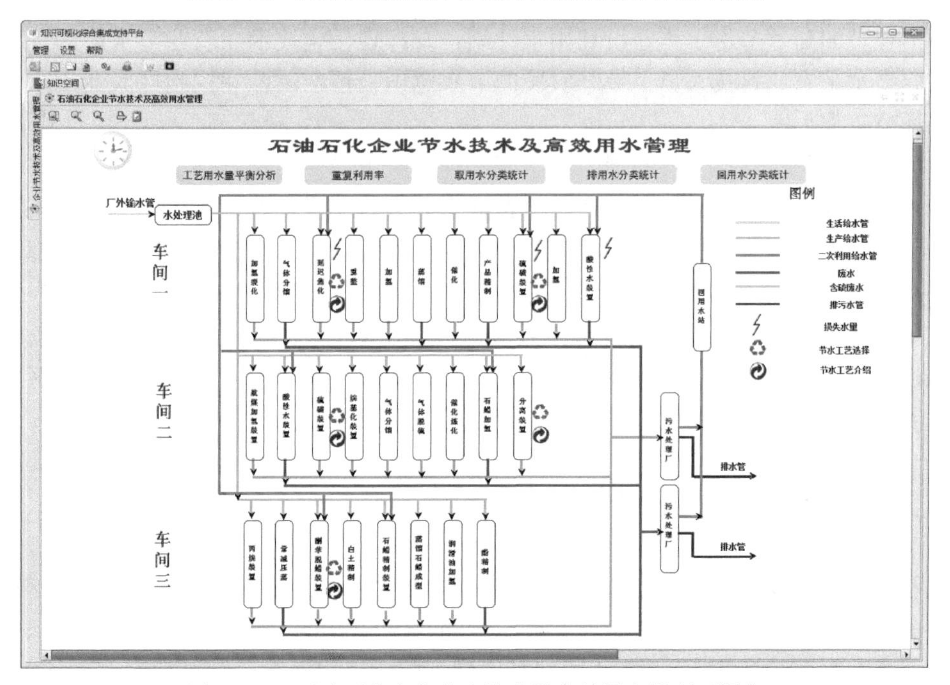

图 12-32　石油石化企业节水技术及高效用水管理可视化

12.5 农业节水技术及高效用水管理

12.5.1 灌区农业节水的现状

我国是传统的农业大国，但科技化农业灌溉设施等仍未得到大范围普及，所以农业用水量仍然很大，占全国总用水量的60%以上。我国又是一个严重缺水的国家，这些都严重制约着农业经济的发展。国家越来越重视农业高效节水工作，并积极采用合理的方式和手段加以管控，不断地发挥科技力量的优势，探索资源节约、农产品安全、环境保护的现代化农业绿色发展之路。但是水资源时空分布不均匀，再加上气候变化的影响，导致极端气候灾害频发，给高效节水工作造成影响。各地的农田水利基础建设不够均衡，影响了节水工作实施效果。经济相对落后地区资金投入力度不足，导致节水工程的建设水平不高。实施制度和技术更新不够快速，无法良好适应灌溉工作的需求，同时技术体系的不健全还影响水资源紧缺和高效节水工程之间的平衡需求。农民不具备较为先进的现代化用水观念。农村地区主要是采用分散性的工业生产经营体系，而建设高效节水工程，则需要开展集约化、规模化的经营管理工作，但是教育水平、地域特色因素限制了农业高效节水的总体发展。为全面推进农业高效节水工作的开展，需要积极结合目前工作的实际开展情况，采用科学有效的方式和手段加以应对和处理，来实现高效节水的实施目标。发展的重点和方向主要可以从以下几个方面入手。例如，加大农业节水投资力度，建立补助资金管理制度；制定科学合理的高效节水工程建设和用水计划；发挥现代化技术在农业节水中的优势和作用；培养高水平农业科技人员，提升农民的节水意识；精准调配和控制好农业用水量，强化输水环节工作。

目前，农业高效节水工作开展中，还存在着一些不足，影响实际实施效果，需要不断优化节水方式和技术手段，实现农产品的长期有效供给，促进农业的可持续发展。近年来我国加大了对农田水利工程的建设力度，出台的文件中多次提到大力发展节水灌溉农业，更多的新理论、新技术、新设备问世，为实现农业现代化做出了贡献。如今，以农田水利工程技术和农艺技术相互结合的技术体系愈发成熟，且仍然在不断地丰富与完善，因此，本节通过对农业节水和高效用水管理方式进行分析，提出采用信息化手段支撑灌区农业节水的发展，为农业节水技术的发展提供一定的借鉴和参考。

12.5.2 灌区用水过程可视化

农业灌溉中的多水源配水及节水是灌区管理的核心业务，用信息技术手段对灌区配水及高效用水进行管控是目前的研究和应用方向。在灌区水资源的“引、配、用、耗、退”过程中存在：多水源和多用户配水、配水方案具体到闸门或田间渠系、作物根系、用水效率、节水手段、节水水平、退水影响等复杂环节及各环节的关联，综合集成的体系化管理十分必要。把灌区水资源利用的环节及过程与业务关联，依托拓扑水网，与配水业务融合，实现适应动态需求变化的管控系统。基于综合调控平台，构建灌区水资源“引、配、用、耗、退”过程中的水源、输配水渠系、控制闸门、灌溉区域、田间作物、节水装置、退水渠系等水利要素组成的拓扑数字水网，实现对灌区水资源利用流程、环节、边界、场景的可视化表达。

拓扑数字水网采用知识图对各水利要素的逻辑关系进行拓扑化抽象和概化。通过宏观、中观、微观三个层级拓扑数字水网的组合、嵌套对“引、配、用、耗、退”环节进行可视化表达。宏观水网将灌区水源、输配水总干渠、总取水口、灌区、退水总干渠、总退水口等水利要素组织在一起，把控水资源整体利用流程；中观水网以宏观水网的某些取水口为起点，进一步细化具体灌溉区域的配水渠系、控制闸、种植田块、退水渠系、退水口等灌区水资源利用流程上的关键环节；微观水网针对灌区水资源利用流程、环节、边界中具体节点上的业务流程、工艺流程等相关灌溉理论及技术进行可视化表达。不同层级的水网组合、嵌套，使得灌区“引、配、用、耗、退”水流程、环节、边界清晰，灌区水资源利用过程清晰。

基于数字水网的灌区用水管控流程如图 12-33 所示。首先通过外部输入数据，确定时

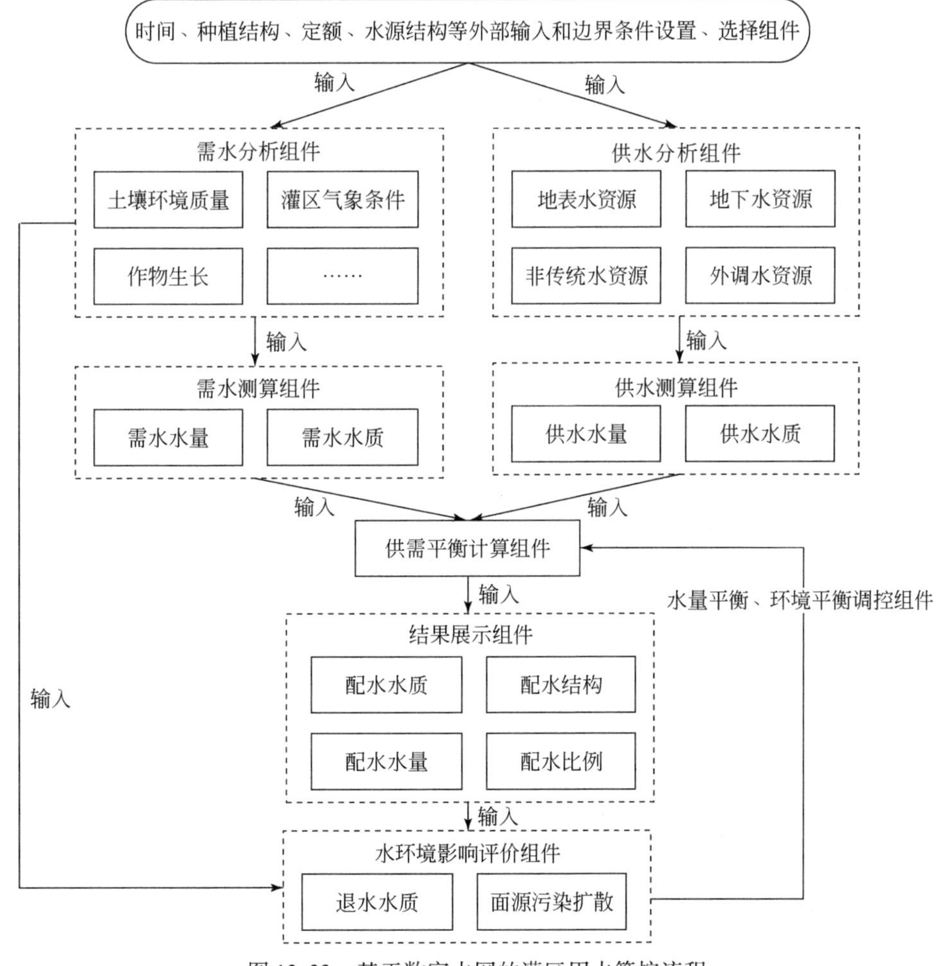

图 12-33　基于数字水网的灌区用水管控流程

间、种植结构、定额、水源结构等外部输入和边界条件。其次通过需水分析组件和供水分析组件调用，进行需水测算和供水测算分析，通过水质和水量的输入进行供需平衡分析计算，获得配水水质、配水结构、配水水量、配水比例。最后通过水环境影响评价组件对配水实施效果进行评价分析，发现问题，再基于水量平衡、环境平衡调控组件，对不合理环节进行调控，提高用水效率。灌区用水管控是通过不同业务组件组合、增加、升级、替换等操作，实现多用户、多水源、多约束的变化条件下的合理配水、高效用水和动态调控。

12.5.3 灌区用水管理集成应用

灌区用水管理集成应用主要以河北省石津灌区为例，基于综合调控平台搭建石津灌区高效用水综合管理系统，主界面如图 12-34 所示。用拓扑数字水网可视化描述了灌区用水网络结构，在知识图节点融合了理论方法和政策制度等，相关流程及环节与管控业务融合，提供了信息服务、计算服务、决策服务，实现了灌区配水和高效用水的调控。界面下方是对灌区的实体水网进行的数字化和可视化表达，包括干渠、支渠、河流、退水渠道、取水口、退水口、地下水监测井、灌域等基本信息和监测信息。从图 12-34 中可以查看不同水源地规模、取退水口位置及设计流量、输退水渠系长以及上下级渠系关系、不同时间水质监测项目与监测值、不同时间的取水流量监测等信息，从而实现了信息的综合管理。

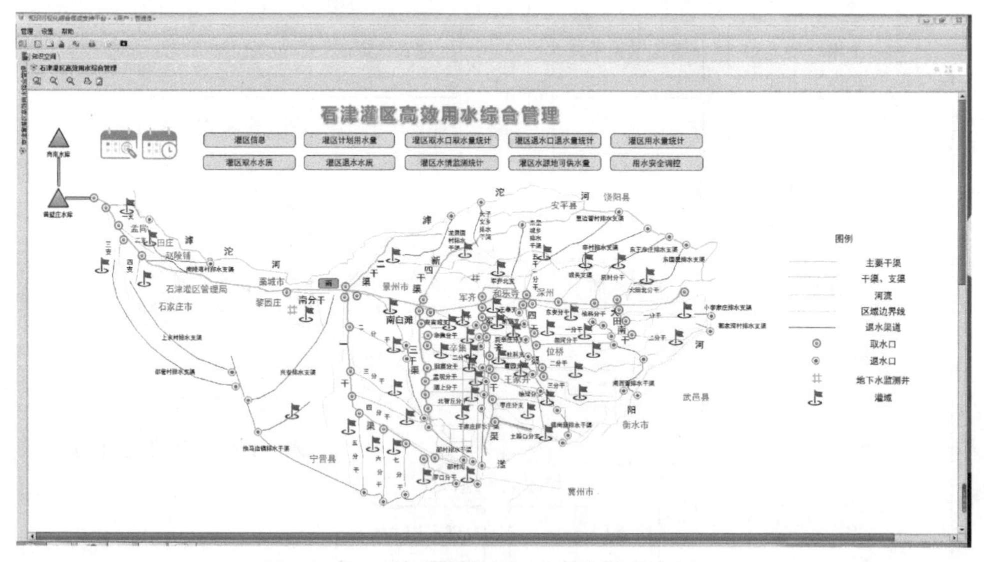

图 12-34 石津灌区高效用水综合管理主界面

单击数字水网的每一个节点，可以获得干渠、支渠、河流、退水渠道、取水口、退水口、地下水监测井、灌域等基本信息和监测信息（图 12-35）。

以上为宏观层面的灌区水网概化，为了实现对灌区问题在微观层面的安全调控，需要对灌区进行进一步概化。在微观层面的概化图中，可以实现灌区支渠、斗渠、农渠甚至是毛渠的概化，在微观概化图中可以像宏观概化一样进行信息的综合管理。石津灌区南分干

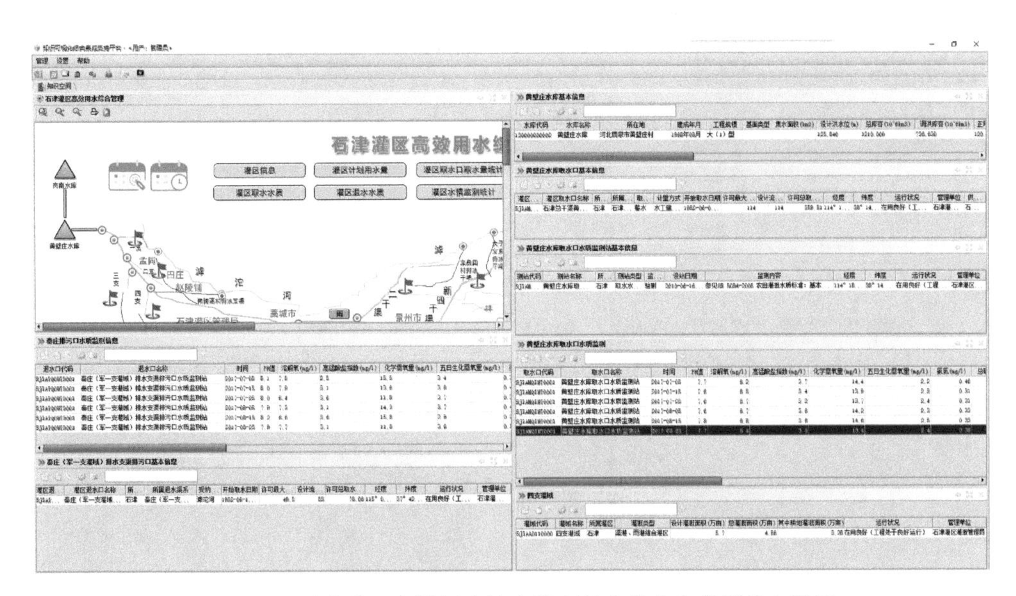

图 12-35　石津灌区高效用水综合管理基本信息和监测信息展示

灌溉区域基本信息和监测信息展示如图 12-36 所示，在宏观的基础上又展示了灌区的具体水源类型及其监测信息。

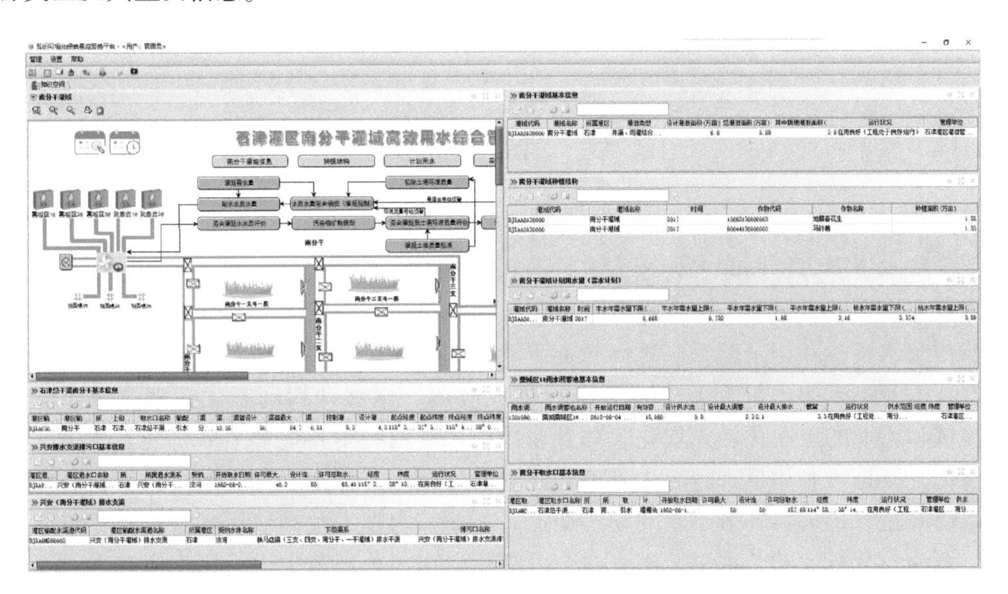

图 12-36　南分干灌溉区域基本信息和监测信息展示

灌区灌溉管理围绕着“作物的水分盈亏以及灌区及周边生态环境保护”主题开展，所以对灌区作物的生长状态、土壤环境状态、供水水源状态以及农田气候状态进行监测评价，并以该主题为导向，以灌溉规制为指导，可以实现对灌区作物水分盈亏的安全调控，进而实现粮食高产与环境保护，灌区关键问题安全调控流程及过程评价如图 12-37 所示。

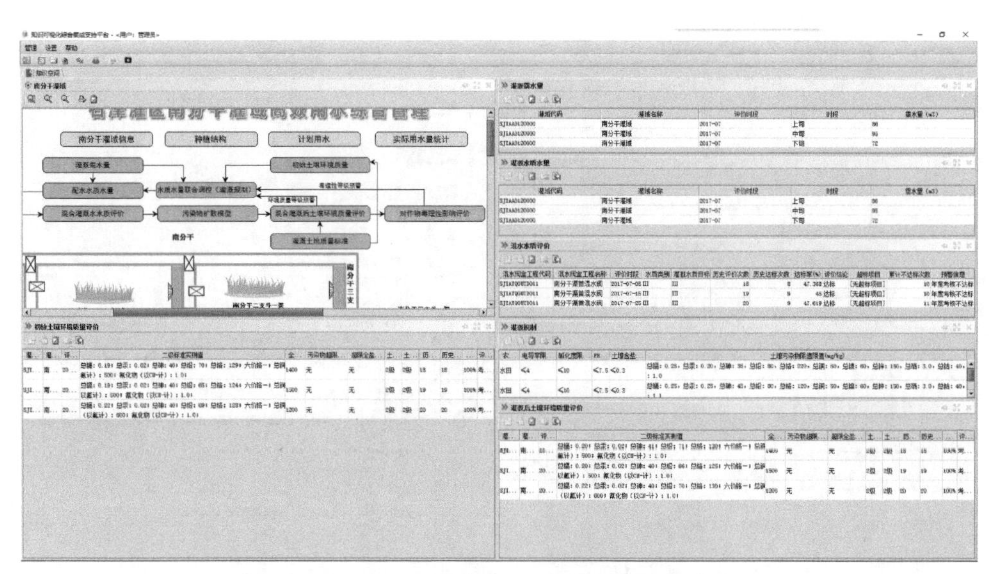

图 12-37　灌区关键问题安全调控流程及过程评价

该界面主要实现了对灌区多水源配水的安全调控，即在灌区土壤含水量、降水量、蒸发量、土壤环境容量等的基础上，计算灌区作物的需水量，然后根据不同的水源类型优先级规制、水源地距离最近规制、土壤环境容量规制等灌溉规制，实现多水源协同调控灌溉。

12.6　本章小结

为缓解京津冀水资源供需矛盾，需要合理配置水资源。利用好传统水资源、外调水资源、非传统水资源等，同时各行业节水技术和高效用水管理也显得尤为重要。因此，本章以京津冀水资源动态调配与用水综合管理服务为主要研究内容，分别从用水计划动态化管理、非传统水资源利用及配置、外调水资源动态调控、工业节水技术及高效用水管理和农业节水技术及高效用水管理五个方面进行集成应用。用水计划动态化管理实现不同行政区、流域和行业的层次化、模块化管理。非传统水资源利用及配置主要将四类水的工艺进行可视化，根据可利用量进行分质管理和配置。外调水资源在多种应用情景下进行调配过程的滚动修正，实现各环节用水的动态调控。工业节水技术及高效用水管理将钢铁、火力发电、石油石化行业的节水工艺流程化、可视化，在工艺环节中进行用水管控和评价。农业节水技术及高效用水管理主要将灌区的水源、渠系、取退水口进行拓扑化、可视化，以灌溉规制为指导实现灌区用水综合管理和安全调控。

第13章　结论与展望

13.1　主要结论

本书围绕京津冀水资源安全保障关键问题，遵循能落实、可操作和实用化的基本理念，研究建立京津冀水资源安全保障大数据价值化服务技术方法体系，构建京津冀水资源一体化数字水网并对其进行可视化集成，设计并研发基于数字水网的京津冀水资源综合调控平台，提出面向主题服务的京津冀水资源业务化服务模式，搭建京津冀水资源调控业务应用系统，提供水资源业务化服务，为京津冀水资源安全保障研究与实践提供理论参考和技术支撑。主要工作如下。

1. 实现了京津冀水资源一体化数字水网技术集成应用

收集京津冀水资源安全保障相关数据资源，通过数据集成和数据映射等方法对其进行整合、集成与融合处理，以京津冀水资源安全保障应用为驱动，建立京津冀点、线、面多源数据融合及应用方法体系，搭建基于华为云+Hadoop的京津冀水资源安全保障大数据中心，为京津冀水资源安全保障业务化应用提供价值化服务。依托京津冀水资源安全保障大数据中心，面向河流水系、调水网络、地表水、地下水等实体水网，采用5S集成、可视化仿真和数据库等信息技术，将实体水网数字化、流程化、拓扑化和信息化，构建京津冀水资源空间数字水网、业务流程水网和逻辑拓扑水网。依托空间数据和地理信息，根据京津冀水资源调控业务应用特点，按照主题服务的形式将二维GIS、三维GIS、业务流程和逻辑拓扑水网进行可视化集成应用，构建京津冀一体化水网。按需提供数字水网服务，支撑复杂的水资源调控业务应用。

2. 设计并研发了基于数字水网的京津冀水资源综合调控平台

遵循水利行业标准，依托京津冀水资源安全保障大数据中心、一体化数字水网和云服务，按照SOA架构，综合采用组件化软件开发技术、Web Service技术、知识图技术和综合集成研讨厅等技术，设计并研发基于数字水网的京津冀水资源综合调控平台。构建融合多源数据资源的京津冀水资源安全保障大数据中心，采用Hadoop、Spark/Hive技术实现水资源数据资源的高效处理与存储，基于“华为云”为京津冀水资源安全保障提供大数据价值化服务。采用综合集成方法虚拟化各类资源、整合各种技术，在前期研发的知识可视化综合集成平台基础上快速搭建京津冀水资源综合调控平台。将数据资源、数学模型、技术方法、业务应用等按照Web服务开发标准构建京津冀水资源安全保障和水资源调控业务应用主题库、组件库和主题应用知识图库，共同形成水资源调控业务内容库。面向不同用户需求，通过二维 GIS、三维 GIS、信息服务门户、移动服务和综合集成平台五种交互方式，为京津冀水资源调控提供个性化信息服务、计算服务和决策服务。

3. 提出了面向主题的京津冀水资源业务化服务模式

基于综合调控平台、业务内容库、主题服务，采用组件、知识图及可视化工具搭建水资源调控业务主题知识图，按照“问题—主题—业务—组件”开发流程，创建面向京津冀水资源调控主题的业务化服务模式，形成改变传统的业务化服务，支撑京津冀水资源安全保障。基于综合调控平台，采用事件驱动的方式将水资源安全保障问题转变为具体的水资源调控主题，针对具体主题，通过知识图、组件及可视化工具描述应用逻辑、业务流程、组织关联主题信息，形成以“事件”为主题的水资源调控业务应用组织流程，满足水资源调控灵活性与可操作性要求，并且能够很好地适应动态变化。不同于传统按照功能应用的模式，该模式是基于平台、基于组件、基于主题、基于知识图的可视化、业务化服务模式，在信息、计算、决策等方面由综合调控平台提供服务，通过主题、组件、知识图快速构建适应性好的业务应用系统。针对京津冀水资源安全保障具体问题，以事件为驱动确定水资源调控业务应用主题，面向主题，采用组件实现业务，通过 Web 服务发布业务，通过知识图组织应用，基于主题库、组件库、知识图库等业务内容库快速搭建水资源调控业务应用系统，基于系统提供信息服务、按需提供计算服务、按个性化组织应用，通过组件与知识图的关联嵌套，提供京津冀水资源调控业务化服务。本书面向京津冀水资源安全保障管理与决策需求，基于综合调控平台提供京津冀二元水循环集成及海绵小区调控、京津冀水功能区纳污能力计算与考核、京津冀河长制管理与考核评估、京津冀水权交易与社会化节水、京津冀水资源安全事件应急管理、京津冀地下水压采效果评价及生态补偿、京津冀水资源动态调配及用水综合管理七个典型水资源安全保障业务化服务。

13.2 未来展望

本书综合应用大数据、云计算、知识可视化和综合集成等技术，开展基于数字水网的京津冀水资源综合调控平台研究与应用，创建面向京津冀水资源安全保障主题的业务化服务模式，按照“问题—主题—业务—组件”开发水资源调控业务化知识图，采用组件、知识图及可视化工具搭建水资源调控业务应用系统，通过业务化服务支撑京津冀水资源安全保障。总体来看，本书研究工作对于推进大数据、云计算、知识可视化等信息技术在水资源安全保障领域中的应用具有重要意义，然而，由于京津冀水资源特征、水资源安全保障问题和水资源调控业务的复杂性，针对京津冀水资源安全保障关键问题还需要加大研究和创新力度，需要在数字水网和水资源大数据中心的集成应用、水资源调控平台的动态适应、水资源调控业务应用系统的综合集成等方面开展基础研究和应用基础研究工作，这些内容将会成为今后一段时间的研究热点和难点，若能取得突破性进展将极大地推动现代信息技术在水资源安全保障领域的应用，为系统解决京津冀复杂的水资源问题提供强有力的理论基础和技术支撑。

参考文献

曹晓峰，胡承志，齐维晓，等. 2019. 京津冀区域水资源及水环境调控与安全保障策略. 中国工程科学，21（5）：130-136.

曹鑫涛. 2018. 用水计划的动态化应用服务模式研究. 西安：西安理工大学硕士学位论文.

陈飞，丁跃元，李原园，等. 2020. 华北地区地下水超采治理实践与思考. 南水北调与水利科技（中英文），18（2）：191-198.

陈家琦，王浩，杨小柳. 2002. 水资源学. 北京：科学出版社.

陈军飞，邓梦华，王慧敏. 2017. 水利大数据研究综述. 水科学进展，28（4）：622-631.

陈艳俊. 2014. 城市污水处理工艺流程. 地下水，36（2）：64，83.

戴本林，杨立中，贺玉龙，等. 2007. 四川省某河流水环境容量模型及测算分析. 节水灌溉，（5）：57-58.

冯永祥. 2020. 城市居民小区海绵措施的可视化描述及雨洪的过程化模拟研究. 西安：西安理工大学硕士学位论文.

冯战洪，张封. 2017. 关于对河北省地下水超采综合治理试点工作的几点思考. 水利规划与设计，（3）：17-19.

龚健雅，杜道生，李清泉，等. 2004. 当代地理信息技术. 北京：科学出版社.

顾佳卫. 2019. 非传统水资源开发工艺可视化及其配置研究. 西安：西安理工大学硕士学位论文.

郭生练，戴自述，宋星原，等. 1996. 水文水资源决策支持系统研究的新进展. 水电能源科学，（4）：14-18.

郭旭宁，李云玲，回晓莹，等. 2017. 多水源多渠道保障京津冀协同发展供水安全. 水利规划与设计，（11）：37-41.

韩智勇，翁文国，张维，等. 2009. 重大研究计划“非常规突发事件应急管理研究”的科学背景、目标与组织管理. 中国科学基金，（4）：215-220.

黄泳华. 2018. 工艺用水过程可视化及节水评价模式研究 西安：西安理工大学硕士学位论文.

惠泱河，蒋晓辉，黄强，等. 2001. 二元模式下水资源承载力系统动态仿真模型研究. 地理研究，20（2）：191-198.

贾仰文，王浩，周祖昊，等. 2010. 海河流域二元水循环模型开发及其应用——Ⅰ. 模型开发与验证. 水科学进展，21（1）：1-7.

姜仁贵，解建仓，李建勋，等. 2011. 基于数字地球的 WebGIS 开发及其应用. 计算机工程，37（6）：225-227.

姜仁贵，王小杰，解建仓，等. 2018. 城市内涝应急预案管理研究与应用. 灾害学，33（2）：146-150.

姜仁贵，杨思雨，解建仓，等. 2019. 城市内涝三维可视化应急管理信息系统研究. 计算机工程，（10）：46-51.

姜仁贵. 2013. 变化环境下水资源适应性管理模式研究. 西安：西安理工大学博士学位论文.

姜晓萍. 2006. 政府流程再造的基础理论与现实意义. 中国行政管理，（5）：37-41.

蒋云钟，冶运涛，赵红莉. 2019. 智慧水利大数据内涵特征、基础架构和标准体系研究. 水利信息化，（4）：6-17.

解建仓，柴立，高阳，等. 2015a. 平台支撑下面向主题服务的业务化应用模式. 水利信息化，（6）：18-24.

解建仓，李波，柴立，等. 2015b. 对应对城市洪涝问题的一些认识. 西安理工大学学报，31（1）：

25-33.
解建仓，陈小万，赵津，等. 2019. 基于过程化管理的“河长制”与“强监管”. 人民黄河，41（10）：143-147.
解建仓，李建勋. 2010. 基于水利网格的资源整合与应用. 水利信息化，（2）：52-57.
景康. 2019. 节水知识库构建及社会化服务应用研究. 西安：西安理工大学硕士学位论文.
赖永辉，马勇. 2010. 水土流失危机应急预案编制中的关键性问题. 水土保持通报，30（6）：119-122.
雷晓辉，廖卫红，蒋云钟，等. 2010. 分布式水文模型 EasyDHM（Ⅰ）：理论方法. 水利学报，41（7）：786-793.
冷荣艾，郝仁琪. 2014. 四川省污染物限排总量控制方案的制定. 人民长江，45（18）：53-56.
李春强，杜毅光，李宝国，等. 2009. 河北省近四十年（1965–2005）气温和降水变化特征分析. 干旱区资源与环境，13（7）：1-7.
李建勋，姜仁贵，李维乾，等. 2011. 水利数字地球基础平台构建及其应用. 水利信息化，（1）：25-28.
李建勋. 2012. 水利信息可视化服务支撑系统研究与应用. 西安：西安理工大学博士学位论文.
李少轩. 2019. 干旱事件的过程化描述及其识别应对研究. 西安：西安理工大学硕士学位论文.
李维乾. 2013. 水利业务组件化研究及集成服务. 西安：西安理工大学博士学位论文.
李文体. 2007. 河北省地下水开发利用问题及对策. 河北水利，（1）：16-17.
梁骥超. 2018. 应对水土流失事件的过程化模式研究. 西安：西安理工大学硕士学位论文.
梁秀娟，肖长来，梁煦枫，等. 2006. 室内模拟试验确定河流纵向扩散系数研究. 水资源保护，（5）：26-28.
刘发根，郭玉银. 2014. 一种水功能区水质达标评价的新方法. 人民长江，45（18）：28-32.
刘焕军，李石君. 2016. 应用模糊综合评价进行智能手机评估建模. 计算机工程与应用，52（1）：224-228.
刘玲瑞，田万荣，林立，等. 2014. 北斗卫星通信技术在新疆山区水文气象监测中的应用. 水利规划与设计，（1）：26-29.
刘伟. 2019. 成安县地下水超采综合治理的生态补偿机制研究. 西安：西安理工大学硕士学位论文.
罗军刚. 2009. 水利业务信息化及综合集成应用模式研究. 西安：西安理工大学博士学位论文.
马磊. 2017. 河北省地下水超采综合治理实践及启示. 中国水利，（7）：51-54.
马增辉. 2009. 水信息系统综合集成研究与应用. 西安：西安理工大学博士学位论文.
潘二恒. 2018. 水权交易中的智慧合约设计及支持交易的过程化服务研究. 西安：西安理工大学硕士学位论文.
彭张林. 2015. 综合评价过程中的相关问题及方法研究. 合肥：合肥工业大学博士学位论文.
钱学森，于景元，戴汝为. 1990. 一个科学新领域—开放的复杂巨系统及其方法论. 自然杂志，13（1）：3-10.
秦大庸，陆垂裕，刘家宏，等. 2014. 流域“自然–社会”二元水循环理论框架. 科学通报，59（Z1）：419-427.
任敏. 2015. “河长制”：一个中国政府流域治理跨部门协同的样本研究. 北京行政学院学报，（3）：25-31.
桑学锋，王浩，王建华，等. 2018. 水资源综合模拟与调配模型 WAS（Ⅰ）：模型原理与构建. 水利学报，49（12）：1451-1459.
桑学锋，赵勇，翟正丽，等. 2019. 水资源综合模拟与调配模型 WAS（Ⅱ）：应用. 水利学报，50（2）：201-208.

邵嘉玥. 2017. 基于综合利用的银川市非常规水资源优化配置. 宁夏：宁夏大学硕士学位论文.
宋秋波，丁菊莺，赵钟楠，等. 2019. 基于承载能力的京津冀水资源管控体系探讨. 水利规划与设计，(12)：37-41.
孙小梅. 2020. 水库预报调度过程化动态决策模式研究及系统实现. 西安：西安理工大学博士学位论文.
涂敏. 2009. 基于水功能区水质达标率的河流健康评价方法. 人民长江，39 (23)：130-133.
汪亮. 2012. 基于综合集成平台的突发性水污染事件应急管理研究与应用. 西安：西安理工大学博士学位论文.
王大正，赵建世，蒋慕川，等. 2002. 多目标多层次流域需水预测系统开发与应用. 水科学进展，13 (1)：49-54.
王浩，贾仰文. 2016. 变化中的流域“自然-社会”二元水循环理论与研究方法. 水利学报，47 (10)：1219-1226.
王浩，王建华，贾仰文. 2015. 海河流域水循环演变机理与水资源高效利用. 北京：科学出版社.
王浩，王建华，秦大庸，等. 2006. 基于二元水循环模式的水资源评价理论方法. 水利学报，37 (12)：1496-1502.
王浩，王建华，秦大庸. 2014. 流域水资源合理配置的研究进展与发展方向. 水科学进展，15 (1)：123-128.
王浩. 2011. 实行最严格水资源管理制度关键技术支撑探析. 中国水利，(6)：28-32.
王慧军，李科江，马俊永，等. 2013. 河北省粮食生产与水资源供需研究. 农业经济与管理，19 (3)：5-11.
王建华，王浩. 2014. 社会水循环原理与调控. 北京：科学出版社.
王晶，李云鹤，郭东阳. 2014. 京津冀区域水资源需求分析与供水保障对策. 海河水利，(3)：1-3.
王雪. 2019. 针对突发石油类水污染事件的处置流程及应对实例研究. 西安：西安理工大学硕士学位论文.
王忠静，王光谦，王建华，等. 2013. 基于水联网及智慧水利提高水资源效能. 水利水电技术，44 (1)：1-6.
文魁，祝尔娟. 2015 首席专家论京津冀协同发展的战略重点. 北京：首都经济贸易大学出版社.
徐明. 2011. 问题导向方法在经济欠发达地区城市设计中的应用——以新疆阿勒泰市为例. 城市发展研究，18 (8)：131-134.
严栋飞，姜仁贵，解建仓，等. 2018. 基于数字地球的渭河流域水资源监控系统研究. 计算机工程，45 (3)：49-55.
于桓飞，宋立松，程海洋. 2016. 基于河长制的河道保护管理系统设计与实施. 排灌机械工程学报，34 (7)：608-614.
于梦雨. 2018. 二元水循环框架的可视化描述及水资源调控应用. 西安：西安理工大学硕士学位论文.
于翔. 2017. 基于技术集成的数字水网研究与主题化服务. 西安：西安理工大学硕士学位论文.
喻之斌，金海，邹南海. 2008. 计算机体系结构软件模拟技术. 软件学报，19 (4)：1051-1068.
岳亮，陈坚定，汪应洛. 1998. 水资源宏观管理决策支持系统模型研究. 西安交通大学学报，(10)：3-5.
张刚. 2013. 水库适应性调度研究及实现. 西安：西安理工大学博士学位论文.
张建云，刘九夫，金君良. 2019. 关于智慧水利的认识与思考. 水利水运工程学报，(6)：1-7.
张婷婷，曹国凭. 2014. 水功能区水域纳污能力及分阶段限制排污总量控制. 河北联合大学学报（自然科学版），36 (4)：115-121.
张璇. 2020. 水功能区（河段）纳污能力动态分析计算及过程化管控研究. 西安：西安理工大学博士学

位论文.
张永进，贺鑫焱，王久胜，等. 2009. 综合集成研讨厅平台的研究思路及发展趋势. 科技进步与对策，26（7）：154-157.
张永进，解建仓，蔡阳，等. 2011. 对水利应用支撑平台的建议. 水利信息化，（1）：10-13.
张兆吉，费宇红，陈宗宇，等. 2009. 华北平原地下水可持续利用调查评价. 北京：地质出版社.
赵建世，王忠静，翁文斌，等. 2002. 水资源复杂适应配置系统的理论与模型. 地理学报，57（6）：639-646.
赵津. 2019. 基于问题导向和流程再造的河长制业务化服务研究与实现. 西安：西安理工大学硕士学位论文.
赵勇，翟家齐. 2017. 京津冀水资源安全保障技术研发继承与示范应用. 中国环境管理，9（4）：113-114.
郑连生，张颖，崔俊辉，等. 2007. 河北省水资源情势演变对生态环境的影响. 水科学与工程技术，（3）：18-22.
朱玫. 2017. 论河长制的发展实践与推进. 环境保护，45（Z1）：58-61.
左其亭，韩春华，韩春辉，等. 2017. 河长制理论基础及支撑体系研究. 人民黄河，39（6）：1-6.
左其亭. 2015. 关于最严格水资源管理制度的再思考. 河海大学学报（哲学社会科学版），17（4）：60-63.
Armbrust M，Fox A，Griffith R，et al. 2010. A view of cloud computing. Communications of the ACM，53（4）：50-58.
Barnett T P，Pierce D W，Hidalgo H G，et al. 2008. Human-induced changes in the hydrology of the western United States. Science，319（5866）：1080-1083.
Bell D G，Kuehnel F，Maxwell C，et al. 2007. NASA World Wind：Opensource GIS for mission operations，IEEE Aerospace Conference：1-9.
Boschetti L，Roy D P，Justice C O. 2008. Using NASA's world wind virtual globe for interactive internet visualization of the global MODIS burned area product. International Journal of Remote Sensing，29（11）：3067-3072.
Brown T C. 2006. Trends in water market activity and price in the western United States. Water Resources Research，42（9）：W09402.
Buyya R，Yeo C S，Venugopal S，et al. 2009. Cloud computing and emerging IT platforms：Vision，hype，and reality for delivering computing as the 5th utility. Future Generation Computer Systems，25（6）：599-616.
Chen C L P，Zhang C Y. 2014. Data-intensive applications，challenges，techniques and technologies：A survey on Big Data. Information Sciences，275：314-347.
Chen M，Mao S W，Liu Y H. 2014. Big Data：a survey. mobile networks & applications，19（2）：171-209.
Cohon J L，Marks D H. 1975. A review and evaluation of multi-objective programming technique. Water Resources Research，11（2）：208-220.
Famiglietti J S. 2014. The global groundwater crisis. Nature Climate Change，4（11）：945-948.
Garrido A. 2007. Water markets design and evidence from experimental economics. Environmental and Resource E-conomics，38（3）：311-330.
Gowda P H，Chavez J L，Colaizzi P D，et al. 2008. ET mapping for agricultural water management：present status and challenges. Irrigation Science，26（3）：223-237.
Gupta J，van Der Z P. 2008. Interbasin water transfers and integrated water resources management：Where engineering，science and politics interlock. Physics and Chemistry of The Earth，33（1-2）：28-40.

Hashem I A T, Yaqoob I, Anuar N B, et al. 2015. The rise of "big data" on cloud computing: Review and open research issues. Information System, 47, 98-115.

He S, Hipel K W, Kilgour D M, et al. 2014. Water diversion conflicts in China: A hierarchical perspective. Water Resources Management, 28 (7): 1823-1837.

Jia Y W, Ding X Y, Wang H, et al. 2012. Attribution of water resources evolution in the highly water-stressed Hai river basin of China. Water Resources Research, 48 (2): W02513.

Li J, Zhao S M Z. 2012. Basin water resources management in Unite States and its enlightenment to China. Procedia Engineering, 28: 409-412.

Kum H C, Ahalt S, Carsey T M. 2011. Dealing with data: Governments records. Science, 332 (6035): 1263-1263.

Lee H, Tan T P. 2016. Singapore's experience with reclaimed water: NEWater. International Journal of Water Resources Development, 32 (4): 611-621.

Liu Y, Guo Y, Wei Q, et al. 2013 Analysis and evaluation of various energy technologies in seawater desalination. Desalination and Water Treatment, 3: 3743-3753.

Pržulj N, Maloddognin N. 2016. Network analytics in the age of big data. Science, 353 (6295): 123-124.

Sivapalan M, Savenije H, Bloeschl G. 2012. Sociohydrology: A new science of people and water. Hydrological Processes, 26 (8): 1270-1276.

Stalnacke P, Gooch G. 2010. Integrated water resources management. Irrigation and Drainage Systems, 24 (3): 155-159.

Viglione A, Baldassarre G D, Brandimarte L, et al. 2014. Insights from socio-hydrology modelling on dealing with flood risk-roles of collective memory, risk taking attitude and trust. Journal of Hydrology, 518: 71-82.

Vorosmarty C J, Mcintyre P B, Gessner M O, et al. 2010. Global threats to human water security and river biodiversity. Nature, 467 (7315): 555-561.

Wang H, Jia Y W, Zhou G Y, et al. 2013. Integrated simulation of the dualistic water cycle and its associated processes in the Haihe river basin. Chinese Science Bulletin, 58 (27): 3297-3311.

Zhang Q. 2009. The South-to-North water transfer project of China: Environmental implications and monitoring strategy. Journal of the American Water Resources Association, 45 (5): 1238-1247.